차례

2권

세 단계마다 또는 전체를 **묶어 복습**해 보세요.

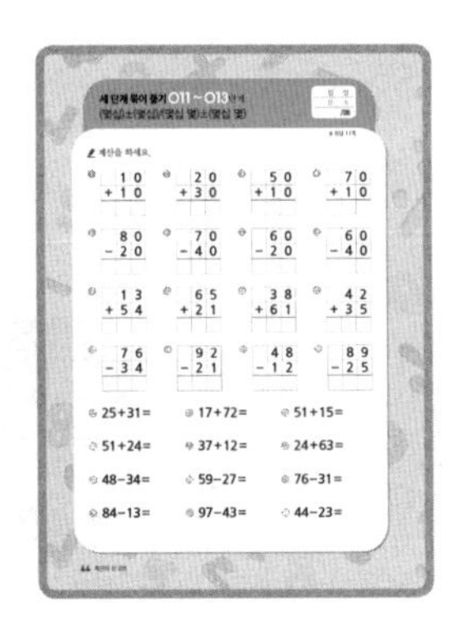

세 단계 묶어 풀기 O11~O13 단계

10 + 10, 20 + 30, 50 + 10, 70 + 10

80 − 20, 70 − 40, 60 − 20, 60 − 40

13 + 54, 65 + 21, 38 + 61, 42 + 35

76 − 34, 92 − 21, 48 − 12, 89 − 25

25+31=, 17+72=, 51+15=

51+24=, 37+12=, 24+63=

48−34=, 59−27=, 76−31=

84−13=, 97−43=, 44−23=

시간이 지나면 아이들은 학습했던 내용을 곧잘 잊어버리는 경향이 있어요. 그래서 세 단계마다 '묶어 풀기', 마지막에는 '전체 묶어 풀기'를 통해 학습했던 내용을 다시 복습할 수 있습니다.

5 즐거운 **수학이야기**와 **수학퀴즈** 함께 해요!

묶어 풀기가 끝나면 '재미있는 수학이야기'와 '수학퀴즈'가 기다리고 있어요. 흥미로운 수학이야기와 수학퀴즈는 좌뇌와 우뇌를 고루 발달시켜 주고, 창의성을 키워 준답니다.

아이의 **학습 성취도**를 점검해 보세요.

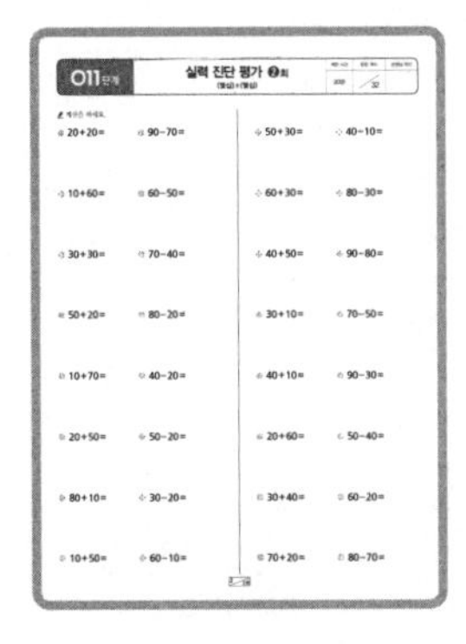

O11 단계 실력 진단 평가

20+20=, 90−70=, 50+30=, 40−10=

10+60=, 60−50=, 60+30=, 80−30=

30+30=, 70−40=, 40+50=, 90−80=

50+20=, 80−20=, 30+10=, 70−50=

10+70=, 40−20=, 40+10=, 90−30=

20+50=, 50−20=, 20+60=, 50−40=

80+10=, 30−20=, 30+40=, 60−20=

10+50=, 60−10=, 70+20=, 80−70=

권두부록으로 제시된 '실력 진단 평가'로 아이의 학습 성취도를 점검할 수 있어요. 각 단계별로 2회씩 총 20회가 제공됩니다.

계산의 신 활용 가이드

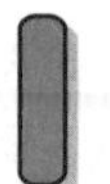

매일 자신의 학습을 체크해 보세요.

매일 문제를 풀면서 맞힌 개수를 적고, 걸린 시간 만큼 '스스로 학습 관리표'에 색칠해 보세요. 하루하루 지날수록 실력이 자라고, 계산 속도가 빨라지는 것을 눈으로 확인할 수 있습니다.

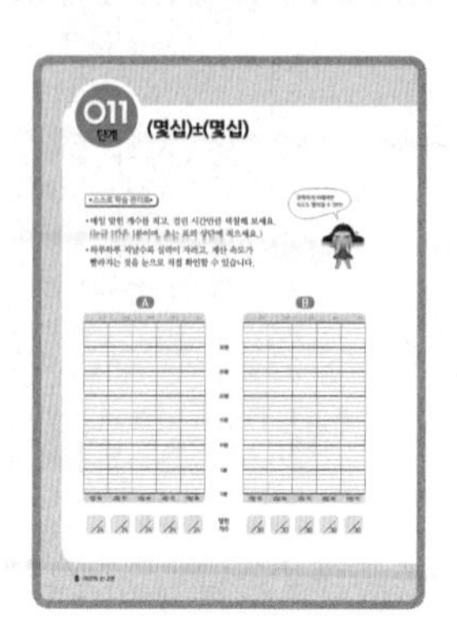

2 개념과 연산 과정을 이해하세요.

개념을 이해하고 예시를 통해 연산 과정을 확인하면 계산 과정에서 실수를 줄일 수 있어요. 또 아이의 학습을 도와주시는 선생님 또는 부모님을 위해 '지도 도우미'를 제시하였습니다.

3 매일 2쪽씩 꾸준히 반복 학습해 보세요.

매일 2쪽씩 5일 동안 차근차근 반복 학습하다 보면 어려운 문제도 두려움 없이 도전할 수 있습니다. 문제를 풀다가 계산 방법을 모를 때는 '개념 포인트'를 다시 한 번 학습한 후 풀어 보세요.

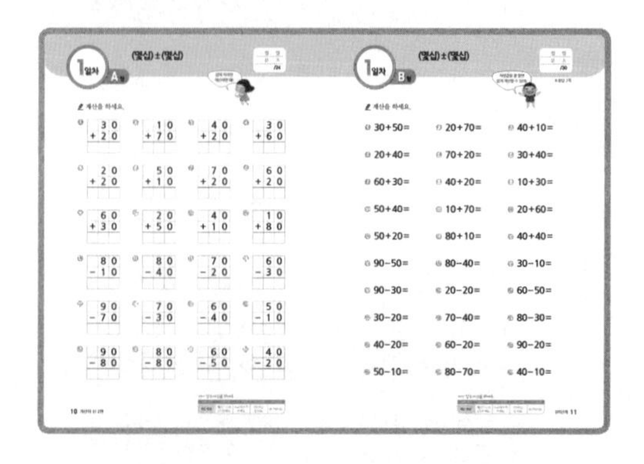

권별 학습 구성

초등1	1권 | 자연수의 덧셈과 뺄셈 기본 (1)
001단계	수를 가르고 모으기
002단계	합이 9까지인 덧셈
003단계	차가 9까지인 뺄셈
	세 단계 묶어 풀기
	재미있는 수학이야기
004단계	덧셈과 뺄셈
005단계	10을 가르고 모으기
006단계	10의 덧셈과 뺄셈
	세 단계 묶어 풀기
	창의력 쑥쑥! 수학퀴즈
007단계	연이은 덧셈, 뺄셈
008단계	19까지의 수 모으고 가르기
009단계	(몇십)+(몇), (몇)+(몇십)
	세 단계 묶어 풀기
	창의력 쑥쑥! 수학퀴즈
010단계	(몇십 몇)±(몇)
	전체 묶어 풀기
	창의력 쑥쑥! 수학퀴즈

초등1	2권 | 자연수의 덧셈과 뺄셈 기본 (2)
011단계	(몇십)±(몇십)
012단계	(몇십 몇)+(몇십 몇)
013단계	(몇십 몇)−(몇십 몇)
	세 단계 묶어 풀기
	창의력 쑥쑥! 수학퀴즈
014단계	받아올림/받아내림이 없는 덧셈과 뺄셈 종합
015단계	세 수의 덧셈과 뺄셈
016단계	연이은 덧셈, 뺄셈
	세 단계 묶어 풀기
	창의력 쑥쑥! 수학퀴즈
017단계	받아올림이 있는 (몇)+(몇)
018단계	받아내림이 있는 (십몇)−(몇)
019단계	받아올림/받아내림이 있는 덧셈과 뺄셈 종합
	세 단계 묶어 풀기
	창의력 쑥쑥! 수학퀴즈
020단계	계산의 활용–규칙찾기
	전체 묶어 풀기
	재미있는 수학이야기

초등2	3권 | 자연수의 덧셈과 뺄셈 발전
021단계	(두 자리 수)+(한 자리 수)
022단계	(두 자리 수)+(두 자리 수) (1)
023단계	(두 자리 수)+(두 자리 수) (2)
	세 단계 묶어 풀기
	창의력 쑥쑥! 수학퀴즈
024단계	(두 자리 수)−(한 자리 수)
025단계	(몇십)−(두 자리 수)
026단계	(두 자리 수)−(두 자리 수)
	세 단계 묶어 풀기
	창의력 쑥쑥! 수학퀴즈
027단계	두 자리 수의 덧셈과 뺄셈 종합
028단계	덧셈, 뺄셈의 여러 가지 방법
029단계	덧셈과 뺄셈의 관계
	세 단계 묶어 풀기
	창의력 쑥쑥! 수학퀴즈
030단계	세 수의 혼합 계산
	전체 묶어 풀기
	창의력 쑥쑥! 수학퀴즈

초등2	4권 | 네 자리 수/ 곱셈구구
031단계	네 자리 수
032단계	각 자리의 숫자가 나타내는 값
033단계	뛰어 세기
	세 단계 묶어 풀기
	창의력 쑥쑥! 수학퀴즈
034단계	같은 수 여러 번 더하기
035단계	2, 5, 3, 4의 단 곱셈구구
036단계	6, 7, 8, 9의 단 곱셈구구 (1)
	세 단계 묶어 풀기
	창의력 쑥쑥! 수학퀴즈
037단계	6, 7, 8, 9의 단 곱셈구구 (2)
038단계	곱셈구구 종합 (1)
039단계	곱셈구구 종합 (2)
	세 단계 묶어 풀기
	창의력 쑥쑥! 수학퀴즈
040단계	계산의 활용–길이의 합과 차
	전체 묶어 풀기
	재미있는 수학이야기

초등3	5권 | 자연수의 덧셈과 뺄셈 / 곱셈과 나눗셈
041단계	(세 자리 수)+(세 자리 수) (1)
042단계	(세 자리 수)+(세 자리 수) (2)
043단계	(세 자리 수)−(세 자리 수) (1)
	세 단계 묶어 풀기
	재미있는 수학이야기
044단계	(세 자리 수)−(세 자리 수) (2)
045단계	나눗셈 기초
046단계	곱셈구구 범위에서의 나눗셈
	세 단계 묶어 풀기
	재미있는 수학이야기
047단계	(두 자리 수)×(한 자리 수) (1)
048단계	(두 자리 수)×(한 자리 수) (2)
049단계	길이의 덧셈과 뺄셈
	세 단계 묶어 풀기
	재미있는 수학이야기
050단계	시간의 합과 차
	전체 묶어 풀기
	창의력 쑥쑥! 수학퀴즈

초등3	6권 | 자연수의 곱셈과 나눗셈 발전
051단계	(세 자리 수)×(한 자리 수) (1)
052단계	(세 자리 수)×(한 자리 수) (2)
053단계	(두 자리 수)×(두 자리 수) (1)
	세 단계 묶어 풀기
	창의력 쑥쑥! 수학퀴즈
054단계	(두 자리 수)×(두 자리 수) (2)
055단계	(몇십)÷(몇), (몇백 몇십)÷(몇)
056단계	(두 자리 수)÷(한 자리 수) (1)
	세 단계 묶어 풀기
	재미있는 수학이야기
057단계	(두 자리 수)÷(한 자리 수) (2)
058단계	(두 자리 수)÷(한 자리 수) (3)
059단계	(세 자리 수)÷(한 자리 수)
	세 단계 묶어 풀기
	재미있는 수학이야기
060단계	들이와 무게의 덧셈과 뺄셈
	전체 묶어 풀기
	창의력 쑥쑥! 수학퀴즈

KAIST 출신 수학 선생님들이 집필한

계산의 신 神

송명진·박종하 지음

2

초등

1학년 2학기

자연수의 덧셈과 뺄셈 기본(2)

✂ 자르는 선

O19 단계

실력 진단 평가 1회

받아올림/받아내림이 있는 덧셈과 뺄셈 종합

제한 시간	맞힌 개수	선생님 확인
20분	/32	

정답 23쪽

계산을 하세요.

① $5+7=$

② $17-8=$

③ $4+9=$

④ $18-9=$

⑤ $6+7=$

⑥ $16-8=$

⑦ $2+9=$

⑧ $14-8=$

⑨ $7+8=$

⑩ $11-3=$

⑪ $3+9=$

⑫ $12-9=$

⑬ $8+6=$

⑭ $15-7=$

⑮ $6+5=$

⑯ $15-8=$

⑰ $8+9=$

⑱ $16-7=$

⑲ $4+7=$

⑳ $12-5=$

㉑ $5+9=$

㉒ $14-9=$

㉓ $3+8=$

㉔ $17-9=$

㉕ $7+6=$

㉖ $13-8=$

㉗ $8+8=$

㉘ $11-6=$

㉙ $9+7=$

㉚ $13-7=$

㉛ $9+4=$

㉜ $16-9=$

O19 단계

실력 진단 평가 ❷회

받아올림/받아내림이 있는 덧셈과 뺄셈 종합

제한 시간	맞힌 개수	선생님 확인
20분	/24	

정답 23쪽

계산을 하세요.

① $\begin{array}{r} 8 \\ +\ 3 \\ \hline \end{array}$

② $\begin{array}{r} 15 \\ -\ 8 \\ \hline \end{array}$

③ $\begin{array}{r} 7 \\ +\ 7 \\ \hline \end{array}$

④ $\begin{array}{r} 18 \\ -\ 9 \\ \hline \end{array}$

⑤ $\begin{array}{r} 9 \\ +\ 7 \\ \hline \end{array}$

⑥ $\begin{array}{r} 11 \\ -\ 4 \\ \hline \end{array}$

⑦ $\begin{array}{r} 5 \\ +\ 8 \\ \hline \end{array}$

⑧ $\begin{array}{r} 16 \\ -\ 9 \\ \hline \end{array}$

⑨ $\begin{array}{r} 8 \\ +\ 8 \\ \hline \end{array}$

⑩ $\begin{array}{r} 12 \\ -\ 6 \\ \hline \end{array}$

⑪ $\begin{array}{r} 6 \\ +\ 8 \\ \hline \end{array}$

⑫ $\begin{array}{r} 14 \\ -\ 7 \\ \hline \end{array}$

⑬ $\begin{array}{r} 9 \\ +\ 9 \\ \hline \end{array}$

⑭ $\begin{array}{r} 12 \\ -\ 8 \\ \hline \end{array}$

⑮ $\begin{array}{r} 3 \\ +\ 9 \\ \hline \end{array}$

⑯ $\begin{array}{r} 15 \\ -\ 7 \\ \hline \end{array}$

⑰ $\begin{array}{r} 8 \\ +\ 7 \\ \hline \end{array}$

⑱ $\begin{array}{r} 14 \\ -\ 9 \\ \hline \end{array}$

⑲ $\begin{array}{r} 4 \\ +\ 8 \\ \hline \end{array}$

⑳ $\begin{array}{r} 11 \\ -\ 6 \\ \hline \end{array}$

㉑ $\begin{array}{r} 6 \\ +\ 7 \\ \hline \end{array}$

㉒ $\begin{array}{r} 17 \\ -\ 8 \\ \hline \end{array}$

㉓ $\begin{array}{r} 8 \\ +\ 9 \\ \hline \end{array}$

㉔ $\begin{array}{r} 13 \\ -\ 5 \\ \hline \end{array}$

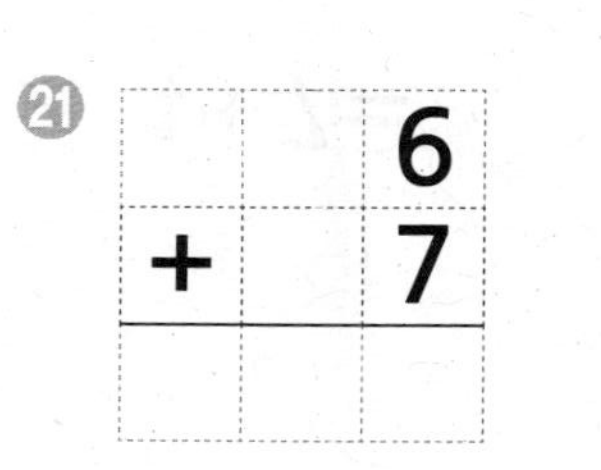

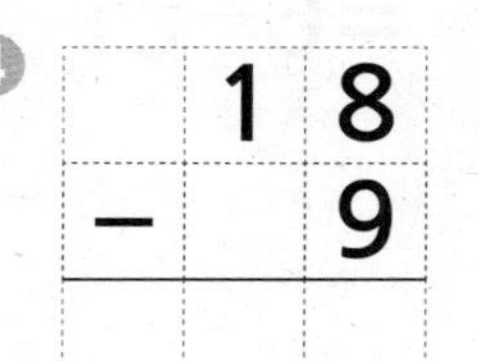
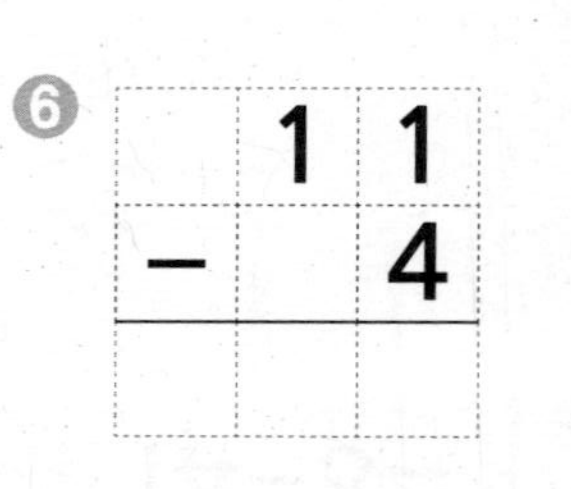

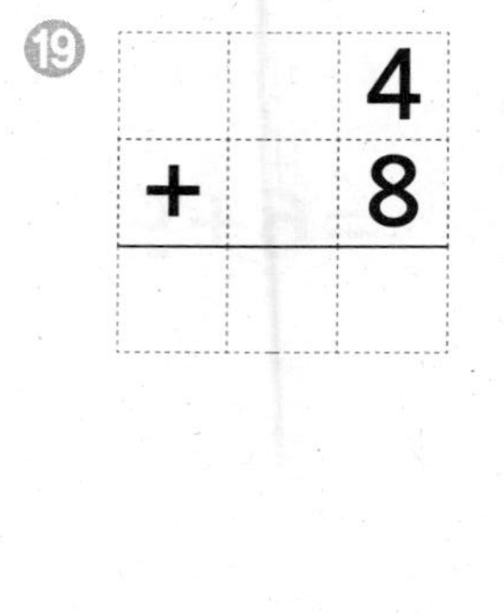
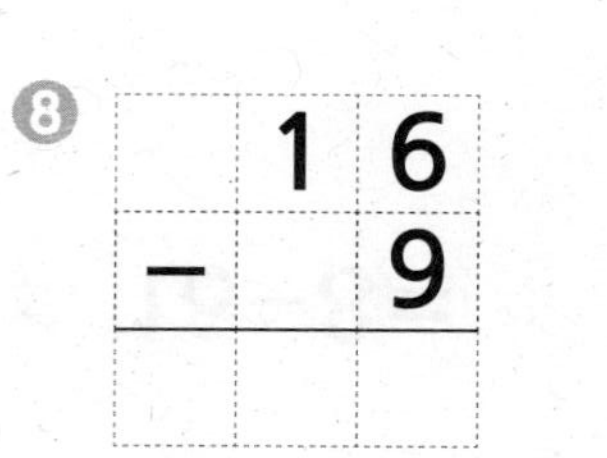

실력 진단 평가 1회

규칙찾기

제한 시간	맞힌 개수	선생님 확인
20분	/16	

정답 24쪽

규칙에 따라 빈칸에 알맞은 수를 써넣으세요.

1. 1 – 3 – 1 – 3 – 1 – 3 – □
2. 2 – 3 – 3 – 2 – 3 – 3 – □
3. 1 – 2 – 1 – 3 – 1 – 4 – □
4. 5 – 5 – 6 – 5 – 5 – 6 – □
5. 2 – 7 – 6 – 2 – 7 – 6 – □
6. 9 – 8 – 7 – 6 – 5 – 4 – □
7. 1 – 3 – 5 – 7 – 9 – 11 – □
8. 2 – 4 – 6 – 8 – 10 – 12 – □
9. 1 – 1 – □ – □ – 3 – 3 – 4
10. 4 – 5 – 6 – □ – □ – 9 – 10
11. 20 – 17 – 14 – □ – □ – 5 – 2
12. 2 – 3 – 2 – 4 – □ – □ – 2
13. 10 – 20 – 30 – □ – □ – 60 – 70
14. 1 – 10 – 2 – 10 – □ – □ – □
15. 3 – 6 – 9 – 12 – □ – □ – □
16. 11 – 22 – 33 – □ – □ – □ – 77

O2O 단계

실력 진단 평가 ②회

규칙찾기

제한 시간	맞힌 개수	선생님 확인
15분	/4	

정답 24쪽

색칠한 부분의 수들은 어떠한 규칙이 있는지 □ 안에 알맞은 수를 써넣으세요.

①

21	22	23	24	25
26	27	28	29	30
31	32	33	34	35
36	37	38	39	40
41	42	43	44	45

⇨ □부터 □씩 커지는 규칙입니다.

②

1	2	3	4	5
6	7	8	9	10
11	12	13	14	15
16	17	18	19	20
21	22	23	24	25

⇨ □부터 □씩 커지는 규칙입니다.

③

31	32	33	34	35
36	37	38	39	40
41	42	43	44	45
46	47	48	49	50
51	52	53	54	55

⇨ □부터 □씩 커지는 규칙입니다.

④

61	62	63	64	65
66	67	68	69	70
71	72	73	74	75
76	77	78	79	80
81	82	83	84	85

⇨ □부터 □씩 커지는 규칙입니다.

실력 진단 평가 정답

011 단계

011 단계 실력 진단 평가 ❶회
(몇십)±(몇십) — 제한 시간 20분 / 맞힌 개수 /24 / 선생님 확인

● 정답 21쪽

계산을 하세요.

① 10 + 20 = 30
② 70 − 30 = 40
③ 30 + 60 = 90
④ 20 − 10 = 10
⑤ 50 + 40 = 90
⑥ 80 − 60 = 20
⑦ 40 + 40 = 80
⑧ 90 − 60 = 30
⑨ 20 + 30 = 50
⑩ 50 − 40 = 10
⑪ 70 + 10 = 80
⑫ 80 − 20 = 60
⑬ 40 + 30 = 70
⑭ 50 − 10 = 40
⑮ 30 + 10 = 40
⑯ 60 − 30 = 30
⑰ 30 + 50 = 80
⑱ 70 − 50 = 20
⑲ 20 + 70 = 90
⑳ 90 − 40 = 50
㉑ 60 + 10 = 70
㉒ 80 − 50 = 30
㉓ 40 + 20 = 60
㉔ 60 − 50 = 10

011 단계 실력 진단 평가 ❷회
(몇십)±(몇십) — 제한 시간 20분 / 맞힌 개수 /32 / 선생님 확인

● 정답 21쪽

계산을 하세요.

① 20+20=40
② 90−70=20
③ 10+60=70
④ 60−50=10
⑤ 30+30=60
⑥ 70−40=30
⑦ 50+20=70
⑧ 80−20=60
⑨ 10+70=80
⑩ 40−20=20
⑪ 20+50=70
⑫ 50−20=30
⑬ 80+10=90
⑭ 30−20=10
⑮ 10+50=60
⑯ 60−10=50
⑰ 50+30=80
⑱ 40−10=30
⑲ 60+30=90
⑳ 80−30=50
㉑ 40+50=90
㉒ 90−80=10
㉓ 30+10=40
㉔ 70−50=20
㉕ 40+10=50
㉖ 90−30=60
㉗ 20+60=80
㉘ 50−40=10
㉙ 30+40=70
㉚ 60−20=40
㉛ 70+20=90
㉜ 80−70=10

012 단계

012 단계 실력 진단 평가 ❶회
(몇십 몇)+(몇십 몇) — 제한 시간 20분 / 맞힌 개수 /24 / 선생님 확인

● 정답 21쪽

덧셈을 하세요.

① 24 + 51 = 75
② 56 + 33 = 89
③ 32 + 65 = 97
④ 11 + 42 = 53
⑤ 41 + 27 = 68
⑥ 37 + 12 = 49
⑦ 16 + 13 = 29
⑧ 84 + 14 = 98
⑨ 51 + 34 = 85
⑩ 42 + 34 = 76
⑪ 23 + 54 = 77
⑫ 13 + 21 = 34
⑬ 63 + 24 = 87
⑭ 75 + 24 = 99
⑮ 52 + 11 = 63
⑯ 51 + 31 = 82
⑰ 13 + 12 = 25
⑱ 11 + 26 = 37
⑲ 25 + 33 = 58
⑳ 30 + 49 = 79
㉑ 13 + 53 = 66
㉒ 23 + 25 = 48
㉓ 33 + 55 = 88
㉔ 35 + 11 = 46

012 단계 실력 진단 평가 ❷회
(몇십 몇)+(몇십 몇) — 제한 시간 20분 / 맞힌 개수 /32 / 선생님 확인

● 정답 21쪽

덧셈을 하세요.

① 34+33=67
② 18+60=78
③ 47+52=99
④ 35+14=49
⑤ 26+61=87
⑥ 72+16=88
⑦ 14+52=66
⑧ 56+21=77
⑨ 45+53=98
⑩ 34+14=48
⑪ 77+20=97
⑫ 38+51=89
⑬ 25+22=47
⑭ 13+14=27
⑮ 52+17=69
⑯ 80+15=95
⑰ 16+52=68
⑱ 14+44=58
⑲ 34+22=56
⑳ 63+11=74
㉑ 25+30=55
㉒ 14+15=29
㉓ 31+22=53
㉔ 13+72=85
㉕ 26+13=39
㉖ 44+35=79
㉗ 41+55=96
㉘ 23+11=34
㉙ 62+21=83
㉚ 21+73=94
㉛ 73+13=86
㉜ 11+54=65

013 단계

013 단계 실력 진단 평가 ❶회
(몇십 몇)−(몇십 몇) — 제한 시간 20분 / 맞힌 개수 /24 / 선생님 확인

● 정답 21쪽

뺄셈을 하세요.

① 86 − 42 = 44
② 79 − 15 = 64
③ 66 − 31 = 35
④ 25 − 22 = 3
⑤ 56 − 43 = 13
⑥ 88 − 26 = 62
⑦ 99 − 71 = 28
⑧ 85 − 13 = 72
⑨ 95 − 11 = 84
⑩ 79 − 24 = 55
⑪ 98 − 22 = 76
⑫ 64 − 52 = 12
⑬ 96 − 15 = 81
⑭ 65 − 44 = 21
⑮ 88 − 54 = 34
⑯ 62 − 20 = 42
⑰ 19 − 14 = 5
⑱ 77 − 52 = 25
⑲ 48 − 30 = 18
⑳ 88 − 21 = 67
㉑ 73 − 62 = 11
㉒ 59 − 37 = 22
㉓ 66 − 13 = 53
㉔ 92 − 61 = 31

013 단계 실력 진단 평가 ❷회
(몇십 몇)−(몇십 몇) — 제한 시간 20분 / 맞힌 개수 /32 / 선생님 확인

● 정답 21쪽

뺄셈을 하세요.

① 86−53=33
② 67−12=55
③ 77−53=24
④ 35−14=21
⑤ 68−11=57
⑥ 79−62=17
⑦ 44−24=20
⑧ 57−53=4
⑨ 97−35=62
⑩ 83−70=13
⑪ 68−21=47
⑫ 39−24=15
⑬ 59−17=42
⑭ 86−15=71
⑮ 56−42=14
⑯ 74−44=30
⑰ 65−63=2
⑱ 88−24=64
⑲ 58−36=22
⑳ 82−51=31
㉑ 73−12=61
㉒ 96−43=53
㉓ 47−37=10
㉔ 64−21=43
㉕ 87−15=72
㉖ 54−43=11
㉗ 99−17=82
㉘ 76−25=51
㉙ 48−45=3
㉚ 95−22=73
㉛ 87−22=65
㉜ 69−37=32

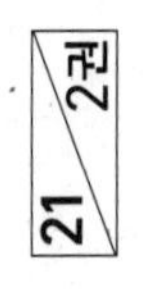

014 단계

014 단계 실력 진단 평가 ❶회

받아올림/받아내림이 없는 덧셈과 뺄셈 종합

제한 시간	맞힌 개수	선생님 확인
20분	/24	

정답 22쪽

계산을 하세요.

① 23+56=79 ② 88−37=51 ⑬ 26+43=69 ⑭ 66−23=43

③ 15+42=57 ④ 97−64=33 ⑮ 42+46=88 ⑯ 72−52=20

⑤ 38+60=98 ⑥ 64−11=53 ⑰ 42+35=77 ⑱ 57−22=35

⑦ 45+23=68 ⑧ 78−60=18 ⑲ 28+71=99 ⑳ 82−10=72

⑨ 35+61=96 ⑩ 99−54=45 ㉑ 33+32=65 ㉒ 69−28=41

⑪ 63+20=83 ⑫ 87−63=24 ㉓ 64+25=89 ㉔ 93−62=31

7 2권

014 단계 실력 진단 평가 ❷회

받아올림/받아내림이 없는 덧셈과 뺄셈 종합

제한 시간	맞힌 개수	선생님 확인
20분	/32	

정답 22쪽

계산을 하세요.

① 62+33=95 ② 69−55=14 ⑰ 60+14=74 ⑱ 78−37=41

③ 17+52=69 ④ 74−64=10 ⑲ 11+27=38 ⑳ 44−32=12

⑤ 22+32=54 ⑥ 95−31=64 ㉑ 24+53=77 ㉒ 98−72=26

⑦ 40+26=66 ⑧ 67−52=15 ㉓ 61+21=82 ㉔ 56−36=20

⑨ 73+26=99 ⑩ 38−15=23 ㉕ 24+64=88 ㉖ 77−42=35

⑪ 39+50=89 ⑫ 89−44=45 ㉗ 15+14=29 ㉘ 67−17=50

⑬ 54+43=97 ⑭ 92−62=30 ㉙ 33+43=76 ㉚ 78−21=57

⑮ 17+22=39 ⑯ 64−12=52 ㉛ 71+21=92 ㉜ 65−33=32

8 2권

015 단계

015 단계 실력 진단 평가 ❶회

세 수의 덧셈과 뺄셈

제한 시간	맞힌 개수	선생님 확인
20분	/20	

정답 22쪽

계산을 하세요.

① 23+15=38, 38+40=78 ② 96−12=84, 84−33=51 ⑪ 24+13=37, 37+22=59 ⑫ 69−15=54, 54−21=33

③ 30+55=85, 85+12=97 ④ 89−44=45, 45−25=20 ⑬ 14+22=36, 36+43=79 ⑭ 95−40=55, 55−14=41

⑤ 15+12=27, 27+62=89 ⑥ 78−11=67, 67−52=15 ⑮ 43+12=55, 55+43=98 ⑯ 77−31=46, 46−45=1

⑦ 62+13=75, 75+20=95 ⑧ 83−13=70, 70−10=60 ⑰ 51+25=76, 76+20=96 ⑱ 88−22=66, 66−23=43

⑨ 11+14=25, 25+13=38 ⑩ 57−15=42, 42−31=11 ⑲ 14+60=74, 74+13=87 ⑳ 92−22=70, 70−60=10

9 2권

015 단계 실력 진단 평가 ❷회

세 수의 덧셈과 뺄셈

제한 시간	맞힌 개수	선생님 확인
20분	/32	

정답 22쪽

계산을 하세요.

① 21+33+45=99 ② 69−14−22=33 ⑰ 74+12+12=98 ⑱ 82−11−50=21

③ 16+31+40=87 ④ 79−61−15=3 ⑲ 40+15+23=78 ⑳ 92−51−31=10

⑤ 35+10+52=97 ⑥ 99−21−17=61 ㉑ 14+21+12=47 ㉒ 44−12−10=22

⑦ 43+25+11=79 ⑧ 87−52−24=11 ㉓ 20+30+19=69 ㉔ 99−33−15=51

⑨ 12+22+14=48 ⑩ 85−35−30=20 ㉕ 31+15+43=89 ㉖ 76−20−14=42

⑪ 25+51+12=88 ⑫ 94−11−42=41 ㉗ 42+41+12=95 ㉘ 98−25−20=53

⑬ 52+20+24=96 ⑭ 74−60−13=1 ㉙ 32+25+11=68 ㉚ 86−13−41=32

⑮ 31+32+13=76 ⑯ 87−23−12=52 ㉛ 12+11+51=74 ㉜ 92−10−20=62

10 2권

016 단계

016 단계 실력 진단 평가 ❶회

연이은 덧셈, 뺄셈

제한 시간	맞힌 개수	선생님 확인
20분	/32	

정답 22쪽

덧셈을 하세요.

① 2+8+5=15 ② 6+4+7=17 ⑰ 5+1+9=15 ⑱ 8+4+2=14

③ 1+9+3=13 ④ 7+3+8=18 ⑲ 6+3+4=13 ⑳ 9+2+1=12

⑤ 3+7+2=12 ⑥ 9+1+4=14 ㉑ 8+7+2=17 ㉒ 1+6+9=16

⑦ 5+5+6=16 ⑧ 8+2+9=19 ㉓ 3+1+7=11 ㉔ 9+7+1=17

⑨ 1+4+6=11 ⑩ 8+8+2=18 ㉕ 4+8+6=18 ㉖ 5+2+5=12

⑪ 3+5+5=13 ⑫ 2+9+1=12 ㉗ 2+5+8=15 ㉘ 6+2+4=12

⑬ 7+2+8=17 ⑭ 4+3+7=14 ㉙ 7+7+3=17 ㉚ 8+9+2=19

⑮ 6+6+4=16 ⑯ 9+7+3=19 ㉛ 3+7+6=16 ㉜ 9+5+5=19

11 2권

016 단계 실력 진단 평가 ❷회

연이은 덧셈, 뺄셈

제한 시간	맞힌 개수	선생님 확인
20분	/32	

정답 22쪽

뺄셈을 하세요.

① 12−2−3=7 ② 16−6−7=3 ⑰ 15−2−3=10 ⑱ 18−6−2=10

③ 19−9−5=5 ④ 17−7−8=2 ⑲ 16−5−1=10 ⑳ 19−4−5=10

⑤ 13−3−4=6 ⑥ 15−5−1=9 ㉑ 18−4−4=10 ㉒ 17−3−4=10

⑦ 18−8−6=4 ⑧ 11−1−9=1 ㉓ 13−1−2=10 ㉔ 19−2−7=10

⑨ 14−4−2=8 ⑩ 16−6−3=7 ㉕ 14−3−1=10 ㉖ 17−2−5=10

⑪ 13−5−3=5 ⑫ 18−9−8=1 ㉗ 16−5−6=5 ㉘ 18−7−8=3

⑬ 17−4−7=6 ⑭ 14−3−4=7 ㉙ 19−3−9=7 ㉚ 17−1−7=9

⑮ 18−1−8=9 ⑯ 12−5−2=5 ㉛ 17−9−7=1 ㉜ 18−3−8=7

12 2권

017 단계

017 단계 실력 진단 평가 ❶회
받아올림이 있는 (몇)+(몇)

제한 시간	맞힌 개수	선생님 확인
20분	/32	

정답 23쪽

덧셈을 하세요.

1. 2+9=11
2. 6+8=14
3. 4+7=11
4. 8+4=12
5. 9+7=16
6. 6+6=12
7. 5+9=14
8. 9+4=13
9. 3+8=11
10. 9+8=17
11. 6+7=13
12. 7+5=12
13. 5+6=11
14. 4+8=12
15. 6+9=15
16. 7+7=14
17. 7+8=15
18. 3+9=12
19. 6+5=11
20. 9+9=18
21. 8+6=14
22. 7+9=16
23. 9+6=15
24. 8+8=16
25. 7+6=13
26. 4+9=13
27. 8+7=15
28. 5+8=13
29. 7+4=11
30. 8+9=17
31. 9+5=14
32. 8+5=13

017 단계 실력 진단 평가 ❷회
받아올림이 있는 (몇)+(몇)

제한 시간	맞힌 개수	선생님 확인
20분	/4	

정답 23쪽

빈칸에 알맞은 수를 넣으세요.

1.

위의 수와 아래의 수를 계산하세요.	7	5	9
+8	15	13	17
+9	16	14	18
+6	13	11	15
+7	14	12	16

2.

위의 수와 아래의 수를 계산하세요.	6	8	7
+6	12	14	13
+5	11	13	12
+7	13	15	14
+8	14	16	15

3.

위의 수와 아래의 수를 계산하세요.	8	9	7
+4	12	13	11
+5	13	14	12
+8	16	17	15
+9	17	18	16

4.

위의 수와 아래의 수를 계산하세요.	7	6	9
+5	12	11	14
+8	15	14	17
+9	16	15	18
+6	13	12	15

018 단계

018 단계 실력 진단 평가 ❶회
받아내림이 있는 (십몇)-(몇)

제한 시간	맞힌 개수	선생님 확인
20분	/32	

정답 23쪽

뺄셈을 하세요.

1. 15−9=6
2. 18−9=9
3. 13−6=7
4. 13−8=5
5. 17−8=9
6. 16−9=7
7. 12−5=7
8. 11−3=8
9. 14−8=6
10. 11−8=3
11. 17−9=8
12. 16−7=9
13. 11−9=2
14. 13−5=8
15. 15−6=9
16. 11−5=6
17. 16−8=8
18. 11−4=7
19. 12−7=5
20. 15−8=7
21. 11−2=9
22. 13−9=4
23. 14−5=9
24. 11−7=4
25. 15−7=8
26. 12−6=6
27. 12−3=9
28. 14−9=5
29. 13−7=6
30. 14−7=7
31. 13−4=9
32. 12−4=8

018 단계 실력 진단 평가 ❷회
받아내림이 있는 (십몇)-(몇)

제한 시간	맞힌 개수	선생님 확인
20분	/4	

정답 23쪽

빈칸에 알맞은 수를 넣으세요.

1.

위의 수와 아래의 수를 계산하세요.	14	15	12
−6	8	9	6
−9	5	6	3
−7	7	8	5
−8	6	7	4

2.

위의 수와 아래의 수를 계산하세요.	12	15	14
−8	4	7	6
−6	6	9	8
−9	3	6	5
−7	5	8	7

3.

위의 수와 아래의 수를 계산하세요.	11	14	13
−6	5	8	7
−5	6	9	8
−7	4	7	6
−9	2	5	4

4.

위의 수와 아래의 수를 계산하세요.	12	13	11
−5	7	8	6
−9	3	4	2
−7	5	6	4
−4	8	9	7

019 단계

019 단계 실력 진단 평가 ❶회
받아올림/받아내림이 있는 덧셈과 뺄셈 종합

제한 시간	맞힌 개수	선생님 확인
20분	/32	

정답 23쪽

계산을 하세요.

1. 5+7=12
2. 17−8=9
3. 4+9=13
4. 18−9=9
5. 6+7=13
6. 16−8=8
7. 2+9=11
8. 14−8=6
9. 7+8=15
10. 11−3=8
11. 3+9=12
12. 12−9=3
13. 8+6=14
14. 15−7=8
15. 6+5=11
16. 15−8=7
17. 8+9=17
18. 16−7=9
19. 4+7=11
20. 12−5=7
21. 5+9=14
22. 14−9=5
23. 3+8=11
24. 17−9=8
25. 7+6=13
26. 13−8=5
27. 8+8=16
28. 11−6=5
29. 9+7=16
30. 13−7=6
31. 9+4=13
32. 16−9=7

019 단계 실력 진단 평가 ❷회
받아올림/받아내림이 있는 덧셈과 뺄셈 종합

제한 시간	맞힌 개수	선생님 확인
20분	/24	

정답 23쪽

계산을 하세요.

1. 8+3=11
2. 15−8=7
3. 7+7=14
4. 18−9=9
5. 9+7=16
6. 11−4=7
7. 5+8=13
8. 16−9=7
9. 8+8=16
10. 12−6=6
11. 6+8=14
12. 14−7=7
13. 9+9=18
14. 12−8=4
15. 3+9=12
16. 15−7=8
17. 8+7=15
18. 14−9=5
19. 4+8=12
20. 11−6=5
21. 6+7=13
22. 17−8=9
23. 8+9=17
24. 13−5=8

020 단계

020 단계 실력 진단 평가 ❶회

규칙찾기

제한 시간	맞힌 개수	선생님 확인
20분	/16	

정답 24쪽

규칙에 따라 빈칸에 알맞은 수를 써넣으세요.

① 1 - 3 - 1 - 3 - 1 - 3 - 1

② 2 - 3 - 3 - 2 - 3 - 3 - 2

③ 1 - 2 - 1 - 3 - 1 - 4 - 1

④ 5 - 5 - 6 - 5 - 5 - 6 - 5

⑤ 2 - 7 - 6 - 2 - 7 - 6 - 2

⑥ 9 - 8 - 7 - 6 - 5 - 4 - 3

⑦ 1 - 3 - 5 - 7 - 9 - 11 - 13

⑧ 2 - 4 - 6 - 8 - 10 - 12 - 14

⑨ 1 - 1 - 2 - 2 - 3 - 3 - 4

⑩ 4 - 5 - 6 - 7 - 8 - 9 - 10

⑪ 20 - 17 - 14 - 11 - 8 - 5 - 2

⑫ 2 - 3 - 2 - 4 - 2 - 5 - 2

⑬ 10 - 20 - 30 - 40 - 50 - 60 - 70

⑭ 1 - 10 - 2 - 10 - 3 - 10 - 4

⑮ 3 - 6 - 9 - 12 - 15 - 18 - 21

⑯ 11 - 22 - 33 - 44 - 55 - 66 - 77

020 단계 실력 진단 평가 ❷회

규칙찾기

제한 시간	맞힌 개수	선생님 확인
15분	/4	

정답 24쪽

색칠한 부분의 수들은 어떠한 규칙이 있는지 □ 안에 알맞은 수를 써넣으세요.

①

21	22	23	24	25
26	27	28	29	30
31	32	33	34	35
36	37	38	39	40
41	42	43	44	45

⇨ 26부터 1씩 커지는 규칙입니다.

②

1	2	3	4	5
6	7	8	9	10
11	12	13	14	15
16	17	18	19	20
21	22	23	24	25

⇨ 2부터 5씩 커지는 규칙입니다.

③

31	32	33	34	35
36	37	38	39	40
41	42	43	44	45
46	47	48	49	50
51	52	53	54	55

⇨ 31부터 6씩 커지는 규칙입니다.

④

61	62	63	64	65
66	67	68	69	70
71	72	73	74	75
76	77	78	79	80
81	82	83	84	85

⇨ 65부터 4씩 커지는 규칙입니다.

015 단계 실력 진단 평가 ❶회

세 수의 덧셈과 뺄셈

제한 시간	맞힌 개수	선생님 확인
20분	/20	

정답 22쪽

계산을 하세요.

❶ 23 + 15 + 40

❷ 96 − 12 − 33

❸ 30 + 55 + 12

❹ 89 − 44 − [illegible]

❺ 15 + 12 + 62

❻ 78 − 11 − 52

❼ 62 + 13 + 20

❽ 83 − 13 − 10

❾ 11 + 14 + 13

❿ 57 − 15 − 31

⓫ 24 + 13 + 22

⓬ 69 − 15 − 21

⓭ 14 + 22 [illegible]

⓮ 95 [illegible]

⓯ 43 + 12 + 43

⓰ 77 − 31 − 45

⓱ 51 + 25 + 20

⓲ 88 − 22 − 23

⓳ 14 + 60 + 13

⓴ 92 − 22 − 60

015단계 실력 진단 평가 ②회

세 수의 덧셈과 뺄셈

제한 시간	맞힌 개수	선생님 확인
20분	/32	

정답 22쪽

계산을 하세요.

① 21+33+45=　② 69−14−22=

③ 16+31+40=　④ 79−61−15=

⑤ 35+10+52=　⑥ 99−21−17=

⑦ [illegible]5+11=　⑧ 87−52−24=

⑨ 12+22+14=　⑩ 85−35−30=

⑪ 25+51+12=　⑫ 94−11−42=

⑬ 52+20+24=　⑭ 74−60−13=

⑮ 31+32+13=　⑯ 87−23−12=

⑰ 74+12+12=　⑱ 82−11−50=

⑲ 40+15+23=　⑳ 92−51−31=

㉑ 14+21+12=　㉒ 44−12−10=

㉓ 20+30+19=　㉔ 99−33−15=

㉗ 42+41+12=　㉘ 98−25−20=

㉙ 32+25+11=　㉚ 86−13−41=

㉛ 12+11+51=　㉜ 92−10−20=

자르는 선

016단계 실력 진단 평가 1회

연이은 덧셈, 뺄셈

제한 시간	맞힌 개수	선생님 확인
20분	/32	

정답 22쪽

덧셈을 하세요.

1. $2+8+5=$
2. $6+4+7=$
3. $1+9+3=$
4. $7+3+8=$
5. $3+7+2=$
6. $9+1+4=$
7. $5+5+6=$
8. $8+2+9=$
9. $1+4+6=$
10. $8+8+2=$
11. $3+5+5=$
12. $2+9+1=$
13. $7+2+8=$
14. $4+3+7=$
15. $6+6+4=$
16. $9+7+3=$
17. $5+1+9=$
18. $8+4+2=$
19. $6+3+4=$
20. $9+2+1=$
21. $8+7+2=$
22. $1+6+9=$
23. $3+1+7=$
24. $9+7+1=$
25. $4+8+6=$
26. $5+2+5=$
27. $2+5+8=$
28. $6+2+4=$
29. $7+7+3=$
30. $8+9+2=$
31. $3+7+6=$
32. $9+5+5=$

016 단계 실력 진단 평가 ❷회

연이은 덧셈, 뺄셈

제한 시간	맞힌 개수	선생님 확인
20분	/32	

정답 22쪽

뺄셈을 하세요.

❶ $12-2-3=$

❷ $16-6-7=$

❸ $19-9-5=$

❹ $17-7-8=$

❺ $13-3-4=$

❻ $15-5-1=$

❼ $18-8-6=$

❽ $11-1-9=$

❾ $14-4-2=$

❿ $16-6-3=$

⓫ $13-5-3=$

⓬ $18-9-8=$

⓭ $17-4-7=$

⓮ $14-3-4=$

⓯ $18-1-8=$

⓰ $12-5-2=$

⓱ $15-2-3=$

⓲ $18-6-2=$

⓳ $16-5-1=$

⓴ $19-4-5=$

㉑ $18-4-4=$

㉒ $17-3-4=$

㉓ $13-1-2=$

㉔ $19-2-7=$

㉕ $14-3-1=$

㉖ $17-2-5=$

㉗ $16-5-6=$

㉘ $18-7-8=$

㉙ $19-3-9=$

㉚ $17-1-7=$

㉛ $17-9-7=$

㉜ $18-3-8=$

✂ 자르는 선

017 단계 실력 진단 평가 ❶회

받아올림이 있는 (몇)+(몇)

제한 시간	맞힌 개수	선생님 확인
20분	/32	

정답 23쪽

덧셈을 하세요.

① $2+9=$

② $6+8=$

③ $4+7=$

④ $8+4=$

⑤ $9+7=$

⑥ $6+6=$

⑦ $5+9=$

⑧ $9+4=$

⑨ $3+8=$

⑩ $9+8=$

⑪ $6+7=$

⑫ $7+5=$

⑬ $5+6=$

⑭ $4+8=$

⑮ $6+9=$

⑯ $7+7=$

⑰ $7+8=$

⑱ $3+9=$

⑲ $6+5=$

⑳ $9+9=$

㉑ $8+6=$

㉒ $7+9=$

㉓ $9+6=$

㉔ $8+8=$

㉕ $7+6=$

㉖ $4+9=$

㉗ $8+7=$

㉘ $5+8=$

㉙ $7+4=$

㉚ $8+9=$

㉛ $9+5=$

㉜ $8+5=$

O17 단계

실력 진단 평가 ❷회

받아올림이 있는 (몇)+(몇)

제한 시간	맞힌 개수	선생님 확인
20분	/4	

정답 23쪽

빈칸에 알맞은 수를 넣으세요.

❶

위의 수와 아래의 수를 계산하세요.	7	5	9
+8			
+9			
+6			
+7			

❷

위의 수와 아래의 수를 계산하세요.	8	9	7
+4			
+5			
+8			
+9			

❸

위의 수와 아래의 수를 계산하세요.	6	8	7
+6			
+5			
+7			
+8			

❹

위의 수와 아래의 수를 계산하세요.	7	6	9
+5			
+8			
+9			
+6			

O18 단계

실력 진단 평가 ❶회

받아내림이 있는 (십몇)-(몇)

제한 시간	맞힌 개수	선생님 확인
20분	/32	

정답 23쪽

빼셈을 하세요.

❶ 15−9=

❷ 18−9=

❸ 13−6=

❹ 13−8=

❺ 17−8=

❻ 16−9=

❼ 12−5=

❽ 11−3=

❾ 14−8=

❿ 11−8=

⓫ 17−9=

⓬ 16−7=

⓭ 11−9=

⓮ 13−5=

⓯ 15−6=

⓰ 11−5=

⓱ 16−8=

⓲ 11−4=

⓳ 12−7=

⓴ 15−8=

㉑ 11−2=

㉒ 13−9=

㉓ 14−5=

㉔ 11−7=

㉕ 15−7=

㉖ 12−6=

㉗ 12−3=

㉘ 14−9=

㉙ 13−7=

㉚ 14−7=

㉛ 13−4=

㉜ 12−4=

O18 단계

실력 진단 평가 ❷회

받아내림이 있는 (십몇)−(몇)

제한 시간	맞힌 개수	선생님 확인
20분	/ 4	

정답 23쪽

빈칸에 알맞은 수를 넣으세요.

❶

위의 수와 아래의 수를 계산하세요.	14	15	12
−6			
−9			
−7			
−8			

❷

위의 수와 아래의 수를 계산하세요.	11	14	13
−6			
−5			
−7			
−9			

❸

위의 수와 아래의 수를 계산하세요.	12	15	14
−8			
−6			
−9			
−7			

❹

위의 수와 아래의 수를 계산하세요.	12	13	11
−5			
−9			
−7			
−4			

O12 단계

실력 진단 평가 ❶회

(몇십 몇)+(몇십 몇)

제한 시간	맞힌 개수	선생님 확인
20분	/24	

정답 21쪽

덧셈을 하세요.

❶ $\begin{array}{r} 24 \\ +\ 51 \\ \hline \end{array}$

❷ $\begin{array}{r} 56 \\ +\ 33 \\ \hline \end{array}$

❸ $\begin{array}{r} 32 \\ +\ 65 \\ \hline \end{array}$

❹ $\begin{array}{r} 11 \\ +\ 42 \\ \hline \end{array}$

❺ $\begin{array}{r} 41 \\ +\ 27 \\ \hline \end{array}$

❻ $\begin{array}{r} 37 \\ +\ 12 \\ \hline \end{array}$

❼ $\begin{array}{r} 16 \\ +\ 13 \\ \hline \end{array}$

❽ $\begin{array}{r} 84 \\ +\ 14 \\ \hline \end{array}$

❾ $\begin{array}{r} 51 \\ +\ 34 \\ \hline \end{array}$

❿ $\begin{array}{r} 42 \\ +\ 34 \\ \hline \end{array}$

⓫ $\begin{array}{r} 23 \\ +\ 54 \\ \hline \end{array}$

⓬ $\begin{array}{r} 13 \\ +\ 21 \\ \hline \end{array}$

⓭ $\begin{array}{r} 63 \\ +\ 24 \\ \hline \end{array}$

⓮ $\begin{array}{r} 75 \\ +\ 24 \\ \hline \end{array}$

⓯ $\begin{array}{r} 52 \\ +\ 11 \\ \hline \end{array}$

⓰ $\begin{array}{r} 51 \\ +\ 31 \\ \hline \end{array}$

⓱ $\begin{array}{r} 13 \\ +\ 12 \\ \hline \end{array}$

⓲ $\begin{array}{r} 11 \\ +\ 26 \\ \hline \end{array}$

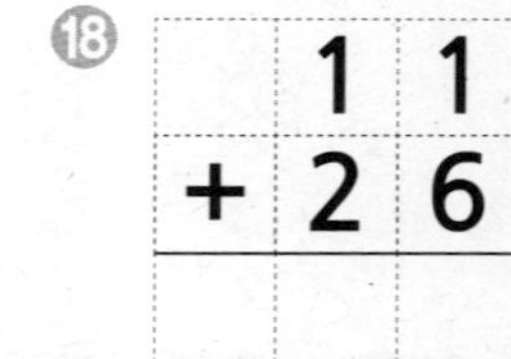

⓳ $\begin{array}{r} 25 \\ +\ 33 \\ \hline \end{array}$

⓴ $\begin{array}{r} 30 \\ +\ 49 \\ \hline \end{array}$

㉑ $\begin{array}{r} 13 \\ +\ 53 \\ \hline \end{array}$

㉒ $\begin{array}{r} 23 \\ +\ 25 \\ \hline \end{array}$

㉓ $\begin{array}{r} 33 \\ +\ 55 \\ \hline \end{array}$

㉔ $\begin{array}{r} 35 \\ +\ 11 \\ \hline \end{array}$

O12 단계 실력 진단 평가 ❷회

(몇십 몇)+(몇십 몇)

제한 시간	맞힌 개수	선생님 확인
20분	/32	

정답 21쪽

덧셈을 하세요.

① 34+33=

② 18+60=

③ 47+52=

④ 35+14=

⑤ 26+61=

⑥ 72+16=

⑦ 14+52=

⑧ 56+21=

⑨ 45+53=

⑩ 34+14=

⑪ 77+20=

⑫ 38+51=

⑬ 25+22=

⑭ 13+14=

⑮ 52+17=

⑯ 80+15=

⑰ 16+52=

⑱ 14+44=

⑲ 34+22=

⑳ 63+11=

㉑ 25+30=

㉒ 14+15=

㉓ 31+22=

㉔ 13+72=

㉕ 26+13=

㉖ 44+35=

㉗ 41+55=

㉘ 23+11=

㉙ 62+21=

㉚ 21+73=

㉛ 73+13=

㉜ 11+54=

자르는 선

O13 단계 실력 진단 평가 ❶회

(몇십 몇)−(몇십 몇)

제한 시간	맞힌 개수	선생님 확인
20분	/24	

정답 21쪽

빨셈을 하세요.

❶ $86 - 42$

❷ $79 - 15$

❸ $66 - 31$

❹ $25 - 22$

❺ $56 - 43$

❻ $88 - 26$

❼ $99 - 71$

❽ $85 - 13$

❾ $95 - 11$

❿ $79 - 24$

⓫ $98 - 22$

⓬ $64 - 52$

⓭ $96 - 15$

⓮ $65 - 44$

⓯ $88 - 54$

⓰ $62 - 20$

⓱ $19 - 14$

⓲ $77 - 52$

⓳ $48 - 30$

⓴ $88 - 21$

㉑ $73 - 62$

㉒ $59 - 37$

㉓ $66 - 13$

㉔ $92 - 61$

O13 단계

실력 진단 평가 ❷회

(몇십 몇)−(몇십 몇)

제한 시간	맞힌 개수	선생님 확인
20분	/32	

정답 21쪽

빼셈을 하세요.

❶ $86-53=$

❷ $67-12=$

❸ $77-53=$

❹ $35-14=$

❺ $68-11=$

❻ $79-62=$

❼ $44-24=$

❽ $57-53=$

❾ $97-35=$

❿ $83-70=$

⓫ $68-21=$

⓬ $39-24=$

⓭ $59-17=$

⓮ $86-15=$

⓯ $56-42=$

⓰ $74-44=$

⓱ $65-63=$

⓲ $88-24=$

⓳ $58-36=$

⓴ $82-51=$

㉑ $73-12=$

㉒ $96-43=$

㉓ $47-37=$

㉔ $64-21=$

㉕ $87-15=$

㉖ $54-43=$

㉗ $99-17=$

㉘ $76-25=$

㉙ $48-45=$

㉚ $95-22=$

㉛ $87-22=$

㉜ $69-37=$

O14 단계

실력 진단 평가 ❶회

받아올림/받아내림이 없는 덧셈과 뺄셈 종합

제한 시간	맞힌 개수	선생님 확인
20분	/24	

정답 22쪽

계산을 하세요.

❶ $\begin{array}{r} 23 \\ +\ 56 \\ \hline \end{array}$

❷ $\begin{array}{r} 88 \\ -\ 37 \\ \hline \end{array}$

❸ $\begin{array}{r} 15 \\ +\ 42 \\ \hline \end{array}$

❹ $\begin{array}{r} 97 \\ -\ 64 \\ \hline \end{array}$

❺ $\begin{array}{r} 38 \\ +\ 60 \\ \hline \end{array}$

❻ $\begin{array}{r} 64 \\ -\ 11 \\ \hline \end{array}$

❼ $\begin{array}{r} 45 \\ +\ 23 \\ \hline \end{array}$

❽ $\begin{array}{r} 78 \\ -\ 60 \\ \hline \end{array}$

❾ $\begin{array}{r} 35 \\ +\ 61 \\ \hline \end{array}$

❿ $\begin{array}{r} 99 \\ -\ 54 \\ \hline \end{array}$

⓫ $\begin{array}{r} 63 \\ +\ 20 \\ \hline \end{array}$

⓬ $\begin{array}{r} 87 \\ -\ 63 \\ \hline \end{array}$

⓭ $\begin{array}{r} 26 \\ +\ 43 \\ \hline \end{array}$

⓮ $\begin{array}{r} 66 \\ -\ 23 \\ \hline \end{array}$

⓯ $\begin{array}{r} 42 \\ +\ 46 \\ \hline \end{array}$

⓰ $\begin{array}{r} 72 \\ -\ 52 \\ \hline \end{array}$

⓱ $\begin{array}{r} 42 \\ +\ 35 \\ \hline \end{array}$

⓲ $\begin{array}{r} 57 \\ -\ 22 \\ \hline \end{array}$

⓳ $\begin{array}{r} 28 \\ +\ 71 \\ \hline \end{array}$

⓴ $\begin{array}{r} 82 \\ -\ 10 \\ \hline \end{array}$

㉑ $\begin{array}{r} 33 \\ +\ 32 \\ \hline \end{array}$

㉒ $\begin{array}{r} 69 \\ -\ 28 \\ \hline \end{array}$

㉓ $\begin{array}{r} 64 \\ +\ 25 \\ \hline \end{array}$

㉔ $\begin{array}{r} 93 \\ -\ 62 \\ \hline \end{array}$

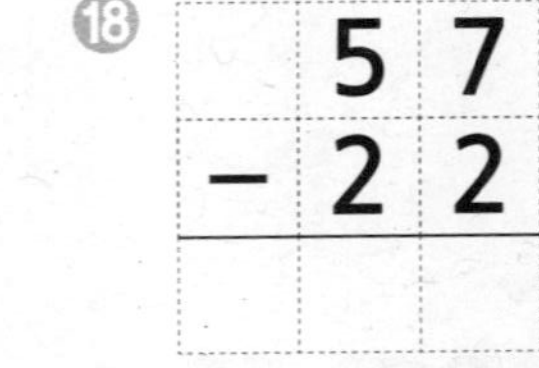

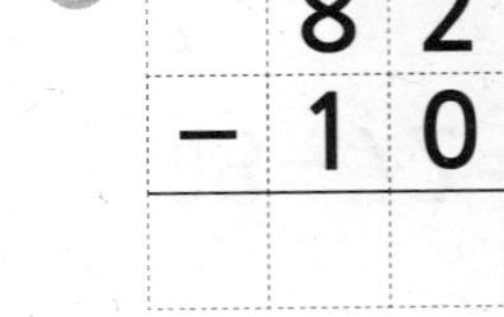

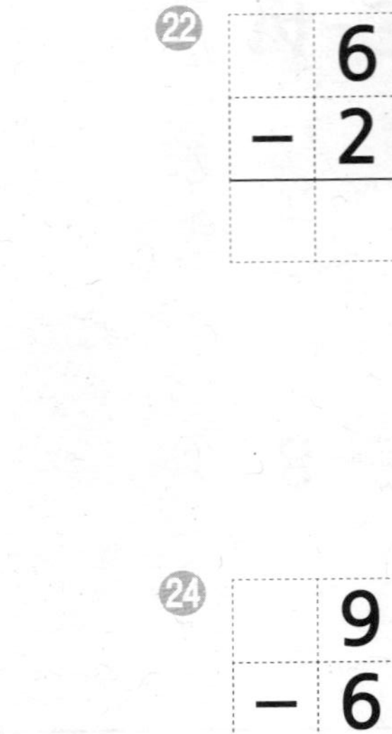

014 단계

실력 진단 평가 ❷회

받아올림/받아내림이 없는 덧셈과 뺄셈 종합

제한 시간	맞힌 개수	선생님 확인
20분	/32	

정답 22쪽

계산을 하세요.

❶ 62+33=

❷ 69−55=

❸ 17+52=

❹ 74−64=

❺ 22+32=

❻ 95−31=

❼ 40+26=

❽ 67−52=

❾ 73+26=

❿ 38−15=

⓫ 39+50=

⓬ 89−44=

⓭ 54+43=

⓮ 92−62=

⓯ 17+22=

⓰ 64−12=

⓱ 60+14=

⓲ 78−37=

⓳ 11+27=

⓴ 44−32=

㉑ 24+53=

㉒ 98−72=

㉓ 61+21=

㉔ 56−36=

㉕ 24+64=

㉖ 77−42=

㉗ 15+14=

㉘ 67−17=

㉙ 33+43=

㉚ 78−21=

㉛ 71+21=

㉜ 65−33=

학교 성적에 도움이 될까요?
수학 교과서와 친해질 수 있나요?

재미와 속도, 정확성 모두 중요하지만 무엇보다 '학교 성적'에 얼마나 도움이 되느냐가 가장 중요하겠지요? 《계산의 신》은 최신 교육 과정을 100% 반영한 단계별 학습으로 구성되어 있습니다. 따라서 《계산의 신》을 꾸준히 학습하면 자연스럽게 '수학 교과서'와 친해져 학교 성적이 올라갈 것입니다.

6 문제를 다 풀어 놓고도
아이가 자꾸 기억이 안 난다고 해요.

《계산의 신》에는 두 가지 유형 반복 학습 외에도 세 단계마다 자신이 푼 문제를 복습하는 '세 단계 묶어 풀기'가 있고, 마지막에는 교재 전체 내용을 한 번 더 복습할 수 있는 '전체 묶어 풀기'가 있습니다. 풀었던 문제들을 다시 묶어서 풀며, 예전에 학습했던 계산 문제들을 완전히 자신의 것으로 만들 수 있습니다.

풀었던 유형
묶어서 다시 풀자!

3 아이들이 스스로 공부할 수 있는 교재인가요?

《계산의 신》은 아이들이 스스로 생각하고 계산할 수 있도록 구성되어 있습니다. 핵심 포인트를 보며 유형을 파악하고, 문제를 푼 후에 스스로 자신의 풀이를 평가할 수 있습니다. 부담 없는 분량, 친절한 설명과 예시, 두 가지 유형 반복 학습과 실력 진단 평가는 아이들이 교사나 부모님에게 기대지 않고, 스스로 학습하는 힘을 길러 줄 것입니다.

4 정확하게 푸는 게 중요한가요, 빠르게 푸는 게 중요한가요?

물론 속도를 무시할 순 없습니다. 그러나 그에 앞서 선행되어야 하는 것이 바로 '정확성'입니다. 《계산의 신》은 예시와 함께 해당 연산의 핵심 포인트를 짚어 주며 문제를 정확하게 이해할 수 있도록 도와줍니다. '스스로 학습 관리표'는 문제 풀이 속도를 높이는 데에 동기부여가 될 것입니다. 《계산의 신》과 함께 정확성과 속도, 두 마리 토끼를 모두 잡아 보세요.

왜? 계산력 교재는 <계산의 신>이 가장 좋은가?

1

요즘엔 초등 계산법 책이 너무 많아서
어떤 책을 골라야 할지 모르겠어요!

기존의 계산력 문제집은 대부분 저자가 '연구회 공동 집필'로 표기되어 있습니다. 반면 꿈을담는틀의 《계산의 신》은 KAIST 출신의 수학 선생님이 공동 저자로, 아이들을 직접 가르쳤던 경험을 담아 만든 '엄마, 아빠표 문제집'입니다. 수학 교육 분야의 뛰어난 전문성과 교육 경험을 두루 갖추고 있어 믿을 수 있습니다.

2

영어는 해외 연수를 가면 된다지만,
수학 공부는 대체 어떻게 해야 하죠?

영어 실력을 키우려고 해외 연수 다니는 것을 본 게 어제오늘 일이 아니죠? 반면 수학은 어떨까요? 수학에는 왕도가 없어요. 가장 중요한 건 매일 조금씩 꾸준히 연마하는 것뿐입니다. 《계산의 신》에 나오는 A와 B, 두 가지 유형의 문제를 풀면서 자연스럽게 수학의 기초를 닦아 보세요. 초등 계산법 완성을 향한 즐거운 도전을 시작할 수 있습니다.

다양한 유형을
꾸준하게 반복 학습!

B A

수학의 기본은 계산력, 정확성과 계산 속도를 높히는
《계산의 신》 시리즈

중도에 포기하는 학생은 있어도
끝까지 풀었을 때 신의 경지에 오르지 않는 학생은 없습니다!

꼭 있어야 할 교재, 최고의 교재를 만드는 '꿈을담는틀'에서
신개념 초등 계산력 교재 《계산의 신》을 한층 업그레이드 했습니다.

초등 수학은 마구잡이 공부보다 체계적 학습이 중요합니다.
KAIST 출신 수학 선생님들이 집필한 특별한 교재로
하루 10분씩 꾸준히 공부해 보세요.
어느 순간 계산의 신(神)의 경지에 올라 있을 것입니다.

부모님이 자녀에게, 선생님이 제자에게
이 교재를 선물해 주세요.

__________ 가 __________ 에게

매일 2쪽씩 풀며 계산의 신이 되자!

《계산의 신》은 초등학교 1학년부터 6학년 과정까지 총 120단계로 구성되어 있습니다.
매일 2쪽씩 꾸준히 반복 학습을 하면 탄탄한 계산력을 기를 수 있습니다.
더불어 복습할 수 있는 '묶어 풀기'가 있고, 지친 마음을 헤아려 주는
'재미있는 수학이야기'와 '수학퀴즈'가 있습니다.
꿈을담는틀의 《계산의 신》이 준비한 길로 들어오실 준비가 되셨나요?
그 길을 따라 걸으며 문제를 풀고 이야기를 듣다 보면
어느새 계산의 신이 되어 있을 거예요!

★★★★
구성과 일러스트가 인상적!

★★★★★
초등 수학은 이 책이면 끝!

011 단계 (몇십)±(몇십)

◆스스로 학습 관리표◆

- 매일 맞힌 개수를 적고, 걸린 시간만큼 색칠해 보세요. (눈금 1칸은 1분이며, 초는 표의 상단에 적으세요.)
- 하루하루 시날수록 실력이 자라고, 계산 속도가 빨라지는 것을 눈으로 직접 확인할 수 있습니다.

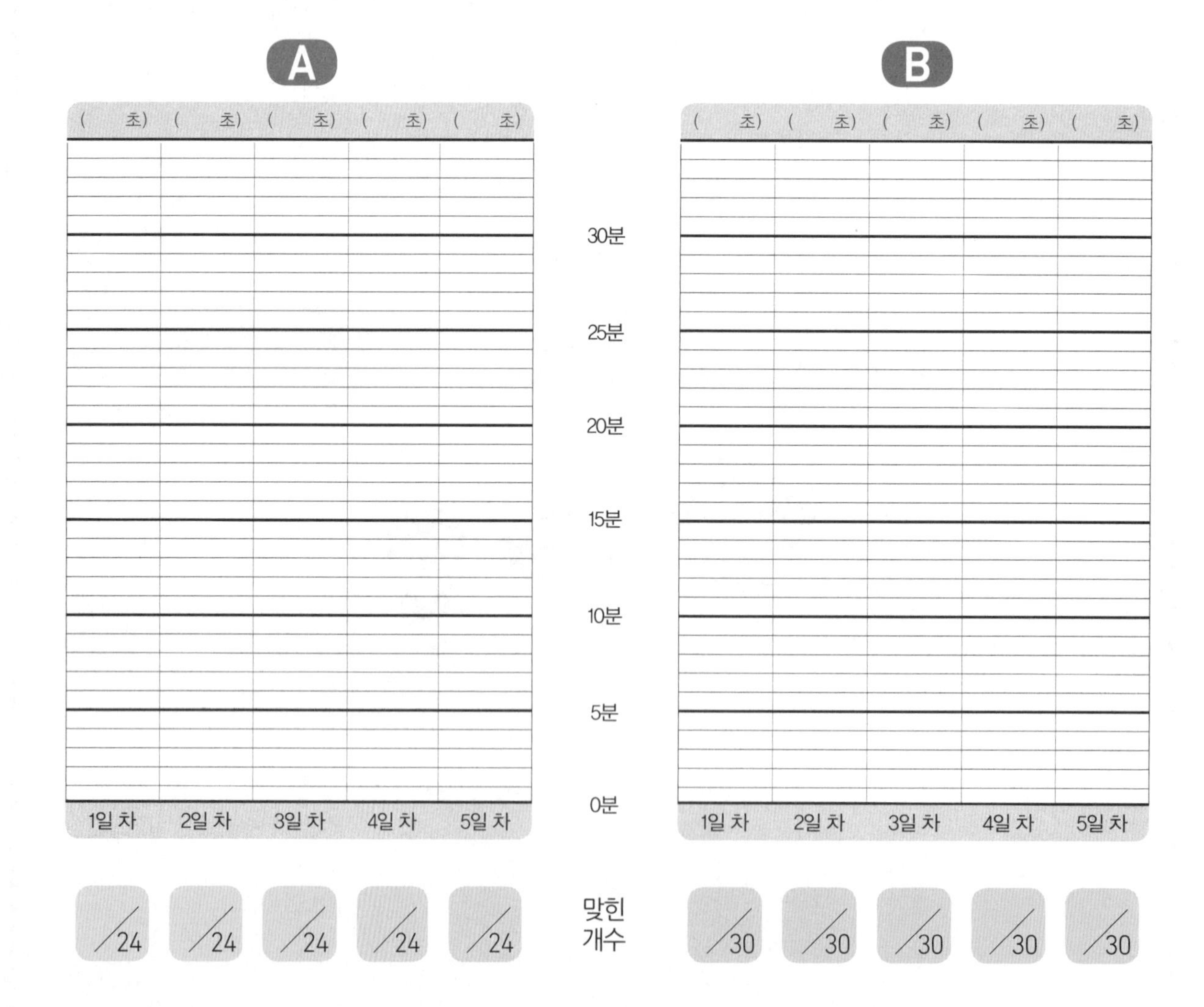

개념 포인트

십의 자리끼리 계산하기

30 더하기 20은 얼마일까요?

30은 10이 3개인 수이고 20은 10이 2개인 수이니까, 두 수를 더하면 10이 5개인 수, 즉 50이 됩니다.

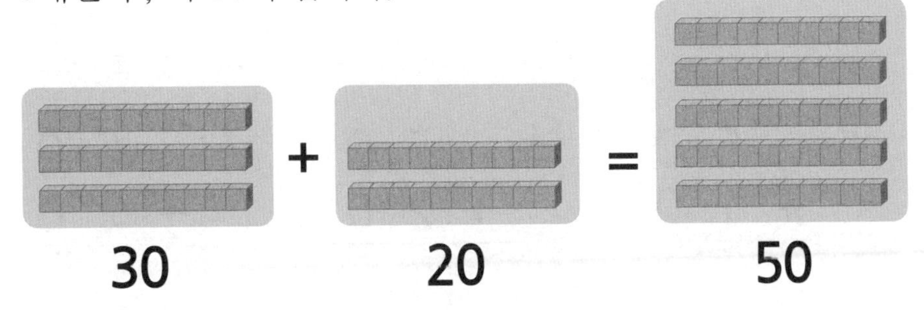

30+20은 십의 자리 수 3과 2를 더한 5를 십의 자리에 다시 쓰고, 일의 자리 수 0과 0을 더한 0을 일의 자리에 다시 쓴 것으로 볼 수 있습니다.

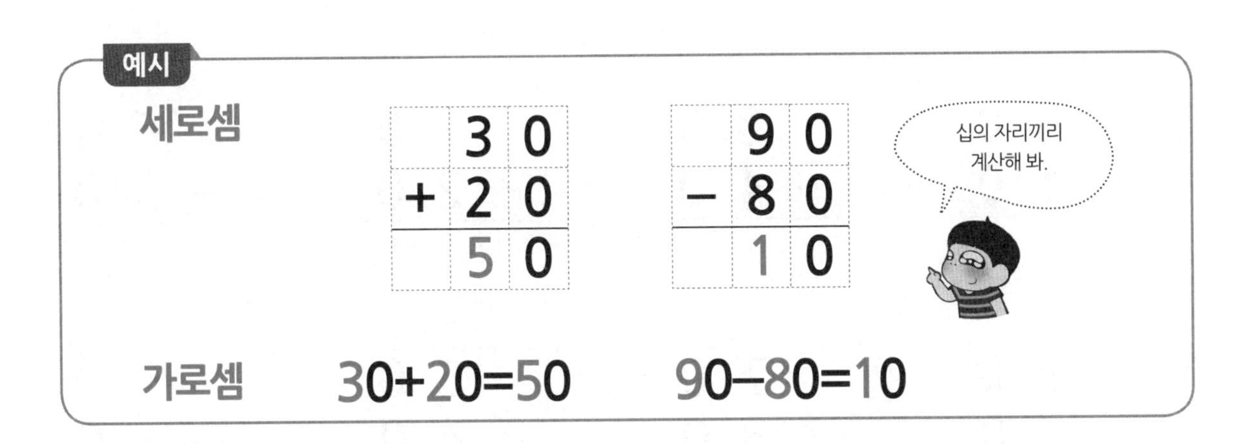

한 자리 수의 덧셈, 뺄셈에서 이제 두 자리 수의 덧셈, 뺄셈을 준비하는 단계입니다. 계산 내용은 쉽지만 다시 한 번 자릿값의 개념을 확실히 할 수 있는 과정입니다. 또한 (몇십)±(몇십)의 계산은 두 자리 수의 덧셈, 뺄셈 결과를 어림하는 데에도 사용됩니다. 이 계산을 통해 어림 능력을 키울 수 있습니다.

1일차 A형

(몇십)±(몇십)

월 일
분 초
/24

✎ 계산을 하세요.

① $\begin{array}{r} 30 \\ +\ 20 \\ \hline \end{array}$ ② $\begin{array}{r} 10 \\ +\ 70 \\ \hline \end{array}$ ③ $\begin{array}{r} 40 \\ +\ 20 \\ \hline \end{array}$ ④ $\begin{array}{r} 30 \\ +\ 60 \\ \hline \end{array}$

⑤ $\begin{array}{r} 20 \\ +\ 20 \\ \hline \end{array}$ ⑥ $\begin{array}{r} 50 \\ +\ 10 \\ \hline \end{array}$ ⑦ $\begin{array}{r} 70 \\ +\ 20 \\ \hline \end{array}$ ⑧ $\begin{array}{r} 60 \\ +\ 20 \\ \hline \end{array}$

⑨ $\begin{array}{r} 60 \\ +\ 30 \\ \hline \end{array}$ ⑩ $\begin{array}{r} 20 \\ +\ 50 \\ \hline \end{array}$ ⑪ $\begin{array}{r} 40 \\ +\ 10 \\ \hline \end{array}$ ⑫ $\begin{array}{r} 10 \\ +\ 80 \\ \hline \end{array}$

⑬ $\begin{array}{r} 80 \\ -\ 10 \\ \hline \end{array}$ ⑭ $\begin{array}{r} 80 \\ -\ 40 \\ \hline \end{array}$ ⑮ $\begin{array}{r} 70 \\ -\ 20 \\ \hline \end{array}$ ⑯ $\begin{array}{r} 60 \\ -\ 30 \\ \hline \end{array}$

⑰ $\begin{array}{r} 90 \\ -\ 70 \\ \hline \end{array}$ ⑱ $\begin{array}{r} 70 \\ -\ 30 \\ \hline \end{array}$ ⑲ $\begin{array}{r} 60 \\ -\ 40 \\ \hline \end{array}$ ⑳ $\begin{array}{r} 50 \\ -\ 10 \\ \hline \end{array}$

㉑ $\begin{array}{r} 90 \\ -\ 80 \\ \hline \end{array}$ ㉒ $\begin{array}{r} 80 \\ -\ 80 \\ \hline \end{array}$ ㉓ $\begin{array}{r} 60 \\ -\ 50 \\ \hline \end{array}$ ㉔ $\begin{array}{r} 40 \\ -\ 20 \\ \hline \end{array}$

자기 점수에 ○표 하세요

맞힌 개수	16개 이하	17~20개	21~22개	23~24개
학습 방법	개념을 다시 공부하세요.	조금 더 노력하세요.	실수하면 안 돼요.	참 잘했어요.

(몇십)±(몇십)

월 일
분 초
/30

정답 2쪽

계산을 하세요.

① 30+50=	② 20+70=	③ 40+10=
④ 20+40=	⑤ 70+20=	⑥ 30+40=
⑦ 60+30=	⑧ 40+20=	⑨ 10+30=
⑩ 50+40=	⑪ 10+70=	⑫ 20+60=
⑬ 50+20=	⑭ 80+10=	⑮ 40+40=
⑯ 90−50=	⑰ 80−40=	⑱ 30−10=
⑲ 90−30=	⑳ 20−20=	㉑ 60−50=
㉒ 30−20=	㉓ 70−40=	㉔ 80−30=
㉕ 40−20=	㉖ 60−20=	㉗ 90−20=
㉘ 50−10=	㉙ 80−70=	㉚ 40−10=

자기 점수에 ○표 하세요

맞힌 개수	20개 이하	21~25개	26~28개	29~30개
학습 방법	개념을 다시 공부하세요.	조금 더 노력 하세요.	실수하면 안 돼요.	참 잘했어요.

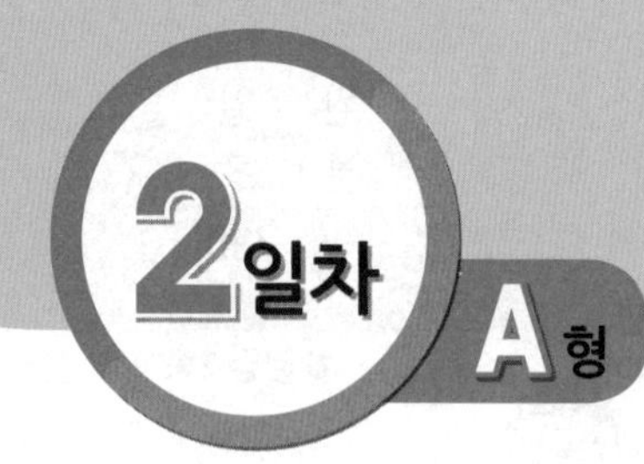

(몇십)±(몇십)

월 일
분 초
/24

계산을 하세요.

❶ $\begin{array}{r} 40 \\ +\ 10 \\ \hline \end{array}$

❷ $\begin{array}{r} 20 \\ +\ 50 \\ \hline \end{array}$

❸ $\begin{array}{r} 30 \\ +\ 60 \\ \hline \end{array}$

❹ $\begin{array}{r} 30 \\ +\ 30 \\ \hline \end{array}$

❺ $\begin{array}{r} 30 \\ +\ 50 \\ \hline \end{array}$

❻ $\begin{array}{r} 40 \\ +\ 30 \\ \hline \end{array}$

❼ $\begin{array}{r} 40 \\ +\ 50 \\ \hline \end{array}$

❽ $\begin{array}{r} 50 \\ +\ 20 \\ \hline \end{array}$

❾ $\begin{array}{r} 70 \\ +\ 20 \\ \hline \end{array}$

❿ $\begin{array}{r} 10 \\ +\ 50 \\ \hline \end{array}$

⓫ $\begin{array}{r} 30 \\ +\ 20 \\ \hline \end{array}$

⓬ $\begin{array}{r} 10 \\ +\ 70 \\ \hline \end{array}$

⓭ $\begin{array}{r} 60 \\ -\ 10 \\ \hline \end{array}$

⓮ $\begin{array}{r} 90 \\ -\ 20 \\ \hline \end{array}$

⓯ $\begin{array}{r} 50 \\ -\ 20 \\ \hline \end{array}$

⓰ $\begin{array}{r} 70 \\ -\ 30 \\ \hline \end{array}$

⓱ $\begin{array}{r} 80 \\ -\ 70 \\ \hline \end{array}$

⓲ $\begin{array}{r} 90 \\ -\ 30 \\ \hline \end{array}$

⓳ $\begin{array}{r} 70 \\ -\ 40 \\ \hline \end{array}$

⓴ $\begin{array}{r} 60 \\ -\ 20 \\ \hline \end{array}$

㉑ $\begin{array}{r} 40 \\ -\ 20 \\ \hline \end{array}$

㉒ $\begin{array}{r} 80 \\ -\ 40 \\ \hline \end{array}$

㉓ $\begin{array}{r} 30 \\ -\ 20 \\ \hline \end{array}$

㉔ $\begin{array}{r} 90 \\ -\ 10 \\ \hline \end{array}$

자기 점수에 ○표 하세요

맞힌 개수	16개 이하	17~20개	21~22개	23~24개
학습 방법	개념을 다시 공부하세요.	조금 더 노력하세요.	실수하면 안 돼요.	참 잘했어요.

(몇십)±(몇십)

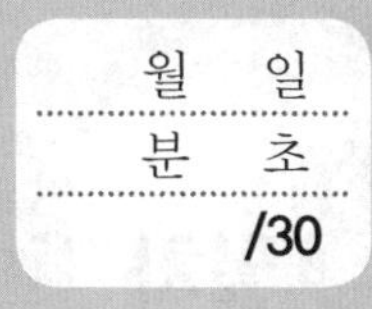

정답 3쪽

계산을 하세요.

❶ 10+60=　❷ 70+20=　❸ 30+20=

❹ 60+30=　❺ 40+10=　❻ 50+20=

❼ 40+40=　❽ 30+40=　❾ 10+20=

❿ 30+50=　⓫ 20+20=　⓬ 70+10=

⓭ 10+10=　⓮ 40+30=　⓯ 20+10=

⓰ 60−50=　⓱ 80−20=　⓲ 60−10=

⓳ 90−10=　⓴ 70−70=　㉑ 80−50=

㉒ 70−20=　㉓ 90−30=　㉔ 50−10=

㉕ 90−20=　㉖ 60−40=　㉗ 60−30=

㉘ 50−40=　㉙ 80−60=　㉚ 40−30=

자기 점수에 ○표 하세요

맞힌 개수	20개 이하	21~25개	26~28개	29~30개
학습 방법	개념을 다시 공부하세요.	조금 더 노력 하세요.	실수하면 안 돼요.	참 잘했어요.

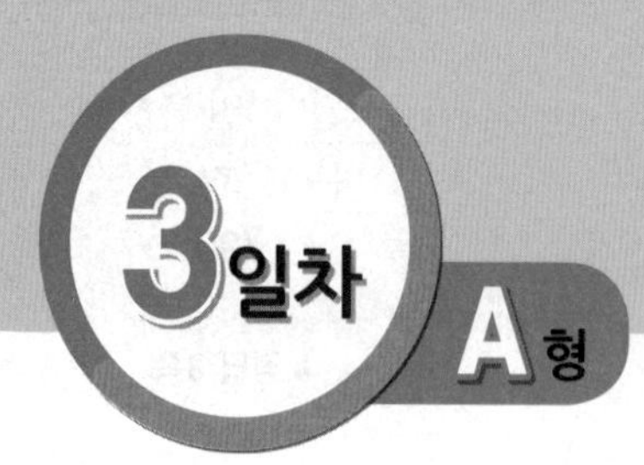

(몇십)±(몇십)

월	일
분	초
	/24

✎ 계산을 하세요.

❶ $\begin{array}{r} 50 \\ +\ 20 \\ \hline \end{array}$

❷ $\begin{array}{r} 60 \\ +\ 30 \\ \hline \end{array}$

❸ $\begin{array}{r} 70 \\ +\ 10 \\ \hline \end{array}$

❹ $\begin{array}{r} 40 \\ +\ 40 \\ \hline \end{array}$

❺ $\begin{array}{r} 10 \\ +\ 30 \\ \hline \end{array}$

❻ $\begin{array}{r} 50 \\ +\ 40 \\ \hline \end{array}$

❼ $\begin{array}{r} 30 \\ +\ 20 \\ \hline \end{array}$

❽ $\begin{array}{r} 20 \\ +\ 60 \\ \hline \end{array}$

❾ $\begin{array}{r} 20 \\ +\ 40 \\ \hline \end{array}$

❿ $\begin{array}{r} 20 \\ +\ 10 \\ \hline \end{array}$

⓫ $\begin{array}{r} 30 \\ +\ 40 \\ \hline \end{array}$

⓬ $\begin{array}{r} 10 \\ +\ 60 \\ \hline \end{array}$

⓭ $\begin{array}{r} 50 \\ -\ 10 \\ \hline \end{array}$

⓮ $\begin{array}{r} 40 \\ -\ 40 \\ \hline \end{array}$

⓯ $\begin{array}{r} 70 \\ -\ 50 \\ \hline \end{array}$

⓰ $\begin{array}{r} 80 \\ -\ 50 \\ \hline \end{array}$

⓱ $\begin{array}{r} 90 \\ -\ 60 \\ \hline \end{array}$

⓲ $\begin{array}{r} 50 \\ -\ 40 \\ \hline \end{array}$

⓳ $\begin{array}{r} 90 \\ -\ 30 \\ \hline \end{array}$

⓴ $\begin{array}{r} 80 \\ -\ 10 \\ \hline \end{array}$

㉑ $\begin{array}{r} 80 \\ -\ 40 \\ \hline \end{array}$

㉒ $\begin{array}{r} 60 \\ -\ 30 \\ \hline \end{array}$

㉓ $\begin{array}{r} 90 \\ -\ 20 \\ \hline \end{array}$

㉔ $\begin{array}{r} 40 \\ -\ 10 \\ \hline \end{array}$

자기 점수에 ○표 하세요

맞힌 개수	16개 이하	17~20개	21~22개	23~24개
학습 방법	개념을 다시 공부하세요.	조금 더 노력하세요.	실수하면 안 돼요.	참 잘했어요.

(몇십)±(몇십)

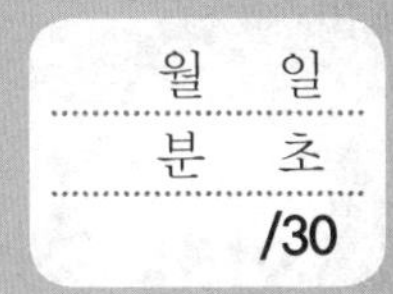

정답 4쪽

계산을 하세요.

① 30+40=　② 40+20=　③ 10+20=

④ 10+40=　⑤ 30+30=　⑥ 70+10=

⑦ 30+60=　⑧ 40+40=　⑨ 20+10=

⑩ 50+20=　⑪ 40+50=　⑫ 20+60=

⑬ 60+30=　⑭ 10+50=　⑮ 20+40=

⑯ 90−70=　⑰ 80−40=　⑱ 50−30=

⑲ 60−30=　⑳ 40−10=　㉑ 60−50=

㉒ 30−20=　㉓ 50−40=　㉔ 80−30=

㉕ 40−20=　㉖ 60−20=　㉗ 30−10=

㉘ 70−40=　㉙ 80−70=　㉚ 90−30=

자기 점수에 ○표 하세요

맞힌 개수	20개 이하	21~25개	26~28개	29~30개
학습 방법	개념을 다시 공부하세요.	조금 더 노력하세요.	실수하면 안 돼요.	참 잘했어요.

(몇십)±(몇십)

월 일
분 초
/24

계산을 하세요.

❶ 30 + 60 =

❷ 10 + 20 =

❸ 40 + 30 =

❹ 10 + 60 =

❺ 50 + 20 =

❻ 10 + 10 =

❼ 20 + 20 =

❽ 60 + 30 =

❾ 40 + 40 =

❿ 30 + 50 =

⓫ 40 + 20 =

⓬ 10 + 50 =

⓭ 30 − 10 =

⓮ 50 − 40 =

⓯ 40 − 20 =

⓰ 60 − 50 =

⓱ 80 − 50 =

⓲ 60 − 30 =

⓳ 40 − 40 =

⓴ 50 − 20 =

㉑ 90 − 20 =

㉒ 80 − 30 =

㉓ 70 − 30 =

㉔ 90 − 40 =

자기 점수에 ○표 하세요

맞힌 개수	16개 이하	17~20개	21~22개	23~24개
학습 방법	개념을 다시 공부하세요.	조금 더 노력하세요.	실수하면 안 돼요.	참 잘했어요.

(몇십)±(몇십)

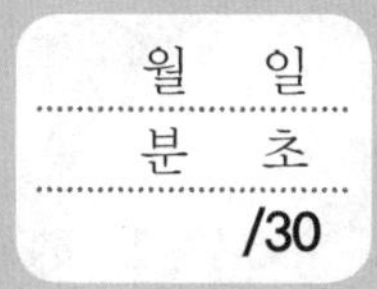

정답 5쪽

계산을 하세요.

❶ 20+60= ❷ 30+60= ❸ 30+50=

❹ 70+20= ❺ 10+20= ❻ 20+40=

❼ 30+10= ❽ 20+70= ❾ 10+50=

❿ 20+20= ⓫ 40+30= ⓬ 30+20=

⓭ 50+20= ⓮ 40+20= ⓯ 40+40=

⓰ 80−50= ⓱ 60−40= ⓲ 20−10=

⓳ 90−20= ⓴ 80−80= ㉑ 60−30=

㉒ 40−20= ㉓ 80−60= ㉔ 70−30=

㉕ 70−20= ㉖ 60−10= ㉗ 80−20=

㉘ 30−10= ㉙ 50−30= ㉚ 50−10=

자기 점수에 ○표 하세요

맞힌 개수	20개 이하	21~25개	26~28개	29~30개
학습 방법	개념을 다시 공부하세요.	조금 더 노력 하세요.	실수하면 안 돼요.	참 잘했어요.

(몇십)±(몇십)

월 일
분 초
/24

✎ 계산을 하세요.

❶ $40 + 20 =$

❷ $30 + 10 =$

❸ $50 + 20 =$

❹ $20 + 60 =$

❺ $20 + 20 =$

❻ $50 + 30 =$

❼ $10 + 50 =$

❽ $20 + 40 =$

❾ $10 + 10 =$

❿ $60 + 30 =$

⓫ $50 + 10 =$

⓬ $70 + 10 =$

⓭ $80 - 20 =$

⓮ $70 - 40 =$

⓯ $60 - 20 =$

⓰ $60 - 40 =$

⓱ $90 - 10 =$

⓲ $70 - 50 =$

⓳ $80 - 30 =$

⓴ $20 - 10 =$

㉑ $70 - 30 =$

㉒ $60 - 60 =$

㉓ $50 - 20 =$

㉔ $90 - 70 =$

자기 점수에 ○표 하세요

맞힌 개수	16개 이하	17~20개	21~22개	23~24개
학습 방법	개념을 다시 공부하세요.	조금 더 노력 하세요.	실수하면 안 돼요.	참 잘했어요.

(몇십)±(몇십)

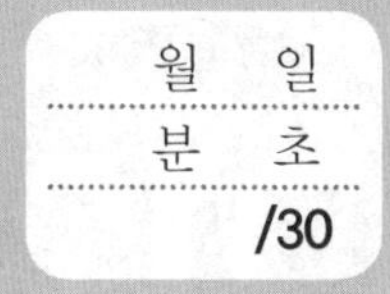

정답 6쪽

계산을 하세요.

① 20+40=　　② 10+50=　　③ 50+40=

④ 40+10=　　⑤ 30+30=　　⑥ 30+60=

⑦ 30+40=　　⑧ 60+20=　　⑨ 10+10=

⑩ 50+10=　　⑪ 20+70=　　⑫ 20+20=

⑬ 40+40=　　⑭ 30+50=　　⑮ 60+30=

⑯ 70−50=　　⑰ 70−40=　　⑱ 30−20=

⑲ 80−30=　　⑳ 40−20=　　㉑ 60−30=

㉒ 60−20=　　㉓ 50−40=　　㉔ 90−30=

㉕ 40−10=　　㉖ 80−20=　　㉗ 90−10=

㉘ 50−30=　　㉙ 90−70=　　㉚ 50−10=

자기 점수에 ○표 하세요

맞힌 개수	20개 이하	21~25개	26~28개	29~30개
학습 방법	개념을 다시 공부하세요.	조금 더 노력하세요.	실수하면 안 돼요.	참 잘했어요.

(몇십 몇)+(몇십 몇)

◆스스로 학습 관리표◆

- 매일 맞힌 개수를 적고, 걸린 시간만큼 색칠해 보세요.
(눈금 1칸은 1분이며, 초는 표의 상단에 적으세요.)
- 하루하루 지날수록 실력이 자라고, 계산 속도가 빨라지는 것을 눈으로 직접 확인할 수 있습니다.

개념 포인트

(몇십 몇)+(몇십 몇)

두 자리 수끼리 더할 때는 앞에서 배웠던 덧셈과 같이 일의 자리는 일의 자리끼리, 십의 자리는 십의 자리끼리 계산합니다.
세로셈으로 계산하면 자릿값을 보다 확실히 알 수 있으므로 계산이 쉽습니다.
가로셈, 세로셈 모두 충분히 연습해 보도록 하세요.

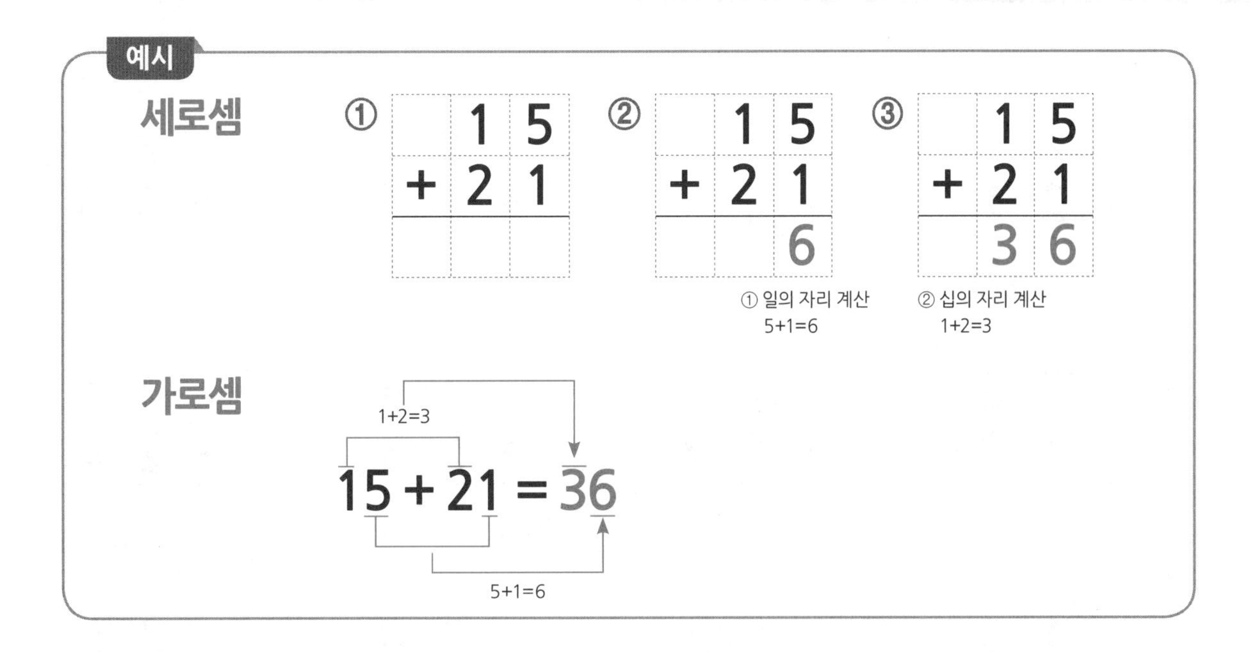

이 단계에서는 각 자리의 수의 합이 9를 넘지 않는 두 자리 수의 덧셈을 배우는 단계입니다. 받아올림이 없는 덧셈을 배우므로 아이들이 계산을 어려워하지는 않을거예요. 단, 같은 자리 수끼리 계산한다는 것을 강조해 주세요.

(몇십 몇)+(몇십 몇)

월 일
분 초
/24

일의 자리끼리, 십의 자리끼리 계산해!

✎ 덧셈을 하세요.

❶ 12 + 46 =

❷ 58 + 31 =

❸ 43 + 43 =

❹ 32 + 41 =

❺ 75 + 13 =

❻ 65 + 31 =

❼ 17 + 20 =

❽ 34 + 35 =

❾ 21 + 21 =

❿ 36 + 42 =

⓫ 81 + 14 =

⓬ 22 + 63 =

⓭ 38 + 10 =

⓮ 43 + 12 =

⓯ 13 + 53 =

⓰ 41 + 24 =

⓱ 15 + 32 =

⓲ 17 + 51 =

⓳ 38 + 41 =

⓴ 40 + 19 =

㉑ 40 + 13 =

㉒ 72 + 25 =

㉓ 15 + 13 =

㉔ 25 + 14 =

자기 점수에 ○표 하세요

맞힌 개수	16개 이하	17~20개	21~22개	23~24개
학습 방법	개념을 다시 공부하세요.	조금 더 노력하세요.	실수하면 안 돼요.	참 잘했어요.

(몇십 몇)+(몇십 몇)

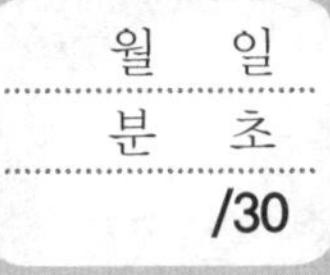

같은 자리의 수끼리 더해 보자!

정답 7쪽

덧셈을 하세요.

① 25+12=　② 51+46=　③ 10+16=

④ 17+61=　⑤ 34+15=　⑥ 62+15=

⑦ 76+22=　⑧ 13+32=　⑨ 20+28=

⑩ 42+23=　⑪ 19+60=　⑫ 52+32=

⑬ 32+54=　⑭ 23+35=　⑮ 81+13=

⑯ 51+18=　⑰ 23+36=　⑱ 41+47=

⑲ 82+11=　⑳ 12+52=　㉑ 56+40=

㉒ 13+23=　㉓ 61+14=　㉔ 14+52=

㉕ 37+62=　㉖ 44+23=　㉗ 72+15=

㉘ 13+42=　㉙ 20+48=　㉚ 12+26=

자기 점수에 ○표 하세요

맞힌 개수	20개 이하	21~25개	26~28개	29~30개
학습 방법	개념을 다시 공부하세요.	조금 더 노력 하세요.	실수하면 안 돼요.	참 잘했어요.

(몇십 몇)+(몇십 몇)

월 일
분 초
/24

덧셈을 하세요.

❶ 41 + 17 =

❷ 16 + 12 =

❸ 75 + 24 =

❹ 31 + 62 =

❺ 17 + 62 =

❻ 42 + 34 =

❼ 63 + 21 =

❽ 85 + 11 =

❾ 32 + 36 =

❿ 21 + 15 =

⓫ 29 + 60 =

⓬ 57 + 31 =

⓭ 43 + 51 =

⓮ 24 + 15 =

⓯ 12 + 61 =

⓰ 24 + 33 =

⓱ 25 + 42 =

⓲ 22 + 22 =

⓳ 38 + 11 =

⓴ 67 + 31 =

㉑ 71 + 14 =

㉒ 32 + 15 =

㉓ 13 + 43 =

㉔ 13 + 61 =

자기 점수에 ○표 하세요

맞힌 개수	16개 이하	17~20개	21~22개	23~24개
학습 방법	개념을 다시 공부하세요.	조금 더 노력하세요.	실수하면 안 돼요.	참 잘했어요.

(몇십 몇)+(몇십 몇)

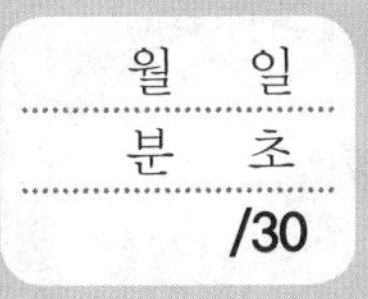

정답 8쪽

넷셈을 하세요.

① $40+59=$	② $23+61=$	③ $73+12=$
④ $65+12=$	⑤ $25+41=$	⑥ $14+34=$
⑦ $24+30=$	⑧ $57+40=$	⑨ $15+52=$
⑩ $14+13=$	⑪ $13+15=$	⑫ $26+43=$
⑬ $71+20=$	⑭ $12+22=$	⑮ $63+25=$
⑯ $11+15=$	⑰ $42+56=$	⑱ $37+20=$
⑲ $24+23=$	⑳ $41+18=$	㉑ $47+21=$
㉒ $25+14=$	㉓ $36+42=$	㉔ $20+17=$
㉕ $63+16=$	㉖ $19+30=$	㉗ $27+31=$
㉘ $43+21=$	㉙ $31+15=$	㉚ $65+22=$

자기 점수에 ○표 하세요

맞힌 개수	20개 이하	21~25개	26~28개	29~30개
학습 방법	개념을 다시 공부하세요.	조금 더 노력하세요.	실수하면 안 돼요.	참 잘했어요.

(몇십 몇)+(몇십 몇)

월 일
분 초
/24

덧셈을 하세요.

❶
$$\begin{array}{r} 32 \\ +\ 51 \\ \hline \end{array}$$

❷
$$\begin{array}{r} 18 \\ +\ 60 \\ \hline \end{array}$$

❸
$$\begin{array}{r} 23 \\ +\ 71 \\ \hline \end{array}$$

❹
$$\begin{array}{r} 56 \\ +\ 21 \\ \hline \end{array}$$

❺
$$\begin{array}{r} 48 \\ +\ 11 \\ \hline \end{array}$$

❻
$$\begin{array}{r} 25 \\ +\ 64 \\ \hline \end{array}$$

❼
$$\begin{array}{r} 53 \\ +\ 15 \\ \hline \end{array}$$

❽
$$\begin{array}{r} 39 \\ +\ 40 \\ \hline \end{array}$$

❾
$$\begin{array}{r} 11 \\ +\ 15 \\ \hline \end{array}$$

❿
$$\begin{array}{r} 62 \\ +\ 37 \\ \hline \end{array}$$

⓫
$$\begin{array}{r} 12 \\ +\ 54 \\ \hline \end{array}$$

⓬
$$\begin{array}{r} 24 \\ +\ 14 \\ \hline \end{array}$$

⓭
$$\begin{array}{r} 51 \\ +\ 31 \\ \hline \end{array}$$

⓮
$$\begin{array}{r} 20 \\ +\ 27 \\ \hline \end{array}$$

⓯
$$\begin{array}{r} 33 \\ +\ 21 \\ \hline \end{array}$$

⓰
$$\begin{array}{r} 25 \\ +\ 61 \\ \hline \end{array}$$

⓱
$$\begin{array}{r} 45 \\ +\ 24 \\ \hline \end{array}$$

⓲
$$\begin{array}{r} 62 \\ +\ 31 \\ \hline \end{array}$$

⓳
$$\begin{array}{r} 19 \\ +\ 20 \\ \hline \end{array}$$

⓴
$$\begin{array}{r} 26 \\ +\ 71 \\ \hline \end{array}$$

㉑
$$\begin{array}{r} 35 \\ +\ 22 \\ \hline \end{array}$$

㉒
$$\begin{array}{r} 61 \\ +\ 13 \\ \hline \end{array}$$

㉓
$$\begin{array}{r} 70 \\ +\ 28 \\ \hline \end{array}$$

㉔
$$\begin{array}{r} 24 \\ +\ 11 \\ \hline \end{array}$$

자기 점수에 ○표 하세요

맞힌 개수	16개 이하	17~20개	21~22개	23~24개
학습 방법	개념을 다시 공부하세요.	조금 더 노력 하세요.	실수하면 안 돼요.	참 잘했어요.

(몇십 몇)+(몇십 몇)

월 일
분 초
/30

정답 9쪽

덧셈을 하세요.

❶ 12+72=
❷ 54+32=
❸ 21+17=
❹ 13+14=
❺ 63+15=
❻ 34+34=
❼ 59+10=
❽ 38+21=
❾ 74+14=
❿ 25+71=
⓫ 23+11=
⓬ 32+24=
⓭ 16+32=
⓮ 52+43=
⓯ 26+41=
⓰ 36+22=
⓱ 31+61=
⓲ 47+50=
⓳ 85+13=
⓴ 14+35=
㉑ 68+31=
㉒ 51+26=
㉓ 14+31=
㉔ 13+23=
㉕ 37+42=
㉖ 75+12=
㉗ 52+33=
㉘ 61+14=
㉙ 20+37=
㉚ 13+16=

자기 점수에 ○표 하세요

맞힌 개수	20개 이하	21~25개	26~28개	29~30개
학습 방법	개념을 다시 공부하세요.	조금 더 노력 하세요.	실수하면 안 돼요.	참 잘했어요.

(몇십 몇)+(몇십 몇)

월 일
분 초
/24

✐ 덧셈을 하세요.

❶ $76 + 22$

❷ $24 + 35$

❸ $61 + 17$

❹ $33 + 15$

❺ $32 + 26$

❻ $55 + 24$

❼ $27 + 41$

❽ $63 + 11$

❾ $33 + 42$

❿ $84 + 12$

⓫ $42 + 23$

⓬ $20 + 19$

⓭ $22 + 45$

⓮ $63 + 13$

⓯ $24 + 61$

⓰ $14 + 32$

⓱ $32 + 15$

⓲ $63 + 26$

⓳ $18 + 31$

⓴ $22 + 16$

㉑ $16 + 71$

㉒ $32 + 23$

㉓ $64 + 31$

㉔ $85 + 14$

자기 점수에 ○표 하세요

맞힌 개수	16개 이하	17~20개	21~22개	23~24개
학습 방법	개념을 다시 공부하세요.	조금 더 노력 하세요.	실수하면 안 돼요.	참 잘했어요.

4일차 B형

(몇십 몇)+(몇십 몇)

월 일
분 초
/30

정답 10쪽

덧셈을 하세요.

① $36+13=$	② $11+14=$	③ $52+24=$
④ $41+54=$	⑤ $23+14=$	⑥ $71+16=$
⑦ $37+21=$	⑧ $64+32=$	⑨ $47+22=$
⑩ $52+34=$	⑪ $17+11=$	⑫ $30+62=$
⑬ $71+14=$	⑭ $26+22=$	⑮ $12+14=$
⑯ $11+41=$	⑰ $35+63=$	⑱ $23+15=$
⑲ $45+32=$	⑳ $21+25=$	㉑ $18+41=$
㉒ $34+44=$	㉓ $79+10=$	㉔ $27+61=$
㉕ $63+16=$	㉖ $11+25=$	㉗ $26+42=$
㉘ $32+21=$	㉙ $22+60=$	㉚ $43+22=$

자기 점수에 ○표 하세요

맞힌 개수	20개 이하	21~25개	26~28개	29~30개
학습 방법	개념을 다시 공부하세요.	조금 더 노력 하세요.	실수하면 안 돼요.	참 잘했어요.

(몇십 몇)+(몇십 몇)

월 일
분 초
/24

덧셈을 하세요.

❶ $63 + 24$

❷ $17 + 21$

❸ $33 + 16$

❹ $42 + 53$

❺ $23 + 54$

❻ $72 + 23$

❼ $14 + 52$

❽ $48 + 20$

❾ $54 + 32$

❿ $11 + 45$

⓫ $82 + 16$

⓬ $27 + 21$

⓭ $36 + 23$

⓮ $63 + 15$

⓯ $13 + 13$

⓰ $25 + 32$

⓱ $32 + 11$

⓲ $30 + 22$

⓳ $12 + 87$

⓴ $51 + 24$

㉑ $31 + 61$

㉒ $47 + 32$

㉓ $27 + 12$

㉔ $33 + 51$

자기 점수에 ○표 하세요

맞힌 개수	16개 이하	17~20개	21~22개	23~24개
학습 방법	개념을 다시 공부하세요.	조금 더 노력하세요.	실수하면 안 돼요.	참 잘했어요.

(몇십 몇)+(몇십 몇)

월	일
분	초
	/30

정답 11쪽

✎ 덧셈을 하세요.

① 52+42=
② 71+15=
③ 26+32=
④ 48+41=
⑤ 13+44=
⑥ 62+23=
⑦ 24+10=
⑧ 23+14=
⑨ 63+20=
⑩ 33+65=
⑪ 24+41=
⑫ 20+29=
⑬ 53+16=
⑭ 61+18=
⑮ 86+13=
⑯ 25+42=
⑰ 30+58=
⑱ 43+35=
⑲ 61+35=
⑳ 53+22=
㉑ 14+52=
㉒ 32+12=
㉓ 23+36=
㉔ 13+63=
㉕ 36+32=
㉖ 41+54=
㉗ 27+71=
㉘ 12+17=
㉙ 38+11=
㉚ 37+32=

자기 점수에 ○표 하세요

맞힌 개수	20개 이하	21~25개	26~28개	29~30개
학습 방법	개념을 다시 공부하세요.	조금 더 노력하세요.	실수하면 안 돼요.	참 잘했어요.

(몇십 몇)-(몇십 몇)

◆스스로 학습 관리표◆

- 매일 맞힌 개수를 적고, 걸린 시간만큼 색칠해 보세요.
(눈금 1칸은 1분이며, 초는 표의 상단에 적으세요.)
- 하루하루 시날수록 실력이 자라고, 계산 속도가 빨라지는 것을 눈으로 직접 확인할 수 있습니다.

정확하게 이해하면
속도도 빨라질 수 있어!

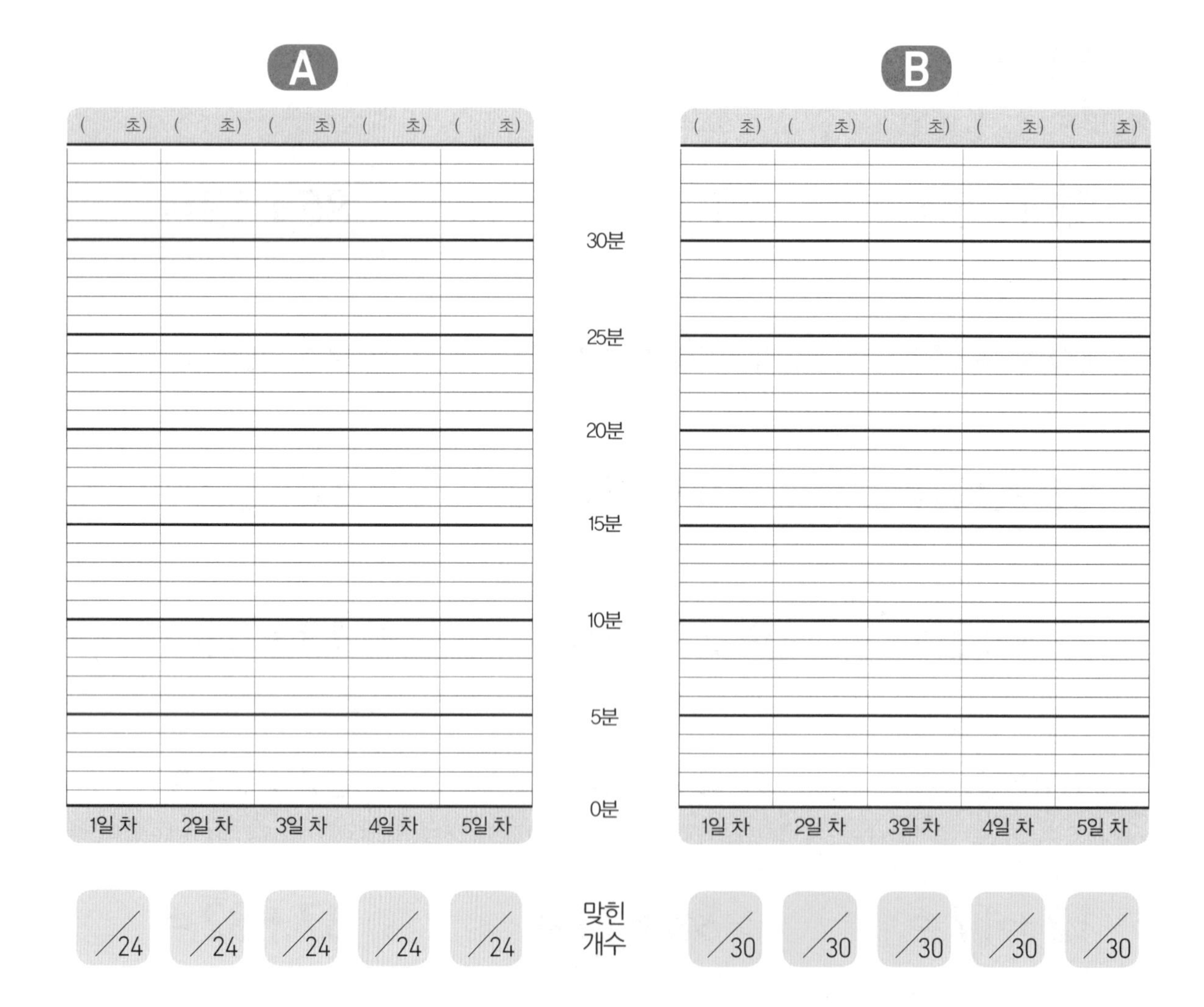

◆개념 포인트◆

(몇십 몇)–(몇십 몇)

두 자리 수의 뺄셈의 경우도 두 자리 수의 덧셈을 할 때와 같은 방법을 사용하면 되요.

가로셈의 경우 일의 자리는 일의 자리끼리, 십의 자리는 십의 자리끼리 수를 찾아서 계산합니다.

세로셈은 계산을 쉽게 할 수 있도록 도와주니까 가로셈이 헷갈릴 때는 세로셈으로 고쳐서 푸는 방법도 참고하세요.

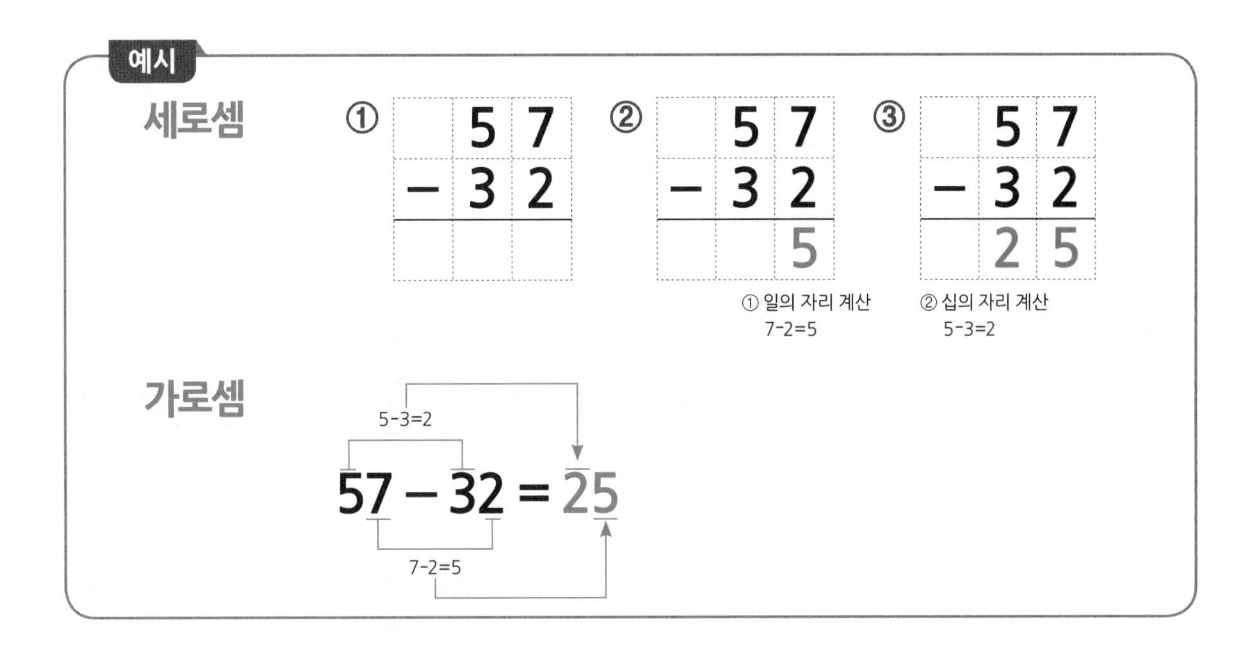

받아내림이 없는 두 자리 수의 뺄셈을 배우는 단계입니다. 자리 수의 차가 9 이하인 두 자리 수의 뺄셈을 배우므로 복잡한 계산 과정은 없습니다. 자리 수가 늘어났다고 겁먹을 필요없이 같은 자리의 수를 찾아서 계산할 수 있도록 지도해 주세요.

(몇십 몇) − (몇십 몇)

월	일
분	초
	/24

✎ 뺄셈을 하세요.

❶ $73 - 12$

❷ $61 - 51$

❸ $85 - 14$

❹ $79 - 23$

❺ $38 - 14$

❻ $96 - 52$

❼ $25 - 23$

❽ $65 - 44$

❾ $53 - 42$

❿ $81 - 50$

⓫ $95 - 22$

⓬ $77 - 35$

⓭ $29 - 16$

⓮ $87 - 34$

⓯ $47 - 11$

⓰ $68 - 35$

⓱ $78 - 12$

⓲ $36 - 24$

⓳ $98 - 15$

⓴ $94 - 13$

㉑ $85 - 62$

㉒ $88 - 37$

㉓ $65 - 22$

㉔ $73 - 51$

자기 점수에 ○표 하세요

맞힌 개수	16개 이하	17~20개	21~22개	23~24개
학습 방법	개념을 다시 공부하세요.	조금 더 노력하세요.	실수하면 안 돼요.	참 잘했어요.

(몇십 몇)−(몇십 몇)

월	일
분	초
	/30

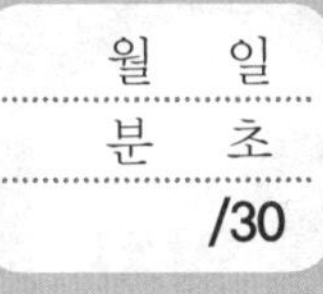

정답 12쪽

빨셈을 하세요.

❶ 84−22=　❷ 94−31=　❸ 85−53=

❹ 73−21=　❺ 48−15=　❻ 59−12=

❼ 65−34=　❽ 67−25=　❾ 96−42=

❿ 38−23=　⓫ 59−30=　⓬ 87−26=

⓭ 45−31=　⓮ 73−53=　⓯ 62−11=

⓰ 19−13=　⓱ 34−22=　⓲ 56−21=

⓳ 88−15=　⓴ 46−25=　㉑ 89−23=

㉒ 68−44=　㉓ 99−12=　㉔ 95−52=

㉕ 87−13=　㉖ 78−21=　㉗ 69−52=

㉘ 81−10=　㉙ 53−42=　㉚ 49−13=

자기 점수에 ○표 하세요

맞힌 개수	20개 이하	21~25개	26~28개	29~30개
학습 방법	개념을 다시 공부하세요.	조금 더 노력 하세요.	실수하면 안 돼요.	참 잘했어요.

(몇십 몇) − (몇십 몇)

월 일
분 초
/24

✎ 뺄셈을 하세요.

❶ $69 - 15$

❷ $32 - 21$

❸ $53 - 13$

❹ $89 - 34$

❺ $46 - 22$

❻ $78 - 43$

❼ $88 - 51$

❽ $64 - 12$

❾ $92 - 10$

❿ $57 - 41$

⓫ $79 - 53$

⓬ $37 - 31$

⓭ $95 - 52$

⓮ $68 - 26$

⓯ $84 - 63$

⓰ $74 - 23$

⓱ $45 - 22$

⓲ $52 - 22$

⓳ $48 - 31$

⓴ $97 - 16$

㉑ $77 - 14$

㉒ $64 - 31$

㉓ $87 - 12$

㉔ $89 - 25$

자기 점수에 ○표 하세요

맞힌 개수	16개 이하	17~20개	21~22개	23~24개
학습 방법	개념을 다시 공부하세요.	조금 더 노력하세요.	실수하면 안 돼요.	참 잘했어요.

(몇십 몇)-(몇십 몇)

월 일
분 초
/30

정답 13쪽

뺄셈을 하세요.

① 59-24=
② 81-31=
③ 47-23=
④ 99-85=
⑤ 68-17=
⑥ 54-12=
⑦ 29-17=
⑧ 54-31=
⑨ 47-15=
⑩ 86-53=
⑪ 99-22=
⑫ 74-43=
⑬ 94-30=
⑭ 89-28=
⑮ 57-35=
⑯ 78-13=
⑰ 89-64=
⑱ 61-50=
⑲ 78-23=
⑳ 64-51=
㉑ 94-23=
㉒ 78-35=
㉓ 36-20=
㉔ 81-41=
㉕ 88-16=
㉖ 92-62=
㉗ 48-33=
㉘ 99-14=
㉙ 77-14=
㉚ 63-22=

자기 점수에 ○표 하세요

맞힌 개수	20개 이하	21~25개	26~28개	29~30개
학습 방법	개념을 다시 공부하세요.	조금 더 노력 하세요.	실수하면 안 돼요.	참 잘했어요.

(몇십 몇) - (몇십 몇)

월 일
분 초
/24

✎ 뺄셈을 하세요.

❶ $\begin{array}{r} 85 \\ -\ 24 \\ \hline \end{array}$

❷ $\begin{array}{r} 98 \\ -\ 53 \\ \hline \end{array}$

❸ $\begin{array}{r} 51 \\ -\ 30 \\ \hline \end{array}$

❹ $\begin{array}{r} 66 \\ -\ 14 \\ \hline \end{array}$

❺ $\begin{array}{r} 39 \\ -\ 27 \\ \hline \end{array}$

❻ $\begin{array}{r} 76 \\ -\ 56 \\ \hline \end{array}$

❼ $\begin{array}{r} 97 \\ -\ 61 \\ \hline \end{array}$

❽ $\begin{array}{r} 94 \\ -\ 43 \\ \hline \end{array}$

❾ $\begin{array}{r} 64 \\ -\ 14 \\ \hline \end{array}$

❿ $\begin{array}{r} 86 \\ -\ 52 \\ \hline \end{array}$

⓫ $\begin{array}{r} 86 \\ -\ 13 \\ \hline \end{array}$

⓬ $\begin{array}{r} 59 \\ -\ 33 \\ \hline \end{array}$

⓭ $\begin{array}{r} 98 \\ -\ 15 \\ \hline \end{array}$

⓮ $\begin{array}{r} 47 \\ -\ 41 \\ \hline \end{array}$

⓯ $\begin{array}{r} 58 \\ -\ 26 \\ \hline \end{array}$

⓰ $\begin{array}{r} 93 \\ -\ 52 \\ \hline \end{array}$

⓱ $\begin{array}{r} 65 \\ -\ 34 \\ \hline \end{array}$

⓲ $\begin{array}{r} 17 \\ -\ 13 \\ \hline \end{array}$

⓳ $\begin{array}{r} 79 \\ -\ 52 \\ \hline \end{array}$

⓴ $\begin{array}{r} 86 \\ -\ 24 \\ \hline \end{array}$

㉑ $\begin{array}{r} 59 \\ -\ 46 \\ \hline \end{array}$

㉒ $\begin{array}{r} 87 \\ -\ 64 \\ \hline \end{array}$

㉓ $\begin{array}{r} 78 \\ -\ 14 \\ \hline \end{array}$

㉔ $\begin{array}{r} 95 \\ -\ 23 \\ \hline \end{array}$

자기 점수에 ○표 하세요

맞힌 개수	16개 이하	17~20개	21~22개	23~24개
학습 방법	개념을 다시 공부하세요.	조금 더 노력 하세요.	실수하면 안 돼요.	참 잘했어요.

(몇십 몇)−(몇십 몇)

월	일
분	초
	/30

정답 14쪽

뺄셈을 하세요.

❶ $72-31=$ ❷ $59-34=$ ❸ $85-12=$

❹ $48-31=$ ❺ $93-21=$ ❻ $64-34=$

❼ $97-42=$ ❽ $85-72=$ ❾ $74-14=$

❿ $66-33=$ ⓫ $38-11=$ ⓬ $29-25=$

⓭ $74-52=$ ⓮ $72-61=$ ⓯ $95-32=$

⓰ $95-44=$ ⓱ $89-27=$ ⓲ $47-35=$

⓳ $58-13=$ ⓴ $94-12=$ ㉑ $88-31=$

㉒ $49-17=$ ㉓ $54-12=$ ㉔ $98-14=$

㉕ $67-33=$ ㉖ $84-53=$ ㉗ $57-14=$

㉘ $92-31=$ ㉙ $75-23=$ ㉚ $37-16=$

자기 점수에 ○표 하세요

맞힌 개수	20개 이하	21~25개	26~28개	29~30개
학습 방법	개념을 다시 공부하세요.	조금 더 노력하세요.	실수하면 안 돼요.	참 잘했어요.

(몇십 몇) − (몇십 몇)

월	일
분	초
	/24

✎ 뺄셈을 하세요.

❶ $\begin{array}{r} 47 \\ -\ 25 \\ \hline \end{array}$

❷ $\begin{array}{r} 68 \\ -\ 24 \\ \hline \end{array}$

❸ $\begin{array}{r} 99 \\ -\ 65 \\ \hline \end{array}$

❹ $\begin{array}{r} 89 \\ -\ 17 \\ \hline \end{array}$

❺ $\begin{array}{r} 93 \\ -\ 51 \\ \hline \end{array}$

❻ $\begin{array}{r} 76 \\ -\ 43 \\ \hline \end{array}$

❼ $\begin{array}{r} 58 \\ -\ 26 \\ \hline \end{array}$

❽ $\begin{array}{r} 13 \\ -\ 11 \\ \hline \end{array}$

❾ $\begin{array}{r} 67 \\ -\ 42 \\ \hline \end{array}$

❿ $\begin{array}{r} 48 \\ -\ 36 \\ \hline \end{array}$

⓫ $\begin{array}{r} 88 \\ -\ 31 \\ \hline \end{array}$

⓬ $\begin{array}{r} 39 \\ -\ 12 \\ \hline \end{array}$

⓭ $\begin{array}{r} 77 \\ -\ 24 \\ \hline \end{array}$

⓮ $\begin{array}{r} 97 \\ -\ 51 \\ \hline \end{array}$

⓯ $\begin{array}{r} 94 \\ -\ 12 \\ \hline \end{array}$

⓰ $\begin{array}{r} 75 \\ -\ 12 \\ \hline \end{array}$

⓱ $\begin{array}{r} 27 \\ -\ 13 \\ \hline \end{array}$

⓲ $\begin{array}{r} 59 \\ -\ 33 \\ \hline \end{array}$

⓳ $\begin{array}{r} 96 \\ -\ 25 \\ \hline \end{array}$

⓴ $\begin{array}{r} 68 \\ -\ 31 \\ \hline \end{array}$

㉑ $\begin{array}{r} 95 \\ -\ 74 \\ \hline \end{array}$

㉒ $\begin{array}{r} 87 \\ -\ 63 \\ \hline \end{array}$

㉓ $\begin{array}{r} 75 \\ -\ 32 \\ \hline \end{array}$

㉔ $\begin{array}{r} 28 \\ -\ 13 \\ \hline \end{array}$

자기 점수에 ○표 하세요

맞힌 개수	16개 이하	17~20개	21~22개	23~24개
학습 방법	개념을 다시 공부하세요.	조금 더 노력하세요.	실수하면 안 돼요.	참 잘했어요.

(몇십 몇)－(몇십 몇)

월	일
분	초
	/30

정답 15쪽

빨셈을 하세요.

❶ $92-81=$ ❷ $53-33=$ ❸ $68-52=$

❹ $77-54=$ ❺ $87-16=$ ❻ $69-33=$

❼ $77-25=$ ❽ $86-32=$ ❾ $59-47=$

❿ $41-31=$ ⓫ $17-13=$ ⓬ $98-25=$

⓭ $59-14=$ ⓮ $65-42=$ ⓯ $87-63=$

⓰ $97-11=$ ⓱ $95-74=$ ⓲ $83-20=$

⓳ $95-12=$ ⓴ $61-21=$ ㉑ $87-41=$

㉒ $94-41=$ ㉓ $79-54=$ ㉔ $95-62=$

㉕ $85-34=$ ㉖ $38-23=$ ㉗ $86-42=$

㉘ $98-71=$ ㉙ $48-14=$ ㉚ $67-25=$

자기 점수에 ○표 하세요

맞힌 개수	20개 이하	21~25개	26~28개	29~30개
학습 방법	개념을 다시 공부하세요.	조금 더 노력하세요.	실수하면 안 돼요.	참 잘했어요.

(몇십 몇) - (몇십 몇)

월 일
분 초
/24

✐ 뺄셈을 하세요.

❶ $27 - 14$

❷ $57 - 11$

❸ $87 - 63$

❹ $64 - 33$

❺ $93 - 33$

❻ $89 - 17$

❼ $52 - 31$

❽ $18 - 10$

❾ $69 - 52$

❿ $44 - 24$

⓫ $78 - 45$

⓬ $37 - 21$

⓭ $86 - 23$

⓮ $94 - 11$

⓯ $55 - 14$

⓰ $78 - 35$

⓱ $87 - 35$

⓲ $67 - 22$

⓳ $29 - 14$

⓴ $96 - 43$

㉑ $84 - 52$

㉒ $92 - 41$

㉓ $35 - 12$

㉔ $78 - 44$

자기 점수에 ○표 하세요

맞힌 개수	16개 이하	17~20개	21~22개	23~24개
학습 방법	개념을 다시 공부하세요.	조금 더 노력 하세요.	실수하면 안 돼요.	참 잘했어요.

5일차 B형

(몇십 몇)－(몇십 몇)

월 일
분 초
/30

정답 16쪽

✎ 뺄셈을 하세요.

① 47−26=	② 74−13=	③ 56−22=
④ 48−41=	⑤ 39−24=	⑥ 92−22=
⑦ 84−10=	⑧ 67−15=	⑨ 73−41=
⑩ 32−21=	⑪ 59−34=	⑫ 87−63=
⑬ 91−51=	⑭ 94−12=	⑮ 68−32=
⑯ 67−46=	⑰ 95−54=	⑱ 78−22=
⑲ 66−52=	⑳ 75−24=	㉑ 37−15=
㉒ 79−41=	㉓ 49−36=	㉔ 83−21=
㉕ 36−32=	㉖ 81−21=	㉗ 67−44=
㉘ 97−62=	㉙ 58−11=	㉚ 87−42=

자기 점수에 ○표 하세요

맞힌 개수	20개 이하	21~25개	26~28개	29~30개
학습 방법	개념을 다시 공부하세요.	조금 더 노력하세요.	실수하면 안 돼요.	참 잘했어요.

세 단계 묶어 풀기 011 ~ 013단계
(몇십)±(몇십)/(몇십 몇)±(몇십 몇)

월 일
분 초
/28

정답 17쪽

계산을 하세요.

❶ 10 + 10

❷ 20 + 30

❸ 50 + 10

❹ 70 + 10

❺ 80 − 20

❻ 70 − 40

❼ 60 − 20

❽ 60 − 40

❾ 13 + 54

❿ 65 + 21

⓫ 38 + 61

⓬ 42 + 35

⓭ 76 − 34

⓮ 92 − 21

⓯ 48 − 12

⓰ 89 − 25

⓱ 25+31=

⓲ 17+72=

⓳ 51+15=

⓴ 51+24=

㉑ 37+12=

㉒ 24+63=

㉓ 48−34=

㉔ 59−27=

㉕ 76−31=

㉖ 84−13=

㉗ 97−43=

㉘ 44−23=

창의력 쑥쑥! 수학 퀴즈

1번부터 12번까지의 번호가 각각 적힌 달팽이 12마리가 경주를 합니다. 주사위 2개를 던져 나온 두 수를 더한 번호가 적힌 달팽이가 한 칸씩 전진합니다. 여섯 칸을 먼저 달려 끝까지 가는 달팽이가 우승입니다. 1부터 12까지의 번호가 각각 적힌 달팽이 중 한 마리를 고르세요.
친구들은 몇 번 달팽이를 골랐나요?
어떤 번호의 달팽이가 경주에서 이기기 쉬울까요?

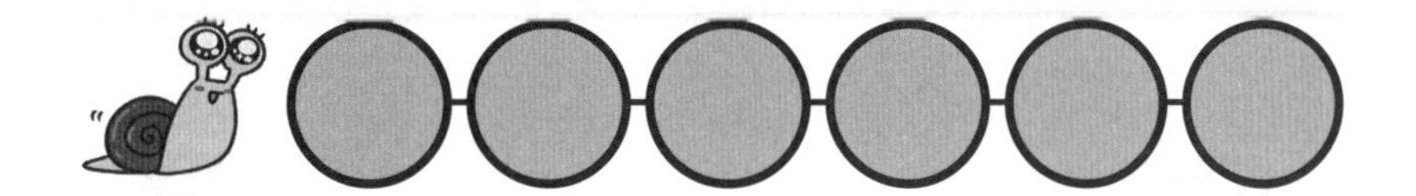

답 1개의 주사위를 던져서 나올 수 있는 수는 1, 2, 3, 4, 5, 6입니다. 2개의 주사위를 던져서 나온 두 수의 합이 어떻게 되는지 덧셈표를 만들면 쉬워요. 아래 덧셈표를 친구들이 채워 볼까요?

+	1	2	3	4	5	6
1						
2						
3						
4						
5						
6						

친구들이 채워 넣은 수들이 주사위 2개를 던져서 나온 두 수의 합, 바로 한 칸 앞으로 나갈 수 있는 달팽이의 번호이지요. 어떤 수가 가장 많은지 세어 보세요.
1은 하나도 없지만, 7은 여섯 번이나 있지요? 아마 많은 친구들이 7번 달팽이를 골랐을 거예요. 한 칸도 갈 수 없는 1번 달팽이를 고른 친구는 없겠지요?

받아올림/받아내림이 없는 덧셈과 뺄셈 종합

정확하게 이해하면
속도도 빨라질 수 있어!

◆스스로 학습 관리표◆

- 매일 맞힌 개수를 적고, 걸린 시간만큼 색칠해 보세요. (눈금 1칸은 1분이며, 초는 표의 상단에 적으세요.)
- 하루하루 지날수록 실력이 자라고, 계산 속도가 빨라지는 것을 눈으로 직접 확인할 수 있습니다.

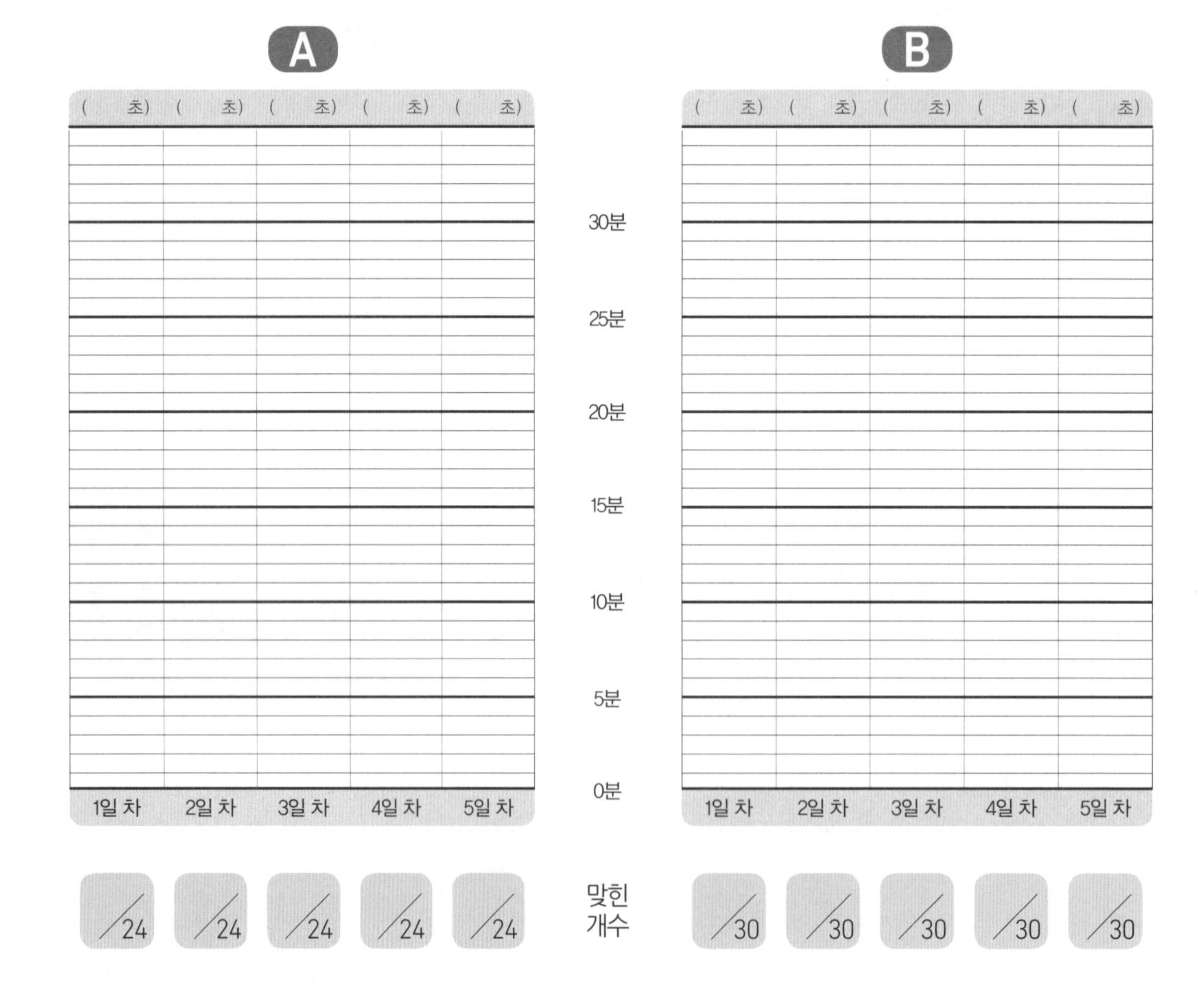

•개념 포인트•

받아올림/받아내림이 없는 덧셈과 뺄셈 종합

받아올림이 없는 덧셈과 받아내림이 없는 뺄셈을 복습하고 배운 것을 확실히 이해하였는지 알아보는 단계입니다. 앞으로 배울 받아올림이 있는 덧셈과 받아내림이 있는 뺄셈을 배우기 앞서 기초적인 계산 문제를 정확하고 빠르게 풀어낼 수 있도록 연습합시다.
같은 자리의 수끼리 서로 짝꿍입니다. 계산할 때 짝꿍을 찾아 덧셈, 뺄셈을 해 보세요.

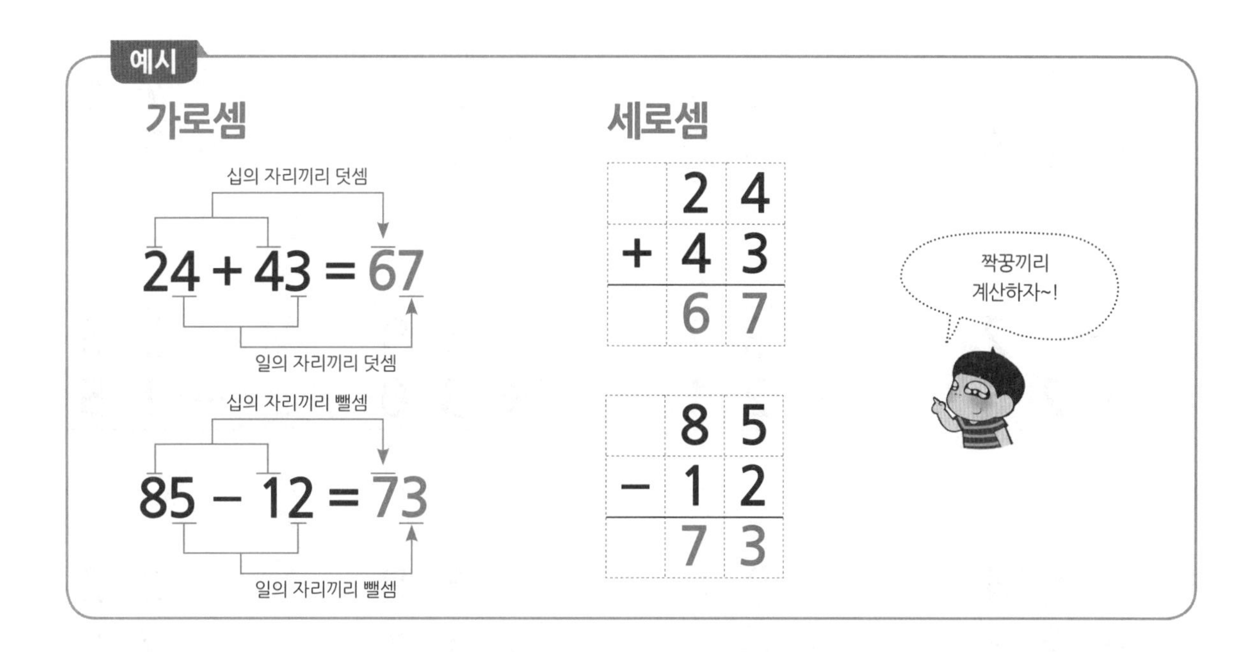

받아올림과 받아내림이 없는 단계이기 때문에 자릿수만 확실하게 지키면 계산하는 데 큰 어려움이 없을 거예요. 다음에 배울 받아올림/받아내림이 있는 덧셈과 뺄셈을 배우기 전에 간단한 두 자리 수의 덧셈과 뺄셈을 확실히 이해할 수 있도록 지도해 주세요. 이 단계를 통해 기본적인 연산 능력을 확실히 익히고 계산 실수가 없도록 훈련을 합니다.

받아올림/받아내림이 없는 덧셈과 뺄셈 종합

월	일
분	초
	/24

✎ 계산을 하세요.

❶ $47 + 32 =$

❷ $83 - 51 =$

❸ $23 + 25 =$

❹ $99 - 71 =$

❺ $37 + 12 =$

❻ $56 - 34 =$

❼ $38 + 60 =$

❽ $75 - 23 =$

❾ $73 + 15 =$

❿ $61 - 30 =$

⓫ $21 + 73 =$

⓬ $76 - 32 =$

⓭ $42 + 26 =$

⓮ $37 - 21 =$

⓯ $59 + 30 =$

⓰ $25 - 15 =$

⓱ $64 + 23 =$

⓲ $76 - 64 =$

⓳ $58 + 11 =$

⓴ $82 - 71 =$

㉑ $15 + 52 =$

㉒ $98 - 36 =$

㉓ $35 + 22 =$

㉔ $45 - 31 =$

자기 점수에 ○표 하세요

맞힌 개수	16개 이하	17~20개	21~22개	23~24개
학습 방법	개념을 다시 공부하세요.	조금 더 노력하세요.	실수하면 안 돼요.	참 잘했어요.

받아올림/받아내림이 없는 덧셈과 뺄셈 종합

월 일
분 초
/30

가로셈으로도 연습해 보자!

정답 18쪽

계산을 하세요.

① 43+56=　② 84−20=　③ 15+53=

④ 63−42=　⑤ 28+31=　⑥ 27−13=

⑦ 54+34=　⑧ 69−23=　⑨ 86+12=

⑩ 78−21=　⑪ 59+30=　⑫ 85−62=

⑬ 45+31=　⑭ 63−53=　⑮ 82+11=

⑯ 39−14=　⑰ 34+22=　⑱ 82−41=

⑲ 18+40=　⑳ 47−45=　㉑ 74+23=

㉒ 58−24=　㉓ 41+37=　㉔ 65−53=

㉕ 37+32=　㉖ 75−24=　㉗ 81+15=

㉘ 89−54=　㉙ 53+12=　㉚ 29−16=

자기 점수에 ○표 하세요

맞힌 개수	20개 이하	21~25개	26~28개	29~30개
학습 방법	개념을 다시 공부하세요.	조금 더 노력하세요.	실수하면 안 돼요.	참 잘했어요.

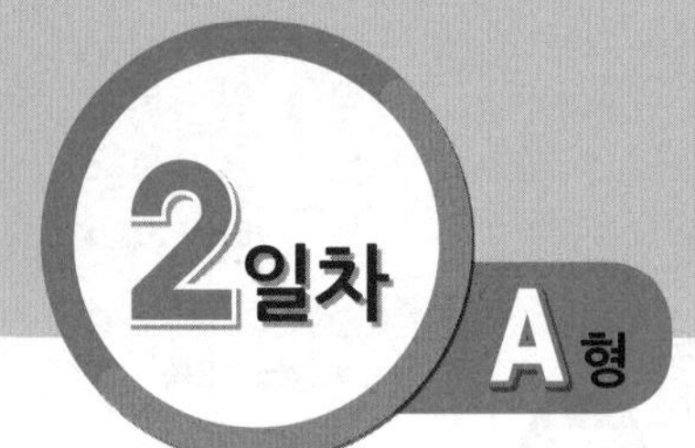

받아올림/받아내림이 없는 덧셈과 뺄셈 종합

월	일
분	초
	/24

✎ 계산을 하세요.

❶ $\begin{array}{r} 84 \\ +\ 11 \\ \hline \end{array}$ ❷ $\begin{array}{r} 52 \\ -\ 30 \\ \hline \end{array}$ ❸ $\begin{array}{r} 13 \\ +\ 53 \\ \hline \end{array}$ ❹ $\begin{array}{r} 78 \\ -\ 31 \\ \hline \end{array}$

❺ $\begin{array}{r} 46 \\ +\ 42 \\ \hline \end{array}$ ❻ $\begin{array}{r} 68 \\ -\ 16 \\ \hline \end{array}$ ❼ $\begin{array}{r} 38 \\ +\ 51 \\ \hline \end{array}$ ❽ $\begin{array}{r} 94 \\ -\ 30 \\ \hline \end{array}$

❾ $\begin{array}{r} 62 \\ +\ 14 \\ \hline \end{array}$ ❿ $\begin{array}{r} 87 \\ -\ 43 \\ \hline \end{array}$ ⓫ $\begin{array}{r} 45 \\ +\ 53 \\ \hline \end{array}$ ⓬ $\begin{array}{r} 67 \\ -\ 46 \\ \hline \end{array}$

⓭ $\begin{array}{r} 35 \\ +\ 21 \\ \hline \end{array}$ ⓮ $\begin{array}{r} 66 \\ -\ 34 \\ \hline \end{array}$ ⓯ $\begin{array}{r} 14 \\ +\ 53 \\ \hline \end{array}$ ⓰ $\begin{array}{r} 24 \\ -\ 12 \\ \hline \end{array}$

⓱ $\begin{array}{r} 25 \\ +\ 62 \\ \hline \end{array}$ ⓲ $\begin{array}{r} 57 \\ -\ 23 \\ \hline \end{array}$ ⓳ $\begin{array}{r} 65 \\ +\ 31 \\ \hline \end{array}$ ⓴ $\begin{array}{r} 96 \\ -\ 24 \\ \hline \end{array}$

㉑ $\begin{array}{r} 56 \\ +\ 22 \\ \hline \end{array}$ ㉒ $\begin{array}{r} 87 \\ -\ 54 \\ \hline \end{array}$ ㉓ $\begin{array}{r} 42 \\ +\ 15 \\ \hline \end{array}$ ㉔ $\begin{array}{r} 88 \\ -\ 34 \\ \hline \end{array}$

자기 점수에 ○표 하세요

맞힌 개수	16개 이하	17~20개	21~22개	23~24개
학습 방법	개념을 다시 공부하세요.	조금 더 노력하세요.	실수하면 안 돼요.	참 잘했어요.

받아올림/받아내림이 없는 덧셈과 뺄셈 종합

월	일
분	초
	/30

정답 19쪽

계산을 하세요.

① $51+23=$ ② $85-41=$ ③ $46+23=$

④ $97-65=$ ⑤ $38+20=$ ⑥ $64-11=$

⑦ $32+13=$ ⑧ $79-18=$ ⑨ $54+34=$

⑩ $57-14=$ ⑪ $26+52=$ ⑫ $83-22=$

⑬ $14+83=$ ⑭ $64-50=$ ⑮ $21+27=$

⑯ $59-25=$ ⑰ $52+16=$ ⑱ $69-14=$

⑲ $14+72=$ ⑳ $86-23=$ ㉑ $44+51=$

㉒ $44-23=$ ㉓ $32+35=$ ㉔ $96-30=$

㉕ $51+41=$ ㉖ $79-34=$ ㉗ $25+52=$

㉘ $49-43=$ ㉙ $63+22=$ ㉚ $77-54=$

자기 점수에 ○표 하세요

맞힌 개수	20개 이하	21~25개	26~28개	29~30개
학습 방법	개념을 다시 공부하세요.	조금 더 노력 하세요.	실수하면 안 돼요.	참 잘했어요.

받아올림/받아내림이 없는 덧셈과 뺄셈 종합

월	일
분	초
	/24

계산을 하세요.

① $\begin{array}{r} 27 \\ +\ 60 \\ \hline \end{array}$

② $\begin{array}{r} 58 \\ -\ 27 \\ \hline \end{array}$

③ $\begin{array}{r} 41 \\ +\ 33 \\ \hline \end{array}$

④ $\begin{array}{r} 78 \\ -\ 24 \\ \hline \end{array}$

⑤ $\begin{array}{r} 32 \\ +\ 47 \\ \hline \end{array}$

⑥ $\begin{array}{r} 36 \\ -\ 16 \\ \hline \end{array}$

⑦ $\begin{array}{r} 64 \\ +\ 31 \\ \hline \end{array}$

⑧ $\begin{array}{r} 87 \\ -\ 41 \\ \hline \end{array}$

⑨ $\begin{array}{r} 52 \\ +\ 14 \\ \hline \end{array}$

⑩ $\begin{array}{r} 73 \\ -\ 22 \\ \hline \end{array}$

⑪ $\begin{array}{r} 22 \\ +\ 13 \\ \hline \end{array}$

⑫ $\begin{array}{r} 69 \\ -\ 53 \\ \hline \end{array}$

⑬ $\begin{array}{r} 48 \\ +\ 11 \\ \hline \end{array}$

⑭ $\begin{array}{r} 77 \\ -\ 41 \\ \hline \end{array}$

⑮ $\begin{array}{r} 18 \\ +\ 60 \\ \hline \end{array}$

⑯ $\begin{array}{r} 43 \\ -\ 13 \\ \hline \end{array}$

⑰ $\begin{array}{r} 65 \\ +\ 23 \\ \hline \end{array}$

⑱ $\begin{array}{r} 85 \\ -\ 14 \\ \hline \end{array}$

⑲ $\begin{array}{r} 25 \\ +\ 52 \\ \hline \end{array}$

⑳ $\begin{array}{r} 76 \\ -\ 21 \\ \hline \end{array}$

㉑ $\begin{array}{r} 50 \\ +\ 42 \\ \hline \end{array}$

㉒ $\begin{array}{r} 87 \\ -\ 64 \\ \hline \end{array}$

㉓ $\begin{array}{r} 31 \\ +\ 14 \\ \hline \end{array}$

㉔ $\begin{array}{r} 45 \\ -\ 23 \\ \hline \end{array}$

자기 점수에 ○표 하세요

맞힌 개수	16개 이하	17~20개	21~22개	23~24개
학습 방법	개념을 다시 공부하세요.	조금 더 노력하세요.	실수하면 안 돼요.	참 잘했어요.

받아올림/받아내림이 없는 덧셈과 뺄셈 종합

월	일
분	초
	/30

정답 20쪽

계산을 하세요.

❶ 12+51=　　❷ 54−31=　　❸ 85+12=

❹ 49−17=　　❺ 23+26=　　❻ 74−34=

❼ 37+52=　　❽ 95−12=　　❾ 64+14=

❿ 86−23=　　⓫ 38+41=　　⓬ 59−25=

⓭ 44+32=　　⓮ 79−54=　　⓯ 15+33=

⓰ 96−45=　　⓱ 38+31=　　⓲ 49−25=

⓳ 54+44=　　⓴ 66−12=　　㉑ 68+31=

㉒ 47−37=　　㉓ 24+31=　　㉔ 72−50=

㉕ 27+31=　　㉖ 54−23=　　㉗ 22+46=

㉘ 82−41=　　㉙ 51+35=　　㉚ 97−16=

자기 점수에 ○표 하세요

맞힌 개수	20개 이하	21~25개	26~28개	29~30개
학습 방법	개념을 다시 공부하세요.	조금 더 노력하세요.	실수하면 안 돼요.	참 잘했어요.

받아올림/받아내림이 없는 덧셈과 뺄셈 종합

월 일
분 초
/24

계산을 하세요.

❶ $57 + 21$

❷ $63 - 21$

❸ $12 + 63$

❹ $39 - 16$

❺ $23 + 51$

❻ $65 - 14$

❼ $35 + 20$

❽ $78 - 31$

❾ $61 + 28$

❿ $57 - 36$

⓫ $14 + 71$

⓬ $29 - 12$

⓭ $17 + 41$

⓮ $84 - 11$

⓯ $20 + 18$

⓰ $52 - 42$

⓱ $27 + 52$

⓲ $79 - 16$

⓳ $46 + 23$

⓴ $78 - 35$

㉑ $25 + 24$

㉒ $57 - 33$

㉓ $65 + 32$

㉔ $98 - 86$

자기 점수에 ○표 하세요

맞힌 개수	16개 이하	17~20개	21~22개	23~24개
학습 방법	개념을 다시 공부하세요.	조금 더 노력하세요.	실수하면 안 돼요.	참 잘했어요.

받아올림/받아내림이 없는 덧셈과 뺄셈 종합

월 일
분 초
/30

정답 21쪽

계산을 하세요.

① 52+31=
② 73−23=
③ 11+25=
④ 76−64=
⑤ 37+51=
⑥ 87−14=
⑦ 20+48=
⑧ 85−71=
⑨ 51+47=
⑩ 61−21=
⑪ 17+40=
⑫ 29−11=
⑬ 65+14=
⑭ 75−43=
⑮ 34+63=
⑯ 57−12=
⑰ 25+74=
⑱ 83−22=
⑲ 35+13=
⑳ 68−34=
㉑ 37+41=
㉒ 74−32=
㉓ 19+10=
㉔ 75−64=
㉕ 24+25=
㉖ 98−33=
㉗ 12+15=
㉘ 88−17=
㉙ 26+32=
㉚ 75−54=

자기 점수에 ○표 하세요

맞힌 개수	20개 이하	21~25개	26~28개	29~30개
학습 방법	개념을 다시 공부하세요.	조금 더 노력하세요.	실수하면 안 돼요.	참 잘했어요.

받아올림/받아내림이 없는 덧셈과 뺄셈 종합

월	일
분	초
	/24

✎ 계산을 하세요.

❶ $32 + 16$

❷ $59 - 45$

❸ $27 + 32$

❹ $84 - 63$

❺ $15 + 23$

❻ $65 - 13$

❼ $52 + 37$

❽ $48 - 26$

❾ $59 + 10$

❿ $49 - 24$

⓫ $32 + 45$

⓬ $87 - 53$

⓭ $66 + 32$

⓮ $55 - 13$

⓯ $17 + 70$

⓰ $92 - 81$

⓱ $41 + 37$

⓲ $67 - 55$

⓳ $24 + 72$

⓴ $86 - 43$

㉑ $32 + 35$

㉒ $98 - 17$

㉓ $45 + 12$

㉔ $48 - 42$

자기 점수에 ○표 하세요

맞힌 개수	16개 이하	17~20개	21~22개	23~24개
학습 방법	개념을 다시 공부하세요.	조금 더 노력 하세요.	실수하면 안 돼요.	참 잘했어요.

받아올림/받아내림이 없는 덧셈과 뺄셈 종합

월 일
분 초
/30

정답 22쪽

계산을 하세요.

❶ 47+21=
❷ 78−23=
❸ 15+32=
❹ 68−51=
❺ 48+51=
❻ 98−22=
❼ 34+14=
❽ 87−14=
❾ 13+46=
❿ 56−23=
⓫ 49+30=
⓬ 67−55=
⓭ 11+71=
⓮ 84−52=
⓯ 38+31=
⓰ 87−45=
⓱ 15+24=
⓲ 35−22=
⓳ 61+26=
⓴ 85−35=
㉑ 47+31=
㉒ 57−16=
㉓ 21+36=
㉔ 69−46=
㉕ 66+23=
㉖ 71−40=
㉗ 30+43=
㉘ 84−22=
㉙ 53+42=
㉚ 86−25=

자기 점수에 ○표 하세요

맞힌 개수	20개 이하	21~25개	26~28개	29~30개
학습 방법	개념을 다시 공부하세요.	조금 더 노력하세요.	실수하면 안 돼요.	참 잘했어요.

세 수의 덧셈과 뺄셈

◆스스로 학습 관리표◆

계산은 빠르게 하는 것보다 정확하게 하는 것이 더 중요해!

- 매일 맞힌 개수를 적고, 걸린 시간만큼 색칠해 보세요. (눈금 1칸은 1분이며, 초는 표의 상단에 적으세요.)
- 하루하루 지날수록 실력이 자라고, 계산 속도가 빨라지는 것을 눈으로 직접 확인할 수 있습니다.

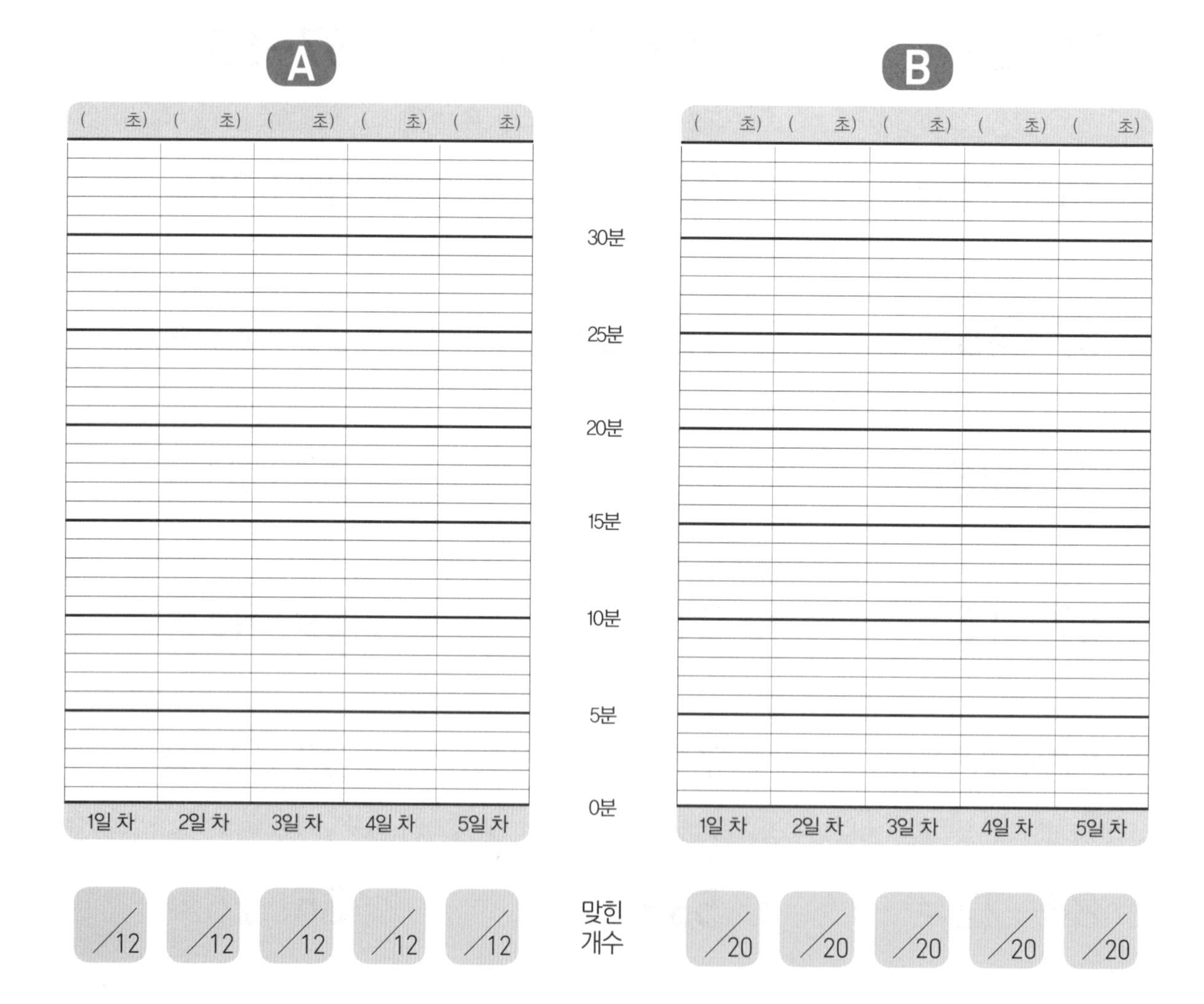

개념 포인트

세 수의 덧셈과 뺄셈

그동안 두 수를 더하거나 빼는 것을 배웠다면, 세 수를 더하거나 빼는 계산은 어떻게 하면 될까요?

계산할 수가 하나 더 늘어났다고 해서 달라질 것은 없습니다. 앞에서부터 차례대로 계산해서 세 수를 더하거나 빼는 것을 공부해 봅시다.

예시

가로셈

$25 + 11 + 43 = 79$

$89 - 42 - 15 = 32$

세로셈

	2	5	
+	1	1	
	3	6	① 25+11
+	4	3	
	7	9	② 36+43

	8	9	
−	4	2	
	4	7	① 89−42
−	1	5	
	3	2	② 47−15

받아올림, 받아내림이 없는 세 수의 덧셈과 뺄셈의 과정이므로 아이들이 어렵지 않게 계산할 수 있을 거예요. 다만 앞선 계산이 정확해야 뒤의 계산 결과가 올바르게 나오므로 정확하게 계산할 수 있도록 지도해 주세요.

1일차 A형

세 수의 덧셈과 뺄셈

월 일
분 초
/12

자릿수에 맞춰서 계산하자!

✎ 계산을 하세요.

❶ 32 + 16 = ☐, ☐ + 20 = ☐

❷ 21 + 12 = ☐, ☐ + 44 = ☐

❸ 17 + 11 = ☐, ☐ + 60 = ☐

❹ 13 + 15 = ☐, ☐ + 31 = ☐

❺ 42 + 25 = ☐, ☐ + 22 = ☐

❻ 31 + 32 = ☐, ☐ + 35 = ☐

❼ 87 − 11 = ☐, ☐ − 54 = ☐

❽ 67 − 22 = ☐, ☐ − 13 = ☐

❾ 95 − 30 = ☐, ☐ − 21 = ☐

❿ 78 − 12 = ☐, ☐ − 32 = ☐

⓫ 86 − 24 = ☐, ☐ − 21 = ☐

⓬ 98 − 15 = ☐, ☐ − 63 = ☐

자기 점수에 ○표 하세요

맞힌 개수	6개 이하	7~8개	9~10개	11~12개
학습 방법	개념을 다시 공부하세요.	조금 더 노력하세요.	실수하면 안 돼요.	참 잘했어요.

세 수의 덧셈과 뺄셈

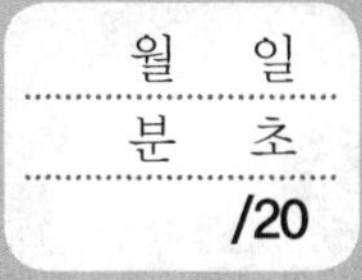

앞에서부터
차례대로 계산해 봐!

정답 23쪽

계산을 하세요.

❶ 24+11+13=

❷ 52+15+31=

❸ 12+45+30=

❹ 64+13+22=

❺ 32+15+41=

❻ 12+42+13=

❼ 23+22+24=

❽ 12+20+51=

❾ 11+40+28=

❿ 12+21+24=

⓫ 83−51−20=

⓬ 64−10−12=

⓭ 99−31−15=

⓮ 58−14−31=

⓯ 77−13−23=

⓰ 96−51−14=

⓱ 84−12−21=

⓲ 78−43−32=

⓳ 97−14−23=

⓴ 95−61−13=

자기 점수에 ○표 하세요

맞힌 개수	12개 이하	13~16개	17~18개	19~20개
학습 방법	개념을 다시 공부하세요.	조금 더 노력하세요.	실수하면 안 돼요.	참 잘했어요.

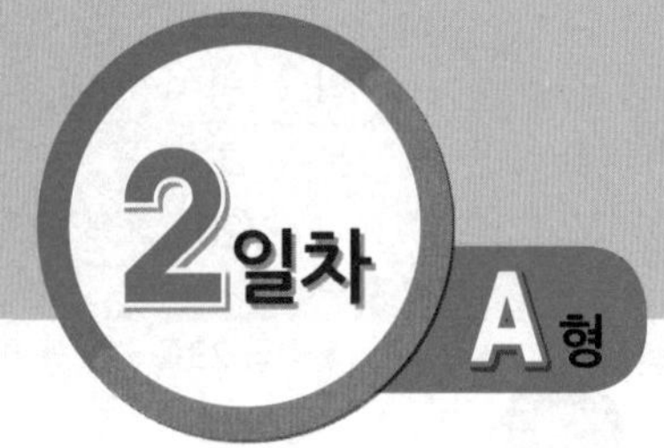

세 수의 덧셈과 뺄셈

월	일
분	초
	/12

계산을 하세요.

❶
```
  1 4
+ 3 2
-----

+ 1 2
-----

```

❷
```
  4 0
+ 2 3
-----

+ 1 2
-----

```

❸
```
  2 3
+ 1 0
-----

+ 3 0
-----

```

❹
```
  5 3
+ 1 2
-----

+ 3 4
-----

```

❺
```
  2 7
+ 4 1
-----

+ 2 0
-----

```

❻
```
  1 1
+ 2 5
-----

+ 1 2
-----

```

❼
```
  7 4
- 2 0
-----

- 1 3
-----

```

❽
```
  8 9
- 1 5
-----

- 1 2
-----

```

❾
```
  9 7
- 1 5
-----

- 3 1
-----

```

❿
```
  6 8
- 1 4
-----

- 2 4
-----

```

⓫
```
  9 6
- 1 3
-----

- 3 2
-----

```

⓬
```
  5 9
- 1 2
-----

- 2 4
-----

```

자기 점수에 ○표 하세요

맞힌 개수	6개 이하	7~8개	9~10개	11~12개
학습 방법	개념을 다시 공부하세요.	조금 더 노력 하세요.	실수하면 안 돼요.	참 잘했어요.

세 수의 덧셈과 뺄셈

월 일
분 초
/20

정답 24쪽

계산을 하세요.

❶ 43+12+24=

❷ 15+12+32=

❸ 20+62+17=

❹ 31+40+16=

❺ 11+16+51=

❻ 23+31+15=

❼ 21+35+42=

❽ 13+15+60=

❾ 31+26+11=

❿ 11+23+15=

⓫ 95−23−41=

⓬ 88−12−22=

⓭ 68−32−15=

⓮ 79−42−15=

⓯ 86−25−10=

⓰ 59−11−24=

⓱ 77−20−16=

⓲ 64−13−21=

⓳ 96−52−11=

⓴ 87−43−32=

자기 점수에 ○표 하세요

맞힌 개수	12개 이하	13~16개	17~18개	19~20개
학습 방법	개념을 다시 공부하세요.	조금 더 노력하세요.	실수하면 안 돼요.	참 잘했어요.

세 수의 덧셈과 뺄셈

월 일
분 초
/12

✎ 계산을 하세요.

❶
```
  41
+ 23
----

+ 25
----
```

❷
```
  16
+ 30
----

+ 22
----
```

❸
```
  51
+ 12
----

+ 13
----
```

❹
```
  22
+ 31
----

+ 16
----
```

❺
```
  10
+ 32
----

+ 17
----
```

❻
```
  34
+ 13
----

+ 50
----
```

❼
```
  82
- 30
----

- 11
----
```

❽
```
  99
- 61
----

- 25
----
```

❾
```
  76
- 12
----

- 33
----
```

❿
```
  95
- 31
----

- 32
----
```

⓫
```
  87
- 14
----

- 23
----
```

⓬
```
  69
- 25
----

- 21
----
```

자기 점수에 ○표 하세요

맞힌 개수	6개 이하	7~8개	9~10개	11~12개
학습 방법	개념을 다시 공부하세요.	조금 더 노력하세요.	실수하면 안 돼요.	참 잘했어요.

세 수의 덧셈과 뺄셈

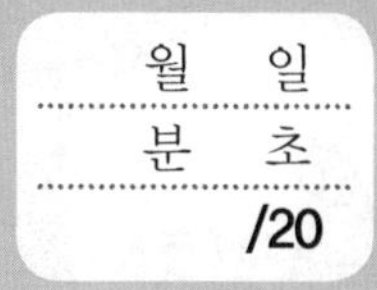

정답 25쪽

계산을 하세요.

❶ $15+30+42=$

❷ $56+31+11=$

❸ $21+16+12=$

❹ $32+14+21=$

❺ $12+40+41=$

❻ $20+18+30=$

❼ $34+24+20=$

❽ $11+23+25=$

❾ $41+17+21=$

❿ $15+11+40=$

⓫ $87-52-11=$

⓬ $96-32-14=$

⓭ $78-33-10=$

⓮ $49-14-24=$

⓯ $99-12-42=$

⓰ $78-23-11=$

⓱ $75-30-24=$

⓲ $94-20-32=$

⓳ $99-50-18=$

⓴ $84-22-11=$

자기 점수에 ○표 하세요

맞힌 개수	12개 이하	13~16개	17~18개	19~20개
학습 방법	개념을 다시 공부하세요.	조금 더 노력 하세요.	실수하면 안 돼요.	참 잘했어요.

세 수의 덧셈과 뺄셈

월 일
분 초
/12

✎ 계산을 하세요.

❶ $\begin{array}{r} 16 \\ +12 \\ \hline \\ +41 \\ \hline \end{array}$

❷ $\begin{array}{r} 25 \\ +13 \\ \hline \\ +40 \\ \hline \end{array}$

❸ $\begin{array}{r} 14 \\ +31 \\ \hline \\ +53 \\ \hline \end{array}$

❹ $\begin{array}{r} 31 \\ +21 \\ \hline \\ +11 \\ \hline \end{array}$

❺ $\begin{array}{r} 12 \\ +51 \\ \hline \\ +26 \\ \hline \end{array}$

❻ $\begin{array}{r} 42 \\ +34 \\ \hline \\ +23 \\ \hline \end{array}$

❼ $\begin{array}{r} 79 \\ -22 \\ \hline \\ -32 \\ \hline \end{array}$

❽ $\begin{array}{r} 87 \\ -14 \\ \hline \\ -32 \\ \hline \end{array}$

❾ $\begin{array}{r} 98 \\ -53 \\ \hline \\ -24 \\ \hline \end{array}$

❿ $\begin{array}{r} 86 \\ -23 \\ \hline \\ -30 \\ \hline \end{array}$

⓫ $\begin{array}{r} 78 \\ -21 \\ \hline \\ -15 \\ \hline \end{array}$

⓬ $\begin{array}{r} 96 \\ -11 \\ \hline \\ -25 \\ \hline \end{array}$

자기 점수에 O표 하세요

맞힌 개수	6개 이하	7~8개	9~10개	11~12개
학습 방법	개념을 다시 공부하세요.	조금 더 노력하세요.	실수하면 안 돼요.	참 잘했어요.

4일차 B형

세 수의 덧셈과 뺄셈

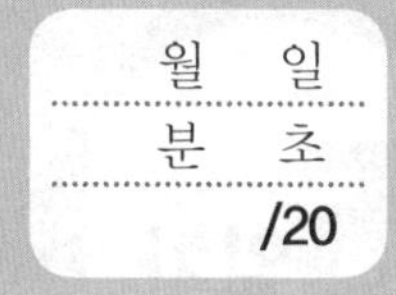

정답 26쪽

계산을 하세요.

❶ $61+16+20=$

❷ $32+34+11=$

❸ $28+50+11=$

❹ $23+11+25=$

❺ $42+32+13=$

❻ $15+21+22=$

❼ $32+15+20=$

❽ $21+33+24=$

❾ $21+15+32=$

❿ $24+12+11=$

⓫ $77-31-14=$

⓬ $81-10-50=$

⓭ $96-15-21=$

⓮ $68-41-11=$

⓯ $87-34-20=$

⓰ $89-22-23=$

⓱ $76-11-51=$

⓲ $92-21-21=$

⓳ $94-32-20=$

⓴ $67-31-14=$

자기 점수에 ○표 하세요

맞힌 개수	12개 이하	13~16개	17~18개	19~20개
학습 방법	개념을 다시 공부하세요.	조금 더 노력하세요.	실수하면 안 돼요.	참 잘했어요.

세 수의 덧셈과 뺄셈

월 일
분 초
/12

계산을 하세요.

❶ 25 + 21 + 32

❷ 12 + 30 + 24

❸ 31 + 21 + 17

❹ 42 + 25 + 32

❺ 52 + 14 + 23

❻ 15 + 21 + 43

❼ 93 − 10 − 62

❽ 69 − 25 − 11

❾ 86 − 41 − 23

❿ 78 − 11 − 24

⓫ 99 − 33 − 12

⓬ 87 − 62 − 10

자기 점수에 ○표 하세요

맞힌 개수	6개 이하	7~8개	9~10개	11~12개
학습 방법	개념을 다시 공부하세요.	조금 더 노력하세요.	실수하면 안 돼요.	참 잘했어요.

5일차 B형

세 수의 덧셈과 뺄셈

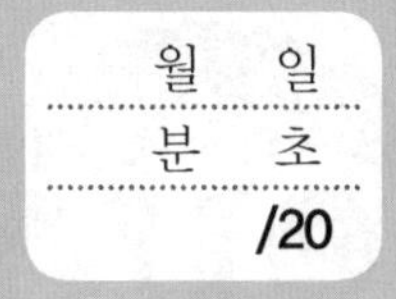

정답 27쪽

계산을 하세요.

❶ $32+12+43=$

❷ $21+36+22=$

❸ $78+10+11=$

❹ $41+14+22=$

❺ $11+13+32=$

❻ $22+16+31=$

❼ $30+16+40=$

❽ $12+40+41=$

❾ $23+25+20=$

❿ $42+23+11=$

⓫ $77-13-20=$

⓬ $85-42-13=$

⓭ $98-21-32=$

⓮ $87-24-31=$

⓯ $79-15-11=$

⓰ $88-42-22=$

⓱ $97-55-30=$

⓲ $68-13-12=$

⓳ $75-32-22=$

⓴ $68-24-13=$

자기 점수에 ○표 하세요

맞힌 개수	12개 이하	13~16개	17~18개	19~20개
학습 방법	개념을 다시 공부하세요.	조금 더 노력하세요.	실수하면 안 돼요.	참 잘했어요.

016 단계 연이은 덧셈, 뺄셈

◆스스로 학습 관리표◆

- 매일 맞힌 개수를 적고, 걸린 시간만큼 색칠해 보세요.
  (눈금 1칸은 1분이며, 초는 표의 상단에 적으세요.)
- 하루하루 지날수록 실력이 자라고, 계산 속도가 빨라지는 것을 눈으로 직접 확인할 수 있습니다.

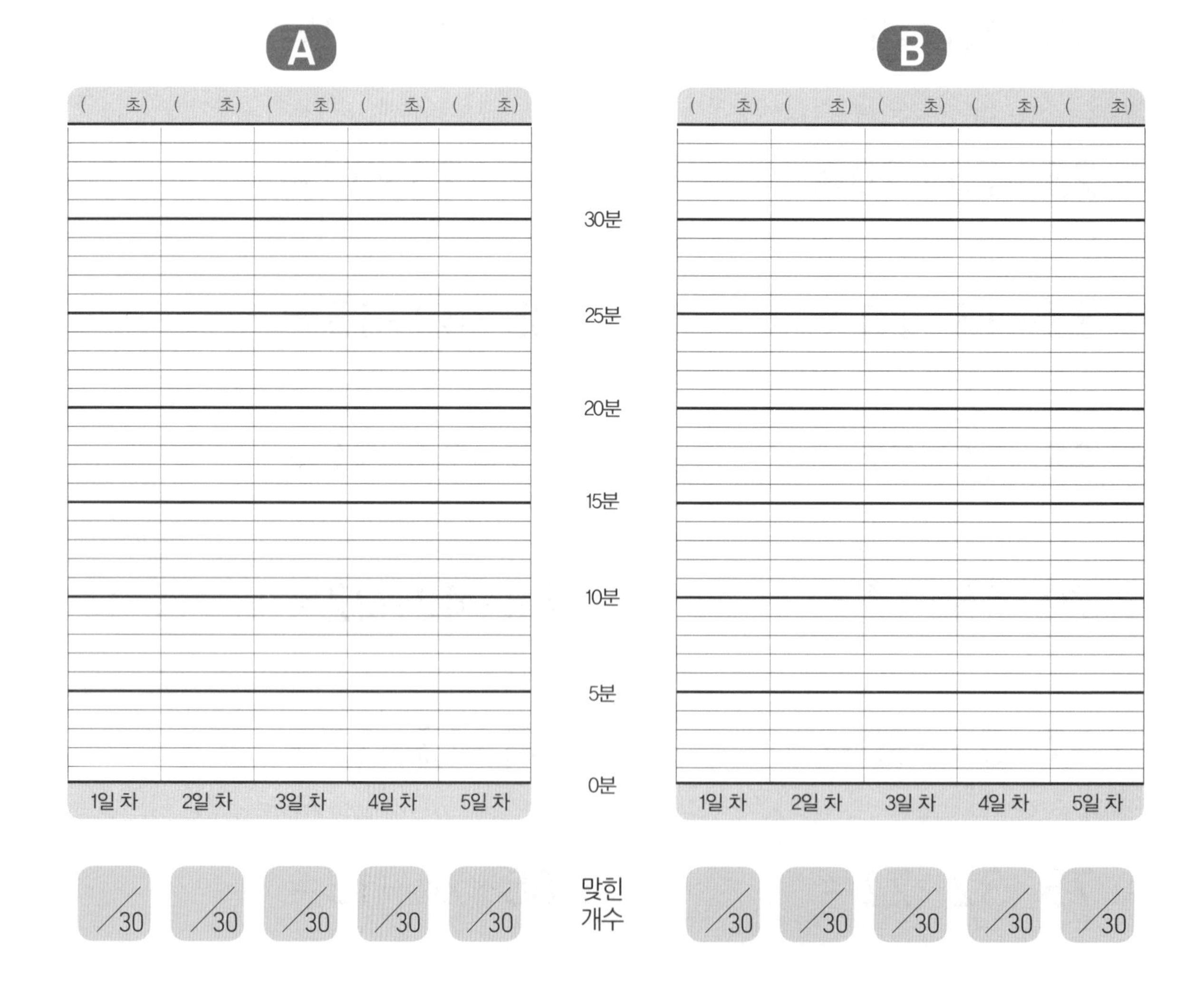

◆개념 포인트◆

연이은 덧셈

연이어 덧셈을 할 때, 순서를 바꾸어 더해도 합은 같습니다.

연이은 뺄셈

뺄셈을 할 때, '−' 기호 뒤에 있는 수만 뺄 수 있습니다. 연이어 뺄셈을 할 때, 빼는 수는 순서를 바꾸어 빼도 그 결과는 같습니다.

10이 되는 두 수부터 계산하기

언이은 덧셈, 뺄셈은 그냥 앞에서부터 계산을 해도 되지만, 계산하기에 앞서 더하거나 빼서 10이 되는 수가 있는지 살펴봅니다. 그런 수가 있으면 10과 나머지 수만 계산하면 되기 때문에 훨씬 계산이 쉽습니다.

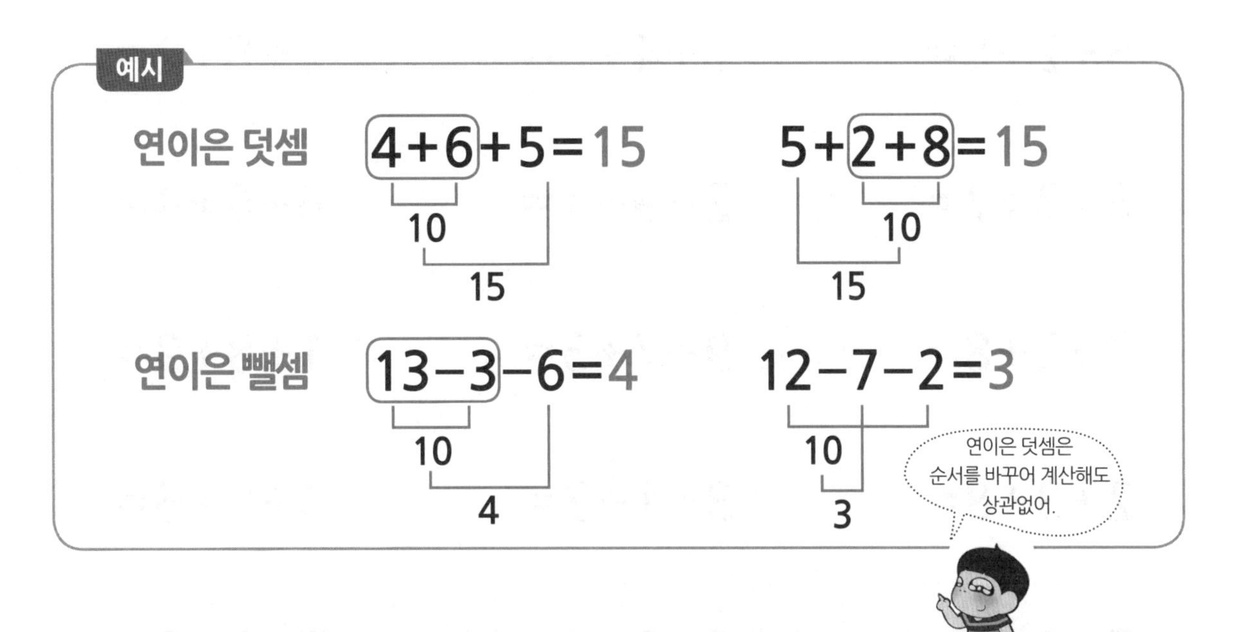

기계적으로 덧셈, 뺄셈을 하는 것이 아니라 더 편리하게 계산을 할 수 있는 방법을 찾는 전략적 사고를 연습하는 단계입니다. 10 가르기와 모으기의 복습을 겸하여 생각하는 힘을 길러 주세요.

연이은 덧셈, 뺄셈

월	일
분	초
	/30

✎ 덧셈을 하세요.

❶ $5+5+2=$ ❷ $4+6+3=$ ❸ $3+7+4=$

❹ $2+8+1=$ ❺ $1+9+4=$ ❻ $8+2+7=$

❼ $7+3+6=$ ❽ $6+4+5=$ ❾ $2+8+3=$

❿ $9+1+3=$ ⓫ $6+7+3=$ ⓬ $3+5+5=$

⓭ $5+2+8=$ ⓮ $7+4+6=$ ⓯ $2+8+2=$

⓰ $8+3+7=$ ⓱ $2+9+1=$ ⓲ $6+6+4=$

⓳ $7+2+8=$ ⓴ $9+7+3=$ ㉑ $1+8+9=$

㉒ $2+3+8=$ ㉓ $3+1+7=$ ㉔ $4+5+6=$

㉕ $5+9+5=$ ㉖ $6+8+4=$ ㉗ $7+9+3=$

㉘ $8+3+2=$ ㉙ $9+4+1=$ ㉚ $3+6+7=$

자기 점수에 ○표 하세요

맞힌 개수	20개 이하	21~25개	26~28개	29~30개
학습 방법	개념을 다시 공부하세요.	조금 더 노력하세요.	실수하면 안 돼요.	참 잘했어요.

연이은 덧셈, 뺄셈

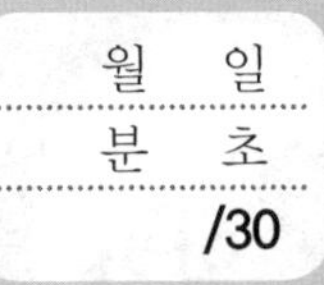

빼서 10이 되는 수가 있는지 찾아봐!

정답 28쪽

✎ 뺄셈을 하세요.

❶ 15−5−2=　❷ 14−4−3=　❸ 13−3−4=

❹ 12−2−1=　❺ 11−1−4=　❻ 18−8−7=

❼ 17−7−6=　❽ 16−6−5=　❾ 12−2−8=

❿ 11−1−8=　⓫ 17−3−7=　⓬ 13−5−3=

⓭ 15−2−5=　⓮ 17−4−7=　⓯ 12−6−2=

⓰ 18−9−8=　⓱ 13−2−3=　⓲ 16−7−6=

⓳ 17−5−7=　⓴ 19−3−9=　㉑ 12−1−1=

㉒ 15−3−2=　㉓ 17−1−6=　㉔ 14−3−1=

㉕ 19−7−2=　㉖ 16−3−3=　㉗ 18−2−6=

㉘ 18−4−4=　㉙ 19−3−6=　㉚ 13−1−2=

자기 점수에 ○표 하세요

맞힌 개수	20개 이하	21~25개	26~28개	29~30개
학습 방법	개념을 다시 공부하세요.	조금 더 노력하세요.	실수하면 안 돼요.	참 잘했어요.

연이은 덧셈, 뺄셈

월 일
분 초
/30

덧셈을 하세요.

❶ $3+7+1=$ ❷ $8+2+4=$ ❸ $5+5+7=$

❹ $4+6+5=$ ❺ $9+1+8=$ ❻ $6+4+9=$

❼ $5+5+2=$ ❽ $7+3+2=$ ❾ $1+9+6=$

⑩ $2+8+7=$ ⑪ $4+3+7=$ ⑫ $5+2+8=$

⑬ $4+1+9=$ ⑭ $7+5+5=$ ⑮ $2+8+2=$

⑯ $5+4+6=$ ⑰ $8+9+1=$ ⑱ $9+6+4=$

⑲ $3+2+8=$ ⑳ $5+7+3=$ ㉑ $1+4+9=$

㉒ $8+1+2=$ ㉓ $6+9+4=$ ㉔ $5+7+5=$

㉕ $6+2+4=$ ㉖ $7+4+3=$ ㉗ $2+6+8=$

㉘ $4+5+6=$ ㉙ $8+3+2=$ ㉚ $3+4+7=$

자기 점수에 ○표 하세요

맞힌 개수	20개 이하	21~25개	26~28개	29~30개
학습 방법	개념을 다시 공부하세요.	조금 더 노력하세요.	실수하면 안 돼요.	참 잘했어요.

연이은 덧셈, 뺄셈

월 일
분 초
/30

정답 29쪽

뺄셈을 하세요.

① 17−7−5=
② 11−1−6=
③ 15−5−3=
④ 14−4−7=
⑤ 16−6−9=
⑥ 19−9−2=
⑦ 13−3−8=
⑧ 12−2−5=
⑨ 18−8−1=
⑩ 12−2−4=
⑪ 13−5−3=
⑫ 12−2−2=
⑬ 16−3−6=
⑭ 19−1−9=
⑮ 11−7−1=
⑯ 14−5−4=
⑰ 18−6−8=
⑱ 15−6−5=
⑲ 17−2−7=
⑳ 13−2−3=
㉑ 17−1−6=
㉒ 18−7−1=
㉓ 15−5−4=
㉔ 14−8−4=
㉕ 17−3−4=
㉖ 16−7−6=
㉗ 15−7−5=
㉘ 19−7−2=
㉙ 19−5−4=
㉚ 11−2−1=

자기 점수에 ○표 하세요

맞힌 개수	20개 이하	21~25개	26~28개	29~30개
학습 방법	개념을 다시 공부하세요.	조금 더 노력하세요.	실수하면 안 돼요.	참 잘했어요.

연이은 덧셈, 뺄셈

월 일
분 초
/30

덧셈을 하세요.

① 8+2+7=

② 3+7+1=

③ 5+5+4=

④ 1+9+8=

⑤ 4+6+5=

⑥ 8+2+6=

⑦ 6+4+9=

⑧ 5+5+2=

⑨ 2+8+9=

⑩ 1+9+6=

⑪ 7+3+6=

⑫ 3+5+5=

⑬ 5+2+8=

⑭ 7+4+6=

⑮ 2+8+2=

⑯ 8+3+7=

⑰ 2+9+1=

⑱ 6+6+4=

⑲ 7+2+8=

⑳ 9+7+3=

㉑ 2+3+8=

㉒ 3+1+7=

㉓ 4+2+6=

㉔ 5+9+5=

㉕ 6+8+4=

㉖ 7+4+3=

㉗ 8+3+2=

㉘ 9+4+1=

㉙ 2+1+8=

㉚ 3+6+7=

자기 점수에 ○표 하세요

맞힌 개수	20개 이하	21~25개	26~28개	29~30개
학습 방법	개념을 다시 공부하세요.	조금 더 노력하세요.	실수하면 안 돼요.	참 잘했어요.

연이은 덧셈, 뺄셈

월	일
분	초
	/30

정답 30쪽

빼셈을 하세요.

❶ $12-2-2=$ ❷ $13-7-3=$ ❸ $16-2-4=$

❹ $12-2-1=$ ❺ $11-6-1=$ ❻ $18-8-7=$

❼ $17-3-4=$ ❽ $16-6-5=$ ❾ $18-4-4=$

❿ $11-1-8=$ ⓫ $17-3-7=$ ⓬ $13-5-3=$

⓭ $15-2-5=$ ⓮ $16-1-5=$ ⓯ $12-6-2=$

⓰ $18-9-8=$ ⓱ $13-2-3=$ ⓲ $16-4-2=$

⓳ $19-3-6=$ ⓴ $19-3-9=$ ㉑ $12-1-1=$

㉒ $15-5-2=$ ㉓ $17-1-6=$ ㉔ $14-3-4=$

㉕ $12-7-2=$ ㉖ $16-1-6=$ ㉗ $18-2-6=$

㉘ $17-6-1=$ ㉙ $14-5-4=$ ㉚ $13-1-2=$

자기 점수에 ○표 하세요

맞힌 개수	20개 이하	21~25개	26~28개	29~30개
학습 방법	개념을 다시 공부하세요.	조금 더 노력하세요.	실수하면 안 돼요.	참 잘했어요.

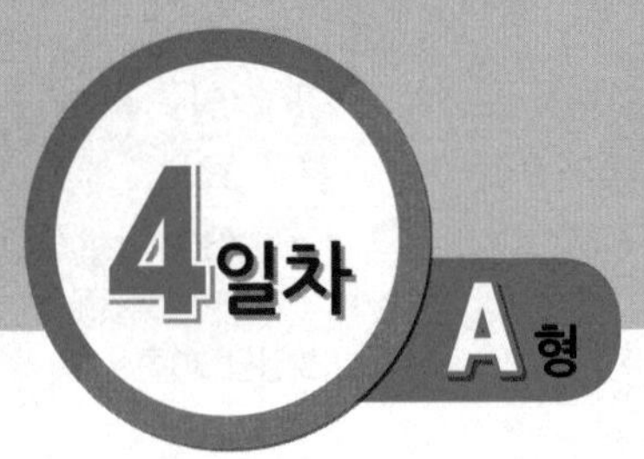

연이은 덧셈, 뺄셈

월 일
분 초
/30

덧셈을 하세요.

❶ $6+4+9=$ ❷ $2+8+4=$ ❸ $1+9+7=$

❹ $2+8+6=$ ❺ $1+9+8=$ ❻ $8+2+3=$

❼ $7+3+2=$ ❽ $6+4+5=$ ❾ $2+8+9=$

❿ $9+1+1=$ ⓫ $2+3+7=$ ⓬ $8+5+5=$

⓭ $4+2+8=$ ⓮ $7+4+6=$ ⓯ $2+8+2=$

⓰ $8+3+7=$ ⓱ $1+6+4=$ ⓲ $7+9+1=$

⓳ $6+7+3=$ ⓴ $3+2+8=$ ㉑ $4+5+6=$

㉒ $3+2+7=$ ㉓ $1+6+9=$ ㉔ $8+3+2=$

㉕ $6+1+4=$ ㉖ $7+2+3=$ ㉗ $5+4+5=$

㉘ $8+5+2=$ ㉙ $2+1+8=$ ㉚ $3+1+7=$

자기 점수에 ○표 하세요

맞힌 개수	20개 이하	21~25개	26~28개	29~30개
학습 방법	개념을 다시 공부하세요.	조금 더 노력 하세요.	실수하면 안 돼요.	참 잘했어요.

연이은 덧셈, 뺄셈

월 일
분 초
/30

정답 31쪽

✎ 뺄셈을 하세요.

① 17−2−5=
② 13−7−3=
③ 16−6−2=
④ 12−2−1=
⑤ 19−6−3=
⑥ 15−7−5=
⑦ 16−4−2=
⑧ 16−6−5=
⑨ 18−4−8=
⑩ 11−1−8=
⑪ 17−9−7=
⑫ 12−8−2=
⑬ 14−2−4=
⑭ 16−1−5=
⑮ 12−2−3=
⑯ 18−4−4=
⑰ 13−2−3=
⑱ 17−8−7=
⑲ 19−3−6=
⑳ 19−4−9=
㉑ 12−1−1=
㉒ 12−2−6=
㉓ 17−1−6=
㉔ 14−3−4=
㉕ 19−5−4=
㉖ 16−1−6=
㉗ 13−3−3=
㉘ 18−6−2=
㉙ 15−9−5=
㉚ 15−5−4=

자기 점수에 ○표 하세요

맞힌 개수	20개 이하	21~25개	26~28개	29~30개
학습 방법	개념을 다시 공부하세요.	조금 더 노력하세요.	실수하면 안 돼요.	참 잘했어요.

연이은 덧셈, 뺄셈

월 일
분 초
/30

덧셈을 하세요.

① $3+4+7=$	② $4+6+2=$	③ $5+2+8=$
④ $5+5+3=$	⑤ $8+9+1=$	⑥ $3+6+7=$
⑦ $7+4+6=$	⑧ $2+8+3=$	⑨ $1+8+9=$
⑩ $6+4+5=$	⑪ $7+5+5=$	⑫ $8+1+2=$
⑬ $4+2+8=$	⑭ $4+9+6=$	⑮ $2+6+4=$
⑯ $9+1+7=$	⑰ $2+6+8=$	⑱ $5+4+6=$
⑲ $7+2+8=$	⑳ $9+7+3=$	㉑ $2+4+8=$
㉒ $5+5+9=$	㉓ $3+1+7=$	㉔ $2+8+6=$
㉕ $5+7+3=$	㉖ $6+4+3=$	㉗ $5+9+5=$
㉘ $8+3+2=$	㉙ $9+1+2=$	㉚ $3+6+4=$

자기 점수에 ○표 하세요

맞힌 개수	20개 이하	21~25개	26~28개	29~30개
학습 방법	개념을 다시 공부하세요.	조금 더 노력하세요.	실수하면 안 돼요.	참 잘했어요.

연이은 덧셈, 뺄셈

월 일
분 초
/30

정답 32쪽

빨셈을 하세요.

❶ 16−6−5=
❷ 18−8−7=
❸ 13−1−2=
❹ 12−1−1=
❺ 19−6−3=
❻ 15−7−5=
❼ 19−3−9=
❽ 14−4−7=
❾ 18−4−8=
❿ 11−1−8=
⓫ 17−9−7=
⓬ 18−5−3=
⓭ 14−2−4=
⓮ 16−1−5=
⓯ 12−2−3=
⓰ 13−2−3=
⓱ 17−4−7=
⓲ 19−8−1=
⓳ 19−3−6=
⓴ 16−4−2=
㉑ 15−4−1=
㉒ 12−2−6=
㉓ 14−1−4=
㉔ 14−3−4=
㉕ 12−8−2=
㉖ 16−1−6=
㉗ 16−3−3=
㉘ 19−9−2=
㉙ 16−8−6=
㉚ 15−5−4=

자기 점수에 ○표 하세요

맞힌 개수	20개 이하	21~25개	26~28개	29~30개
학습 방법	개념을 다시 공부하세요.	조금 더 노력하세요.	실수하면 안 돼요.	참 잘했어요.

세 단계 묶어 풀기 O14 ~ O16단계
덧셈과 뺄셈 종합/세 수의 덧셈과 뺄셈

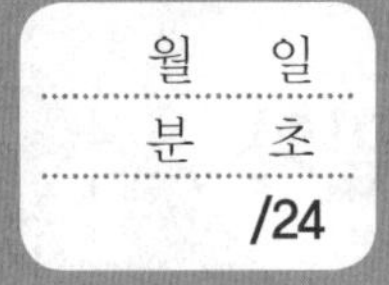

정답 33쪽

✎ 계산을 하세요.

❶ $51+27=$	❷ $12+42+35=$	❸ $5+5+2=$
❹ $88-45=$	❺ $96-13-21=$	❻ $12-2-8=$
❼ $24+13=$	❽ $47+11+21=$	❾ $2+8+1=$
❿ $56-33=$	⓫ $79-21-34=$	⓬ $16-6-5=$
⓭ $32+64=$	⓮ $13+25+20=$	⓯ $5+2+8=$
⓰ $71-40=$	⓱ $86-30-43=$	⓲ $19-3-9=$
⓳ $43+11=$	⓴ $24+12+51=$	㉑ $8+3+7=$
㉒ $69-24=$	㉓ $68-22-14=$	㉔ $15-1-5=$

창의력 쑥쑥! 수학 퀴즈

주사위 3개를 탑처럼 쌓아 놓았습니다. 바닥에 닿은 면과 주사위끼리 맞닿은 4개의 면은 보이지 않습니다. 그렇지만 이 5개의 면에 있는 점의 개수를 모두 더한 값은 알 수 있다고 합니다. 더한 값은 얼마일까요?

답 주사위는 서로 마주 보는 면에 있는 점의 개수를 더하면 7이 됩니다. 그림에서 맨 위에 있는 주사위의 윗면이 4니까 아랫면에는 3이 있을 것입니다. 아래에 있는 두 주사위의 윗면과 아랫면의 수는 알 수 없지만 윗면과 아랫면에 있는 점의 개수는 모두 합쳐 7이라는 것을 알 수 있습니다. 그러니까 우리가 알고 싶은 5개의 면에 있는 점의 개수는 3+7+7=17입니다.

받아올림이 있는 (몇)+(몇)

◆스스로 학습 관리표◆

- 매일 맞힌 개수를 적고, 걸린 시간만큼 색칠해 보세요. (눈금 1칸은 1분이며, 초는 표의 상단에 적으세요.)
- 하루하루 지날수록 실력이 자라고, 계산 속도가 빨라지는 것을 눈으로 직접 확인할 수 있습니다.

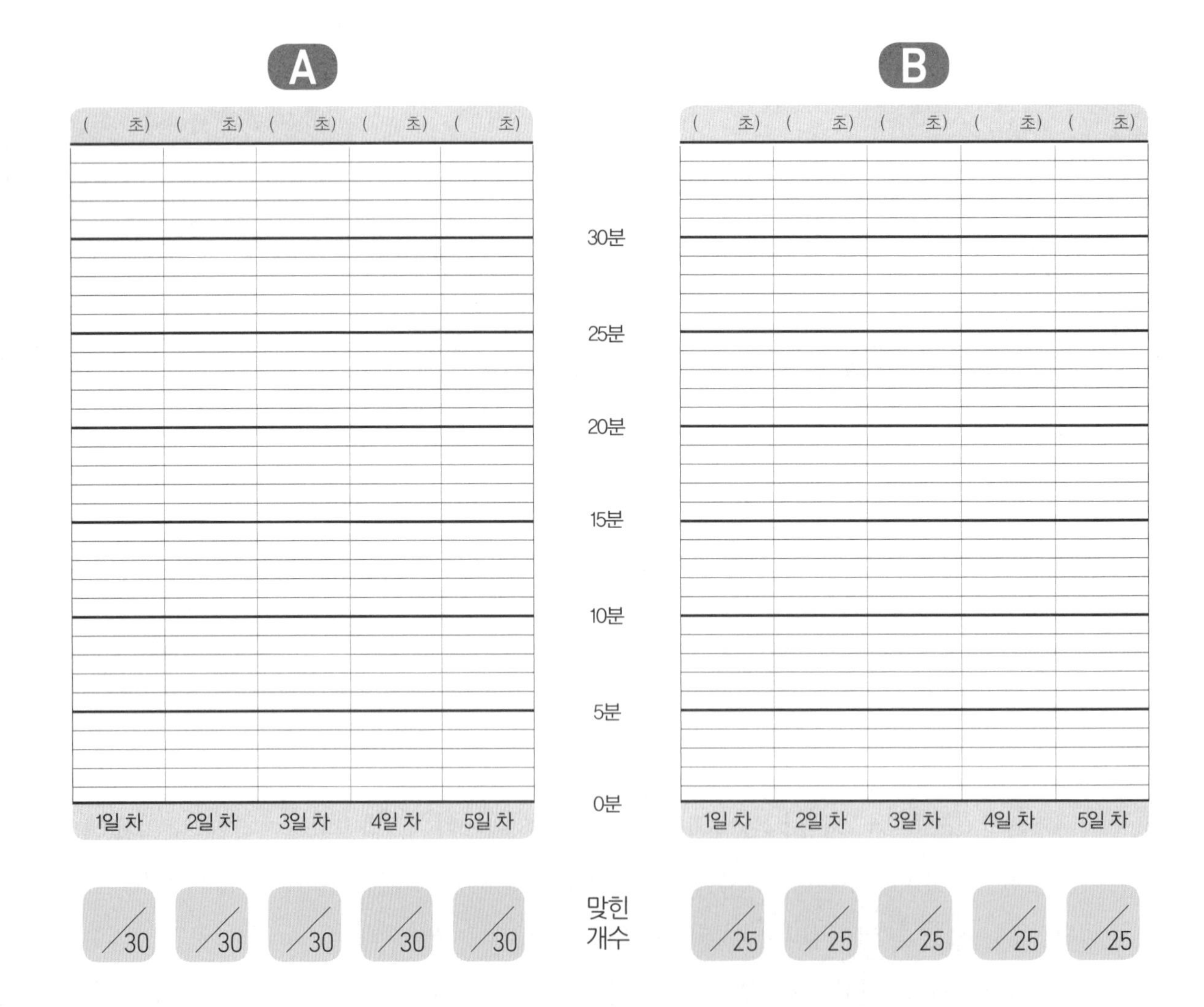

·개념 포인트·

받아올림이 있는 덧셈

덧셈은 일의 자리부터 같은 자리끼리 계산합니다. 일의 자리의 합은 10보다 작을 수도 있고, 10과 같을 수도 있고, 10보다 클 수도 있습니다. 일의 자리의 합이 10보다 작은 경우는 그냥 일의 자리에 그 합을 써 줍니다.

일 일 일
3 + 5 = 8

일의 자리의 합이 10과 같거나 10보다 큰 경우, 10을 바로 윗자리인 십의 자리에 1로 써 줍니다. 이것을 받아올림이라고 부릅니다. 일의 자리 '동생'이 십의 자리 '형님'에게 선물로 1을 주는 거예요.

일 일 십 일
7 + 5 = 12

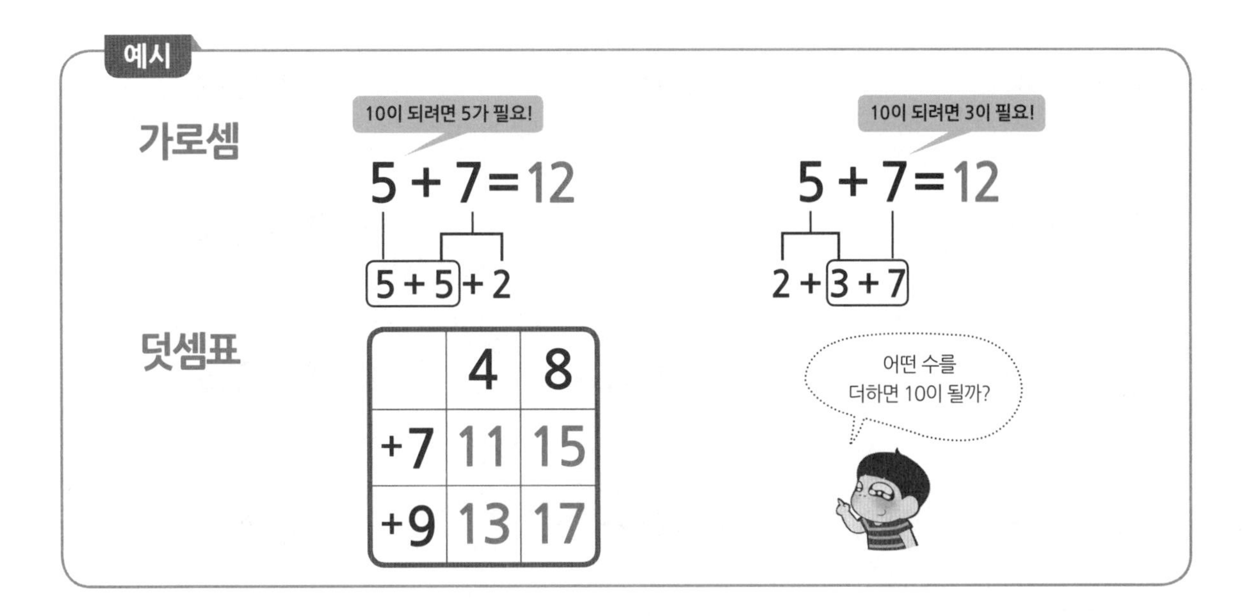

	4	8
+7	11	15
+9	13	17

10 가르기와 모으기, 10이 되는 덧셈을 적용하여 받아올림이 있는 덧셈을 연습합니다. 충분히 익혀서 받아올림이 있는 덧셈을 빠르고 정확하게 할 수 있도록 지도해 주세요. 받아올림을 할 때, "형님, 선물이야!"라고 말하면서 공부하면 더 재미있을 겁니다.

받아올림이 있는 (몇)+(몇)

월	일
분	초
	/30

10이 되는 덧셈이 생기도록 수를 갈라 봐!

✎ 덧셈을 하세요.

① $2+8=$ ② $5+7=$ ③ $9+3=$

④ $3+8=$ ⑤ $4+9=$ ⑥ $8+3=$

⑦ $8+9=$ ⑧ $7+7=$ ⑨ $5+9=$

⑩ $1+9=$ ⑪ $6+6=$ ⑫ $8+8=$

⑬ $4+6=$ ⑭ $9+9=$ ⑮ $6+5=$

⑯ $3+7=$ ⑰ $6+9=$ ⑱ $8+6=$

⑲ $9+5=$ ⑳ $5+6=$ ㉑ $7+5=$

㉒ $8+5=$ ㉓ $3+9=$ ㉔ $7+4=$

㉕ $9+7=$ ㉖ $2+9=$ ㉗ $5+8=$

㉘ $6+7=$ ㉙ $7+8=$ ㉚ $9+4=$

자기 점수에 ○표 하세요

맞힌 개수	20개 이하	21~25개	26~28개	29~30개
학습 방법	개념을 다시 공부하세요.	조금 더 노력하세요.	실수하면 안 돼요.	참 잘했어요.

받아올림이 있는 (몇)+(몇)

월	일
분	초
	/25

먼저 10을 만들고
남는 수를 더해 봐!

정답 34쪽

✎ 빈간에 알맞은 수를 넣으세요.

위의 수와 아래의 수를 계산하세요.	5	9	7	8	6
+9					
+8					
+7					
+6					
+5					

자기 점수에 ○표 하세요

맞힌 개수	17개 이하	18~21개	22~23개	24~25개
학습 방법	개념을 다시 공부하세요.	조금 더 노력 하세요.	실수하면 안 돼요.	참 잘했어요.

받아올림이 있는 (몇)+(몇)

월 일
분 초
/30

넷셈을 하세요.

❶ 3+9=	❷ 5+9=	❸ 7+7=
❹ 5+8=	❺ 6+9=	❻ 9+6=
❼ 8+7=	❽ 6+7=	❾ 2+9=
❿ 9+5=	⓫ 8+6=	⓬ 4+7=
⓭ 2+8=	⓮ 9+9=	⓯ 6+4=
⓰ 7+5=	⓱ 4+8=	⓲ 9+3=
⓳ 6+8=	⓴ 8+9=	㉑ 9+1=
㉒ 8+4=	㉓ 9+4=	㉔ 3+8=
㉕ 6+6=	㉖ 7+8=	㉗ 5+5=
㉘ 7+4=	㉙ 5+6=	㉚ 7+9=

자기 점수에 ○표 하세요

맞힌 개수	20개 이하	21~25개	26~28개	29~30개
학습 방법	개념을 다시 공부하세요.	조금 더 노력 하세요.	실수하면 안 돼요.	참 잘했어요.

받아올림이 있는 (몇)+(몇)

월 일
분 초
/25

정답 35쪽

빈긴에 알맞은 수를 넣으세요.

위의 수와 아래의 수를 계산하세요.	8	9	5	7	6
+6					
+9					
+7					
+5					
+8					

자기 점수에 ○표 하세요

맞힌 개수	17개 이하	18~21개	22~23개	24~25개
학습 방법	개념을 다시 공부하세요.	조금 더 노력하세요.	실수하면 안 돼요.	참 잘했어요.

3일차 A형

받아올림이 있는 (몇)+(몇)

월 일
분 초
/30

✎ 덧셈을 하세요.

① $8+6=$
② $2+9=$
③ $9+7=$
④ $3+8=$
⑤ $8+2=$
⑥ $7+3=$
⑦ $4+7=$
⑧ $9+8=$
⑨ $5+9=$
⑩ $6+6=$
⑪ $8+8=$
⑫ $7+5=$
⑬ $9+1=$
⑭ $9+9=$
⑮ $8+9=$
⑯ $6+7=$
⑰ $5+6=$
⑱ $7+7=$
⑲ $3+9=$
⑳ $6+9=$
㉑ $5+5=$
㉒ $8+4=$
㉓ $3+7=$
㉔ $9+6=$
㉕ $6+8=$
㉖ $7+8=$
㉗ $9+2=$
㉘ $4+6=$
㉙ $7+9=$
㉚ $7+4=$

자기 점수에 ○표 하세요

맞힌 개수	20개 이하	21~25개	26~28개	29~30개
학습 방법	개념을 다시 공부하세요.	조금 더 노력하세요.	실수하면 안 돼요.	참 잘했어요.

받아올림이 있는 (몇)+(몇)

월 일
분 초
/25

정답 36쪽

빈칸에 알맞은 수를 넣으세요.

위의 수와 아래의 수를 계산하세요.	7	8	6	9	5
+9					
+5					
+7					
+6					
+8					

자기 점수에 ○표 하세요

맞힌 개수	17개 이하	18~21개	22~23개	24~25개
학습 방법	개념을 다시 공부하세요.	조금 더 노력하세요.	실수하면 안 돼요.	참 잘했어요.

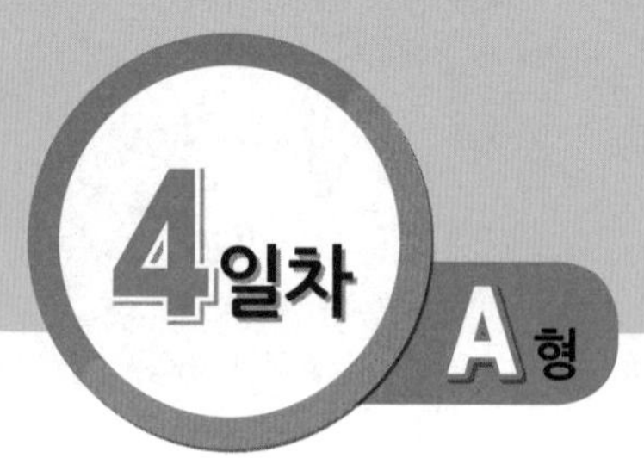

받아올림이 있는 (몇)+(몇)

월	일
분	초
	/30

덧셈을 하세요.

❶ $4+7=$	❷ $5+9=$	❸ $7+5=$
❹ $6+9=$	❺ $9+3=$	❻ $7+4=$
❼ $8+4=$	❽ $6+6=$	❾ $4+9=$
❿ $5+5=$	⓫ $3+9=$	⓬ $8+8=$
⓭ $5+8=$	⓮ $8+2=$	⓯ $6+4=$
⓰ $5+6=$	⓱ $9+9=$	⓲ $3+7=$
⓳ $6+8=$	⓴ $1+9=$	㉑ $9+6=$
㉒ $9+5=$	㉓ $6+5=$	㉔ $7+6=$
㉕ $8+6=$	㉖ $2+9=$	㉗ $7+9=$
㉘ $7+3=$	㉙ $8+3=$	㉚ $7+7=$

자기 점수에 ○표 하세요

맞힌 개수	20개 이하	21~25개	26~28개	29~30개
학습 방법	개념을 다시 공부하세요.	조금 더 노력하세요.	실수하면 안 돼요.	참 잘했어요.

받아올림이 있는 (몇)+(몇)

월 일
분 초
/25

정답 37쪽

빈칸에 알맞은 수를 넣으세요.

위의 수와 아래의 수를 계산하세요.	6	9	8	5	7
+8					
+5					
+9					
+6					
+7					

자기 점수에 ○표 하세요

맞힌 개수	17개 이하	18~21개	22~23개	24~25개
학습 방법	개념을 다시 공부하세요.	조금 더 노력 하세요.	실수하면 안 돼요.	참 잘했어요.

받아올림이 있는 (몇)+(몇)

월 일
분 초
/30

덧셈을 하세요.

❶ 5+9=
❷ 7+6=
❸ 8+3=
❹ 7+8=
❺ 8+6=
❻ 6+7=
❼ 7+7=
❽ 9+4=
❾ 6+4=
❿ 8+8=
⓫ 5+6=
⓬ 2+9=
⓭ 9+9=
⓮ 6+8=
⓯ 8+4=
⓰ 4+9=
⓱ 6+9=
⓲ 9+3=
⓳ 7+4=
⓴ 3+9=
㉑ 2+8=
㉒ 5+8=
㉓ 4+8=
㉔ 6+6=
㉕ 3+8=
㉖ 9+5=
㉗ 7+9=
㉘ 8+7=
㉙ 6+5=
㉚ 8+5=

자기 점수에 ○표 하세요

맞힌 개수	20개 이하	21~25개	26~28개	29~30개
학습 방법	개념을 다시 공부하세요.	조금 더 노력 하세요.	실수하면 안 돼요.	참 잘했어요.

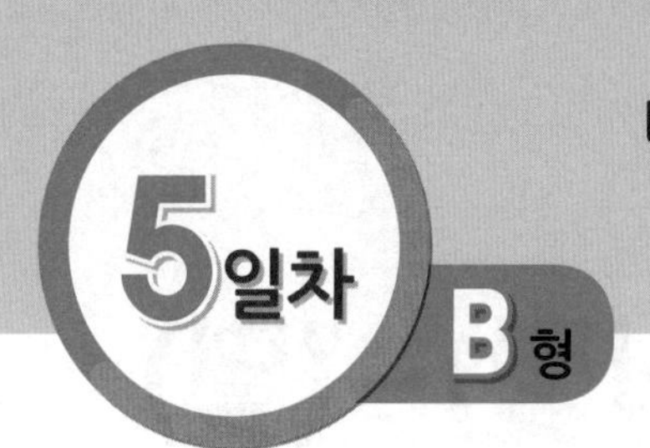

받아올림이 있는 (몇)+(몇)

월 일
분 초
/25

정답 38쪽

빈칸에 알맞은 수를 넣으세요.

위의 수와 아래의 수를 계산하세요.	6	8	7	9	5
+9					
+6					
+7					
+5					
+8					

자기 점수에 ○표 하세요

맞힌 개수	17개 이하	18~21개	22~23개	24~25개
학습 방법	개념을 다시 공부하세요.	조금 더 노력하세요.	실수하면 안 돼요.	참 잘했어요.

받아내림이 있는 (십몇)-(몇)

◆스스로 학습 관리표◆

• 매일 맞힌 개수를 적고, 걸린 시간만큼 색칠해 보세요.
(눈금 1칸은 1분이며, 초는 표의 상단에 적으세요.)

• 하루하루 지날수록 실력이 자라고, 계산 속도가
빨라지는 것을 눈으로 직접 확인할 수 있습니다.

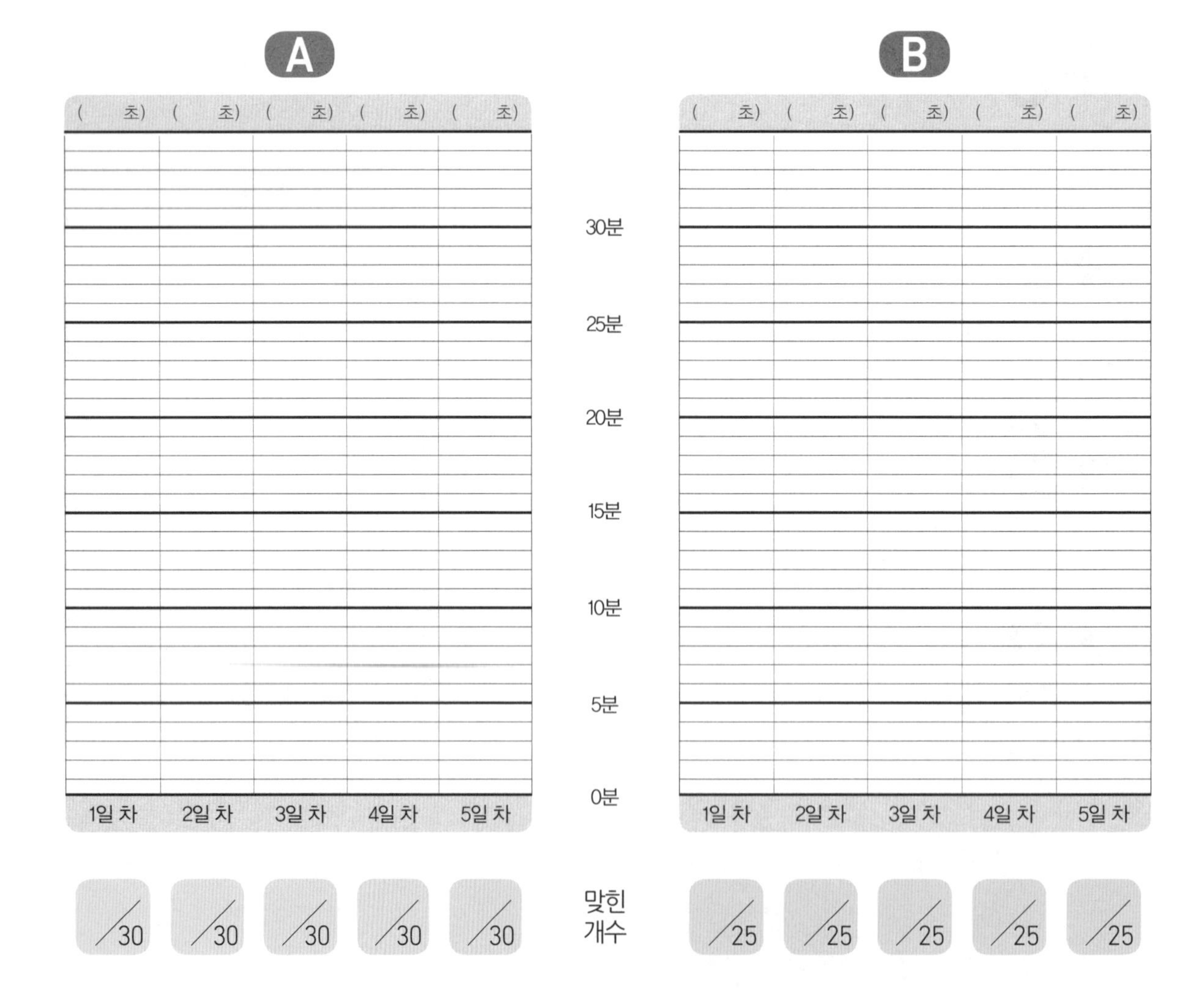

개념 포인트

받아내림이 있는 뺄셈

뺄셈 역시 일의 자리부터 같은 자리끼리 계산합니다.

일 일 일
8 − 5 = 3

그런데 12−5처럼 일의 자리만으로는 계산할 수 없는 경우도 있습니다. 이런 경우에는 십의 자리 수에서 1을 일의 자리로 가지고 옵니다.
이것을 받아내림이라고 합니다. 십의 자리에서 1은 일의 자리에서는 10이니까 10에서 일의 자리 수를 빼 주고 원래 있던 일의 자리 수를 더합니다.

십 일 일 일
12 − 5 = 7

일의 자리 '동생'이 혼자서는 뺄셈을 할 수 없으니까 십의 자리 '형님'에게 도움을 받는다고 생각하면 쉬워요!

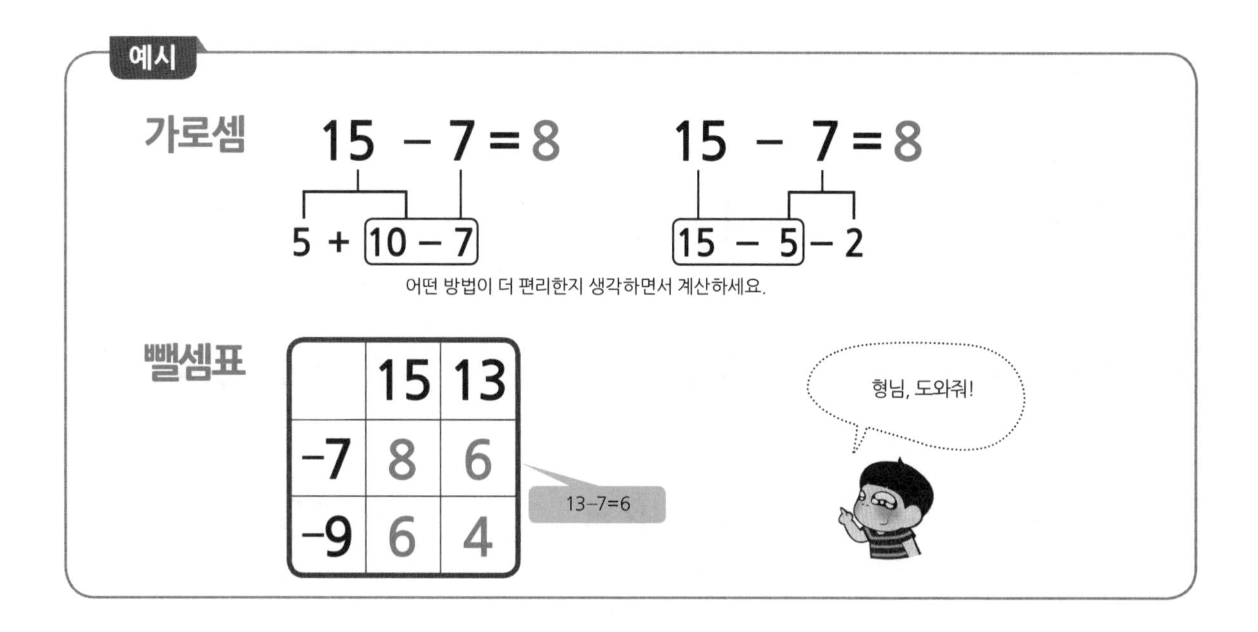

차가 9 이하인 받아내림이 있는 뺄셈을 연습하는 단계입니다. 십의 자리에서 받아내림을 할 때, "형님, 도와줘!" 하면서 십의 자리의 1을 일의 자리의 10으로 바꾼 다음 뺄 수 있도록 지도해 주세요. 형님인 십의 자리에서 일의 자리를 도와줬기 때문에 십의 자리에 1이 없어서 십의 자리 수가 0이라는 것을 알려 주시면 다음 단계에서 받아내림을 연습할 때 도움이 됩니다.

받아내림이 있는 (십몇) − (몇)

월	일
분	초
	/30

두 가지 방법으로 뺄 수 있구나!

✎ 뺄셈을 하세요.

❶ $11-3=$　　❷ $14-8=$　　❸ $16-9=$

❹ $12-5=$　　❺ $13-8=$　　❻ $18-9=$

❼ $16-7=$　　❽ $12-9=$　　❾ $11-7=$

❿ $13-6=$　　⓫ $17-8=$　　⓬ $12-6=$

⓭ $11-5=$　　⓮ $12-3=$　　⓯ $14-7=$

⓰ $17-9=$　　⓱ $11-8=$　　⓲ $13-7=$

⓳ $16-8=$　　⓴ $14-9=$　　㉑ $13-5=$

㉒ $15-8=$　　㉓ $12-8=$　　㉔ $15-9=$

㉕ $13-4=$　　㉖ $14-6=$　　㉗ $12-7=$

㉘ $15-6=$　　㉙ $13-9=$　　㉚ $11-9=$

자기 점수에 ○표 하세요

맞힌 개수	20개 이하	21~25개	26~28개	29~30개
학습 방법	개념을 다시 공부하세요.	조금 더 노력 하세요.	실수하면 안 돼요.	참 잘했어요.

받아내림이 있는 (십몇) − (몇)

월 일
분 초
/25

빈칸을 차근차근 채워 봐!

정답 39쪽

빈칸에 알맞은 수를 넣으세요.

위의 수와 아래의 수를 계산하세요.	15	11	13	14	12
−9					
−7					
−6					
−8					
−5					

자기 점수에 ○표 하세요

맞힌 개수	17개 이하	18~21개	22~23개	24~25개
학습 방법	개념을 다시 공부하세요.	조금 더 노력하세요.	실수하면 안 돼요.	참 잘했어요.

받아내림이 있는 (십몇) - (몇)

월 일
분 초
/30

빼셈을 하세요.

❶ 11−8=	❷ 14−9=	❸ 14−7=
❹ 16−7=	❺ 11−9=	❻ 13−4=
❼ 15−6=	❽ 14−6=	❾ 12−6=
❿ 12−8=	⓫ 11−7=	⓬ 15−7=
⓭ 18−9=	⓮ 17−9=	⓯ 14−5=
⓰ 12−4=	⓱ 11−4=	⓲ 16−8=
⓳ 13−6=	⓴ 12−3=	㉑ 11−3=
㉒ 15−9=	㉓ 17−8=	㉔ 15−8=
㉕ 11−5=	㉖ 16−9=	㉗ 11−2=
㉘ 13−8=	㉙ 13−7=	㉚ 14−8=

자기 점수에 ○표 하세요

맞힌 개수	20개 이하	21~25개	26~28개	29~30개
학습 방법	개념을 다시 공부하세요.	조금 더 노력하세요.	실수하면 안 돼요.	참 잘했어요.

받아내림이 있는 (십몇) − (몇)

월 일
분 초
/25

정답 40쪽

빈칸에 알맞은 수를 넣으세요.

위의 수와 아래의 수를 계산하세요.	11	14	13	15	12
−7					
−5					
−9					
−8					
−6					

자기 점수에 ○표 하세요

맞힌 개수	17개 이하	18~21개	22~23개	24~25개
학습 방법	개념을 다시 공부하세요.	조금 더 노력 하세요.	실수하면 안 돼요.	참 잘했어요.

받아내림이 있는 (십몇) − (몇)

월	일
분	초
	/30

✎ 뺄셈을 하세요.

❶ $15-8=$ ❷ $12-8=$ ❸ $13-4=$

❹ $11-4=$ ❺ $17-9=$ ❻ $15-7=$

❼ $14-7=$ ❽ $15-6=$ ❾ $12-9=$

❿ $11-3=$ ⓫ $14-8=$ ⓬ $16-8=$

⓭ $14-5=$ ⓮ $16-9=$ ⓯ $17-8=$

⓰ $16-7=$ ⓱ $11-9=$ ⓲ $13-7=$

⓳ $12-7=$ ⓴ $15-9=$ ㉑ $11-7=$

㉒ $12-4=$ ㉓ $18-9=$ ㉔ $13-5=$

㉕ $14-6=$ ㉖ $11-8=$ ㉗ $11-6=$

㉘ $12-5=$ ㉙ $12-3=$ ㉚ $13-9=$

자기 점수에 ○표 하세요

맞힌 개수	20개 이하	21~25개	26~28개	29~30개
학습 방법	개념을 다시 공부하세요.	조금 더 노력 하세요.	실수하면 안 돼요.	참 잘했어요.

받아내림이 있는 (십몇) − (몇)

월 일
분 초
/25

정답 41쪽

빈칸에 알맞은 수를 넣으세요.

위의 수와 아래의 수를 계산하세요.	14	11	15	12	13
−5					
−7					
−9					
−8					
−6					

자기 점수에 ○표 하세요

맞힌 개수	17개 이하	18~21개	22~23개	24~25개
학습 방법	개념을 다시 공부하세요.	조금 더 노력하세요.	실수하면 안 돼요.	참 잘했어요.

받아내림이 있는 (십몇) – (몇)

월 일
분 초
/30

✎ 뺄셈을 하세요.

❶ $17-9=$	❷ $12-7=$	❸ $15-9=$
❹ $16-8=$	❺ $11-4=$	❻ $14-5=$
❼ $11-7=$	❽ $15-8=$	❾ $13-8=$
❿ $15-7=$	⓫ $12-3=$	⓬ $11-9=$
⓭ $12-6=$	⓮ $11-3=$	⓯ $17-8=$
⓰ $11-5=$	⓱ $16-9=$	⓲ $13-4=$
⓳ $14-7=$	⓴ $13-6=$	㉑ $16-7=$
㉒ $12-4=$	㉓ $11-8=$	㉔ $13-5=$
㉕ $11-2=$	㉖ $15-6=$	㉗ $18-9=$
㉘ $12-9=$	㉙ $14-8=$	㉚ $11-6=$

자기 점수에 ○표 하세요

맞힌 개수	20개 이하	21~25개	26~28개	29~30개
학습 방법	개념을 다시 공부하세요.	조금 더 노력하세요.	실수하면 안 돼요.	참 잘했어요.

받아내림이 있는 (십몇) – (몇)

월 일
분 초
/25

정답 42쪽

빈칸에 알맞은 수를 넣으세요.

위의 수와 아래의 수를 계산하세요.	12	15	14	13	11
−6					
−8					
−9					
−5					
−7					

자기 점수에 ○표 하세요

맞힌 개수	17개 이하	18~21개	22~23개	24~25개
학습 방법	개념을 다시 공부하세요.	조금 더 노력하세요.	실수하면 안 돼요.	참 잘했어요.

받아내림이 있는 (십몇) − (몇)

월	일
분	초
	/30

✐ 뺄셈을 하세요.

❶ $13-4=$ ❷ $15-6=$ ❸ $11-7=$

❹ $16-7=$ ❺ $14-8=$ ❻ $15-7=$

❼ $13-5=$ ❽ $13-8=$ ❾ $17-9=$

❿ $18-9=$ ⓫ $11-3=$ ⓬ $16-8=$

⓭ $11-6=$ ⓮ $12-6=$ ⓯ $14-5=$

⓰ $16-9=$ ⓱ $12-7=$ ⓲ $13-9=$

⓳ $15-9=$ ⓴ $11-4=$ ㉑ $13-7=$

㉒ $17-8=$ ㉓ $15-8=$ ㉔ $12-4=$

㉕ $14-9=$ ㉖ $12-3=$ ㉗ $11-2=$

㉘ $11-5=$ ㉙ $14-7=$ ㉚ $12-9=$

자기 점수에 ○표 하세요

맞힌 개수	20개 이하	21~25개	26~28개	29~30개
학습 방법	개념을 다시 공부하세요.	조금 더 노력 하세요.	실수하면 안 돼요.	참 잘했어요.

받아내림이 있는 (십몇) − (몇)

월	일
분	초
	/25

정답 43쪽

빈칸에 알맞은 수를 넣으세요.

위의 수와 아래의 수를 계산하세요.	13	12	11	15	14
−7					
−8					
−5					
−9					
−6					

자기 점수에 ○표 하세요

맞힌 개수	17개 이하	18~21개	22~23개	24~25개
학습 방법	개념을 다시 공부하세요.	조금 더 노력 하세요.	실수하면 안 돼요.	참 잘했어요.

받아올림/받아내림이 있는 덧셈과 뺄셈 종합

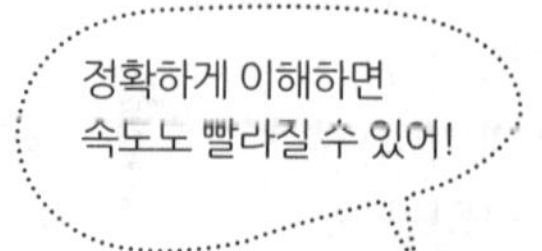

◆스스로 학습 관리표◆

- 매일 맞힌 개수를 적고, 걸린 시간만큼 색칠해 보세요. (눈금 1칸은 1분이며, 초는 표의 상단에 적으세요.)
- 하루하루 지날수록 실력이 자라고, 계산 속도가 빨라지는 것을 눈으로 직접 확인할 수 있습니다.

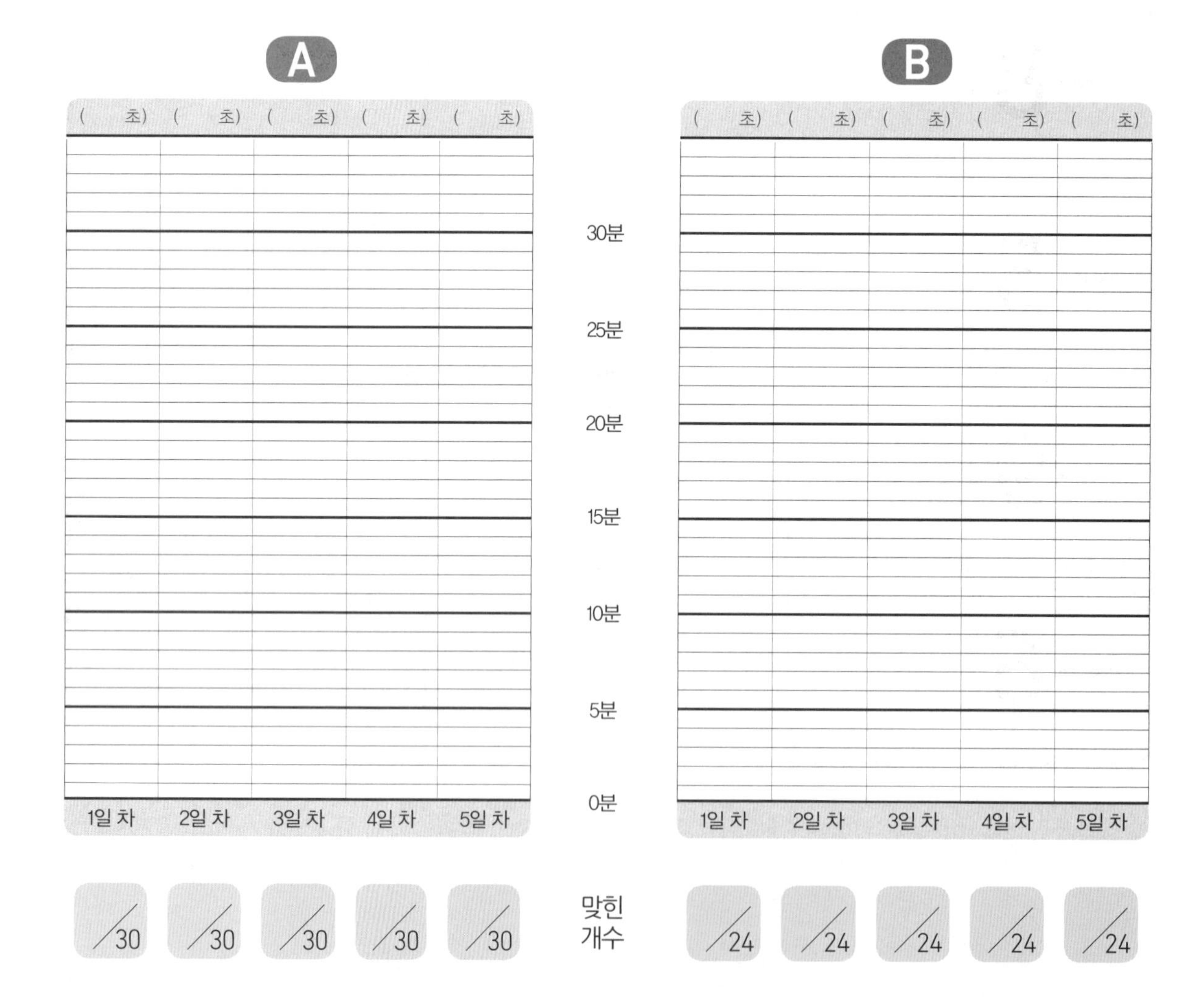

◆개념 포인트◆

받아올림/받아내림 연습

받아올림이 있는 덧셈과 받아내림이 있는 뺄셈을 복습하면서 익히는 단계입니다. 큰 수들을 계산하기 위한 기초이기 때문에 정확하고 빠르게 계산할 수 있도록 충분히 연습합시다.
일의 자리 수를 더한 합이 10이거나 그보다 클 때는 받아올림하면서 "형님, 선물이야!", 일의 자리 수끼리 뺄 수 없을 때는 십의 자리에서 받아내림하면서 "형님, 도와줘!"라고 해 보세요.
더 쉽고 재밌게 계산할 수 있을 거예요.

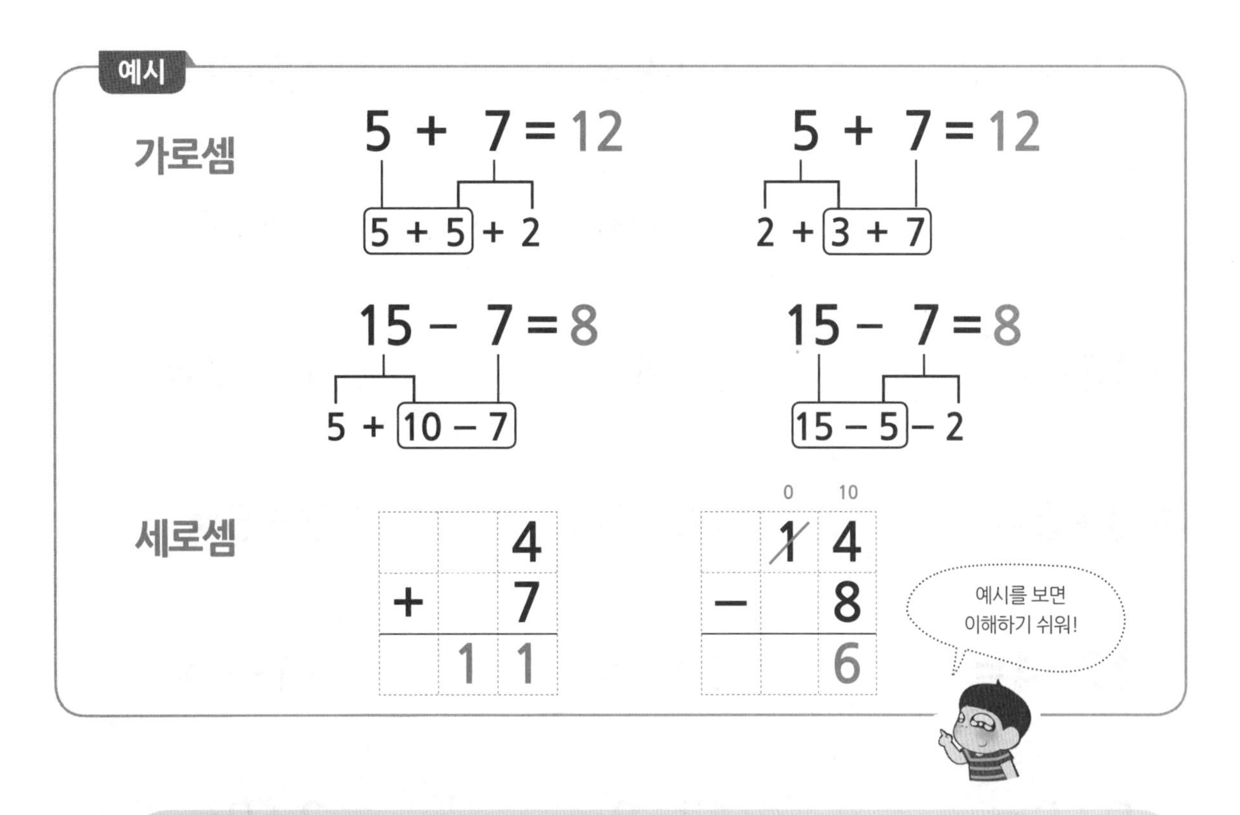

가로셈을 할 때 계산이 편리하도록 여러 방법으로 가르고 모으는 연습을 시켜주세요. 세로셈으로 뺄셈을 할 때에는 십의 자리에서 받아내리면서 십의 자리 수를 지우고, 일의 자리 수 위에 작게 10을 쓰면 계산 실수를 줄일 수 있어요. 다음 단계의 받아내림이 있는 뺄셈을 연습할 때 많은 도움이 됩니다.

받아올림/받아내림이 있는 덧셈과 뺄셈 종합

월	일
분	초
	/30

10 가르기, 모으기를 잘하니까 받아올림 / 받아내림이 쉽네!

✎ 계산을 하세요.

① $8+6=$ ② $12-9=$ ③ $9+7=$

④ $13-8=$ ⑤ $7+9=$ ⑥ $14-6=$

⑦ $4+7=$ ⑧ $14-8=$ ⑨ $5+9=$

⑩ $15-6=$ ⑪ $5+8=$ ⑫ $15-7=$

⑬ $6+9=$ ⑭ $15-9=$ ⑮ $8+7=$

⑯ $16-7=$ ⑰ $6+6=$ ⑱ $11-7=$

⑲ $3+8=$ ⑳ $16-9=$ ㉑ $7+5=$

㉒ $12-4=$ ㉓ $6+7=$ ㉔ $11-6=$

㉕ $9+9=$ ㉖ $17-8=$ ㉗ $2+9=$

㉘ $18-9=$ ㉙ $8+4=$ ㉚ $13-5=$

자기 점수에 ○표 하세요

맞힌 개수	20개 이하	21~25개	26~28개	29~30개
학습 방법	개념을 다시 공부하세요.	조금 더 노력하세요.	실수하면 안 돼요.	참 잘했어요.

받아올림/받아내림이 있는 덧셈과 뺄셈 종합

월 일
분 초
/24

정답 44쪽

계산을 하세요.

① $4 + 7$

② $14 - 8$

③ $9 + 7$

④ $15 - 7$

⑤ $5 + 9$

⑥ $16 - 7$

⑦ $6 + 9$

⑧ $12 - 4$

⑨ $8 + 3$

⑩ $18 - 9$

⑪ $7 + 5$

⑫ $13 - 6$

⑬ $9 + 2$

⑭ $14 - 5$

⑮ $8 + 7$

⑯ $15 - 9$

⑰ $7 + 6$

⑱ $13 - 9$

⑲ $3 + 9$

⑳ $16 - 8$

㉑ $5 + 7$

㉒ $11 - 7$

㉓ $6 + 7$

㉔ $17 - 9$

자기 점수에 ○표 하세요

맞힌 개수	16개 이하	17~20개	21~22개	23~24개
학습 방법	개념을 다시 공부하세요.	조금 더 노력하세요.	실수하면 안 돼요.	참 잘했어요.

받아올림/받아내림이 있는 덧셈과 뺄셈 종합

월	일
분	초
	/30

✎ 계산을 하세요.

❶ $9+4=$ ❷ $13-7=$ ❸ $7+9=$

❹ $17-9=$ ❺ $5+8=$ ❻ $18-9=$

❼ $9+3=$ ❽ $11-6=$ ❾ $8+9=$

❿ $12-6=$ ⓫ $7+7=$ ⓬ $14-9=$

⓭ $5+9=$ ⓮ $11-3=$ ⓯ $4+7=$

⓰ $16-7=$ ⓱ $5+7=$ ⓲ $15-6=$

⓳ $3+8=$ ⓴ $14-6=$ ㉑ $9+2=$

㉒ $12-4=$ ㉓ $6+7=$ ㉔ $13-5=$

㉕ $8+6=$ ㉖ $11-5=$ ㉗ $6+6=$

㉘ $12-9=$ ㉙ $8+7=$ ㉚ $16-9=$

자기 점수에 ○표 하세요

맞힌 개수	20개 이하	21~25개	26~28개	29~30개
학습 방법	개념을 다시 공부하세요.	조금 더 노력하세요.	실수하면 안 돼요.	참 잘했어요.

받아올림/받아내림이 있는 덧셈과 뺄셈 종합

월 일
분 초
/24

정답 45쪽

계산을 하세요.

❶ $5 + 9$

❷ $12 - 6$

❸ $6 + 6$

❹ $13 - 5$

❺ $8 + 8$

❻ $15 - 8$

❼ $9 + 6$

❽ $14 - 9$

❾ $7 + 4$

❿ $16 - 7$

⓫ $4 + 7$

⓬ $17 - 8$

⓭ $5 + 7$

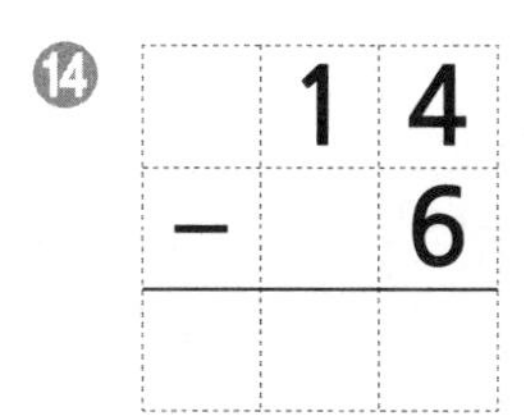

⓮ $14 - 6$

⓯ $6 + 7$

⓰ $15 - 6$

⓱ $9 + 4$

⓲ $11 - 6$

⓳ $7 + 8$

⓴ $13 - 7$

㉑ $8 + 9$

㉒ $12 - 3$

㉓ $9 + 9$

㉔ $11 - 9$

자기 점수에 ○표 하세요.

맞힌 개수	16개 이하	17~20개	21~22개	23~24개
학습 방법	개념을 다시 공부하세요.	조금 더 노력하세요.	실수하면 안 돼요.	참 잘했어요.

받아올림/받아내림이 있는 덧셈과 뺄셈 종합

월 일
분 초
/30

✎ 계산을 하세요.

① 3+9=	② 14−8=	③ 6+7=
④ 17−9=	⑤ 8+9=	⑥ 15−7=
⑦ 5+6=	⑧ 13−4=	⑨ 5+9=
⑩ 11−7=	⑪ 7+9=	⑫ 14−5=
⑬ 8+8=	⑭ 11−9=	⑮ 8+7=
⑯ 12−7=	⑰ 6+6=	⑱ 15−8=
⑲ 7+8=	⑳ 16−9=	㉑ 9+7=
㉒ 12−4=	㉓ 9+4=	㉔ 17−9=
㉕ 7+4=	㉖ 12−6=	㉗ 9+3=
㉘ 18−9=	㉙ 4+8=	㉚ 12−5=

자기 점수에 ○표 하세요

맞힌 개수	20개 이하	21~25개	26~28개	29~30개
학습 방법	개념을 다시 공부하세요.	조금 더 노력 하세요.	실수하면 안 돼요.	참 잘했어요.

받아올림/받아내림이 있는 덧셈과 뺄셈 종합

월 일
분 초
/24

정답 46쪽

계산을 하세요.

① $8 + 8$

② $15 - 8$

③ $7 + 8$

④ $14 - 5$

⑤ $3 + 8$

⑥ $12 - 7$

⑦ $4 + 9$

⑧ $11 - 4$

⑨ $9 + 5$

⑩ $13 - 9$

⑪ $5 + 8$

⑫ $13 - 7$

⑬ $3 + 9$

⑭ $16 - 7$

⑮ $8 + 6$

⑯ $16 - 8$

⑰ $6 + 6$

⑱ $15 - 7$

⑲ $6 + 5$

⑳ $12 - 9$

㉑ $7 + 6$

㉒ $11 - 6$

㉓ $9 + 7$

㉔ $17 - 9$

자기 점수에 ○표 하세요

맞힌 개수	16개 이하	17~20개	21~22개	23~24개
학습 방법	개념을 다시 공부하세요.	조금 더 노력하세요.	실수하면 안 돼요.	참 잘했어요.

받아올림/받아내림이 있는 덧셈과 뺄셈 종합

월 일
분 초
/30

계산을 하세요.

❶ $2+9=$ ❷ $13-4=$ ❸ $9+7=$

❹ $15-7=$ ❺ $8+9=$ ❻ $12-6=$

❼ $4+7=$ ❽ $11-6=$ ❾ $4+9=$

❿ $15-6=$ ⓫ $8+8=$ ⓬ $13-7=$

⓭ $5+9=$ ⓮ $14-7=$ ⓯ $7+8=$

⓰ $16-7=$ ⓱ $6+6=$ ⓲ $11-7=$

⓳ $3+9=$ ⓴ $18-9=$ ㉑ $9+8=$

㉒ $17-9=$ ㉓ $6+7=$ ㉔ $16-8=$

㉕ $9+5=$ ㉖ $17-8=$ ㉗ $8+4=$

㉘ $14-9=$ ㉙ $7+4=$ ㉚ $12-8=$

자기 점수에 ○표 하세요

맞힌 개수	20개 이하	21~25개	26~28개	29~30개
학습 방법	개념을 다시 공부하세요.	조금 더 노력하세요.	실수하면 안 돼요.	참 잘했어요.

받아올림/받아내림이 있는 덧셈과 뺄셈 종합

4일차 B형

월 일
분 초
/24

정답 47쪽

계산을 하세요.

❶ $6 + 8 =$

❷ $16 - 9 =$

❸ $5 + 7 =$

❹ $15 - 8 =$

❺ $3 + 9 =$

❻ $14 - 6 =$

❼ $4 + 8 =$

❽ $13 - 9 =$

❾ $7 + 6 =$

❿ $11 - 6 =$

⓫ $2 + 9 =$

⓬ $14 - 9 =$

⓭ $9 + 5 =$

⓮ $18 - 9 =$

⓯ $8 + 4 =$

⓰ $11 - 3 =$

⓱ $7 + 9 =$

⓲ $12 - 8 =$

⓳ $7 + 8 =$

⓴ $17 - 8 =$

㉑ $8 + 8 =$

㉒ $13 - 7 =$

㉓ $9 + 6 =$

㉔ $15 - 9 =$

자기 점수에 O표 하세요.

맞힌 개수	16개 이하	17~20개	21~22개	23~24개
학습 방법	개념을 다시 공부하세요.	조금 더 노력하세요.	실수하면 안 돼요.	참 잘했어요.

받아올림/받아내림이 있는 덧셈과 뺄셈 종합

월 일
분 초
/30

✎ 계산을 하세요.

❶ 5+6=　　❷ 15−7=　　❸ 9+9=

❹ 12−4=　　❺ 8+6=　　❻ 17−9=

❼ 6+9=　　❽ 13−4=　　❾ 7+9=

❿ 17−8=　　⓫ 9+8=　　⓬ 12−3=

⓭ 4+8=　　⓮ 14−9=　　⓯ 7+7=

⓰ 15−8=　　⓱ 9+2=　　⓲ 11−9=

⓳ 4+7=　　⓴ 14−6=　　㉑ 8+5=

㉒ 13−5=　　㉓ 8+9=　　㉔ 14−7=

㉕ 5+9=　　㉖ 11−8=　　㉗ 3+9=

㉘ 16−9=　　㉙ 6+6=　　㉚ 13−7=

자기 점수에 ○표 하세요

맞힌 개수	20개 이하	21~25개	26~28개	29~30개
학습 방법	개념을 다시 공부하세요.	조금 더 노력 하세요.	실수하면 안 돼요.	참 잘했어요.

받아올림/받아내림이 있는 덧셈과 뺄셈 종합

월 일
분 초
/24

정답 48쪽

계산을 하세요.

❶ $7 + 8 =$

❷ $17 - 8 =$

❸ $9 + 4 =$

❹ $13 - 7 =$

❺ $2 + 9 =$

❻ $15 - 7 =$

❼ $3 + 9 =$

❽ $12 - 3 =$

❾ $8 + 6 =$

❿ $13 - 7 =$

⓫ $6 + 5 =$

⓬ $13 - 8 =$

⓭ $6 + 7 =$

⓮ $11 - 5 =$

⓯ $7 + 7 =$

⓰ $14 - 7 =$

⓱ $5 + 9 =$

⓲ $14 - 9 =$

⓳ $8 + 8 =$

⓴ $16 - 9 =$

㉑ $9 + 8 =$

㉒ $18 - 9 =$

㉓ $4 + 7 =$

㉔ $12 - 8 =$

자기 점수에 ○표 하세요

맞힌 개수	16개 이하	17~20개	21~22개	23~24개
학습 방법	개념을 다시 공부하세요.	조금 더 노력하세요.	실수하면 안 돼요.	참 잘했어요.

세 단계 묶어 풀기 O17 ~ O19단계
받아올림/받아내림이 있는 덧셈과 뺄셈

월 일
분 초
/24

정답 49쪽

계산을 하세요.

❶ $7+5=$	❷ $18-9=$	❸ $6+9=$
❹ $13-8=$	❺ $3+9=$	❻ $15-6=$
❼ $4+7=$	❽ $11-3=$	❾ $9+4=$
❿ $16-7=$	⓫ $2+9=$	⓬ $12-8=$
⓭ $5+6=$	⓮ $15-7=$	⓯ $7+6=$
⓰ $13-9=$	⓱ $6+8=$	⓲ $12-4=$
⓳ $4+8=$	⓴ $14-5=$	㉑ $5+8=$
㉒ $17-8=$	㉓ $8+9=$	㉔ $16-9=$

창의력 쑥쑥! 수학 퀴즈

지민이가 아이스크림을 사러 갔습니다.
가게에서는 평소보다 큰 통에 아이스크림을 담아 주는 이벤트가 진행 중이었습니다. 가게 안은 사람들로 북적거렸습니다. 가게에서는 손님들에게 번호표를 나눠 주었는데요. 지민이가 살펴보니 손님들은 번호표를 8번에서 17번까지 가지고 있었습니다.
가게 안에 지민이를 제외한 손님은 모두 몇 명일까요?

답 혹시 바로 앞 단계에서 배운 (십몇)−(몇)을 떠올리면서 17에서 8을 빼서 9명이라고 답한 친구가 있나요? 17−8=9가 맞지만 우리가 찾는 답은 아니네요. 계산을 제대로 했는데 왜 답이 아니냐고 따지기 전에 1에서 3까지는 몇 개의 수가 있는지 세어 보세요.
3에서 1을 빼면 2입니다(3−1=2). 그렇지만 1에서 3까지는 하나, 둘, 셋, 3개의 수가 있네요. 그렇다면 8번에서 17번까지 번호표를 들고 있는 사람 수는 17에서 8을 뺀 수에 1을 더한 수겠네요. 정답은 10명입니다.

계산의 활용-규칙찾기

◆스스로 학습 관리표◆

- 매일 맞힌 개수를 적고, 걸린 시간만큼 색칠해 보세요.
  (눈금 1칸은 1분이며, 초는 표의 상단에 적으세요.)
- 하루하루 지날수록 실력이 자라고, 계산 속도가 빨라지는 것을 눈으로 직접 확인할 수 있습니다.

30분
25분
20분
15분
10분
5분
0분
맞힌 개수

◆개념 포인트◆

수 배열에서 규칙찾기

주어진 수들의 배열을 보고 반복되는 부분이 있는지, 일정한 수만큼 커지거나 작아지는지를 찾아봅니다.

수 배열표에서 규칙찾기

주어진 수 배열표에 표시된 부분이 어떠한 규칙을 가지는지를 알아봅니다.

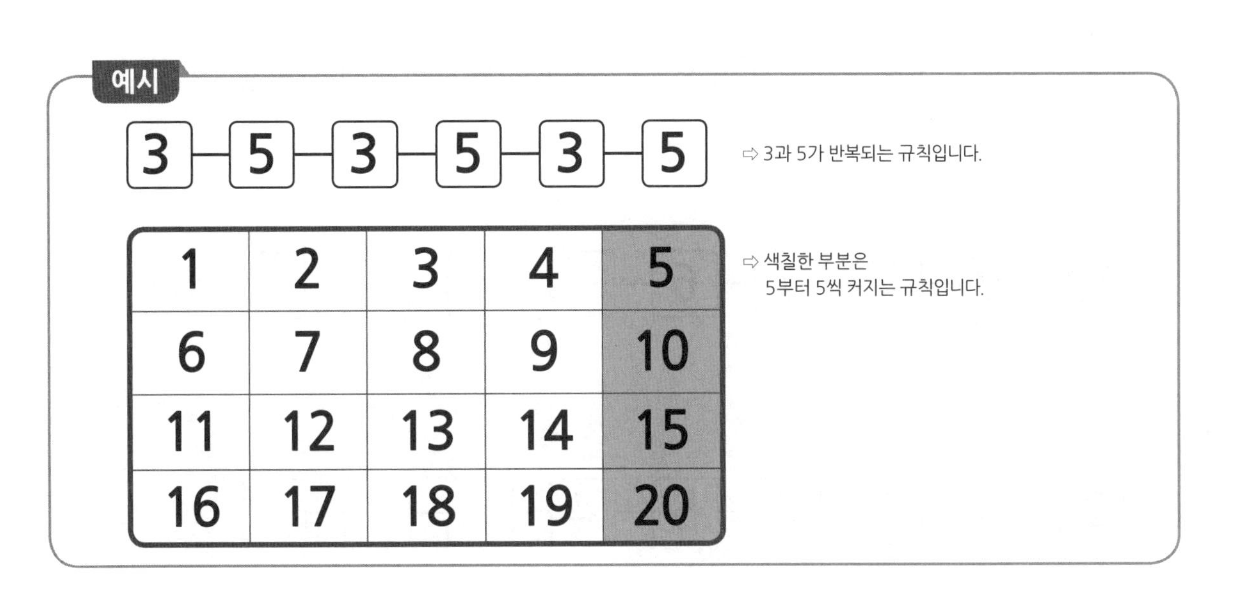

1	2	3	4	5
6	7	8	9	10
11	12	13	14	15
16	17	18	19	20

주어진 수 안에서 규칙을 찾아 푸는 단계입니다. 숫자들이 반복되는 규칙의 경우 숫자 대신 도형이나 다른 그림으로 대체하면 아이들이 규칙찾기에 더욱 흥미를 가질 수 있습니다. 그동안 배운 덧셈과 뺄셈을 이용하여 수들이 일정하게 커지거나 작아지는 규칙을 아이 스스로 찾을 수 있도록 해 주세요.

규칙찾기

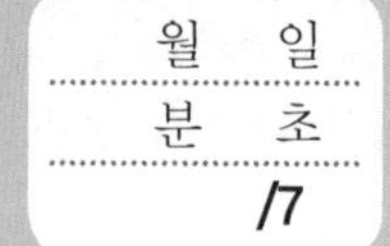

반복되는 수 만큼
커지거나 작아지는지
알아보자!

✎ 규칙에 따라 빈칸에 알맞은 수를 써넣으세요.

❶
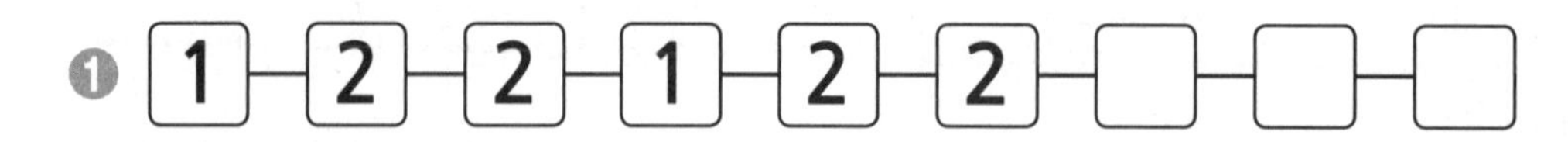

❷
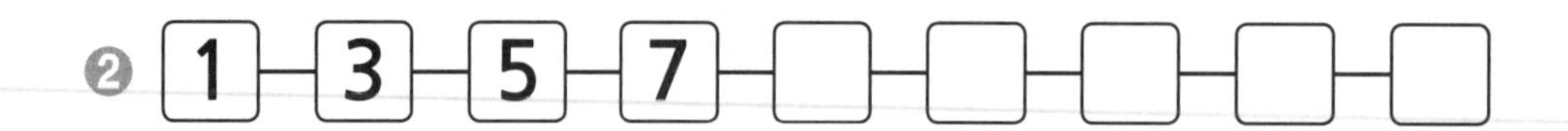

❸ 3 – 3 – 3 – 7 – 3 – 3 – 3 – 7 – □

❹ 10 – 9 – 8 – 7 – 6 – □ – □ – □ – □

❺ 2 – 5 – 4 – 2 – 5 – 4 – □ – □ – □

❻ 20 – 18 – □ – 14 – 12 – 10 – □ – □ – □

❼
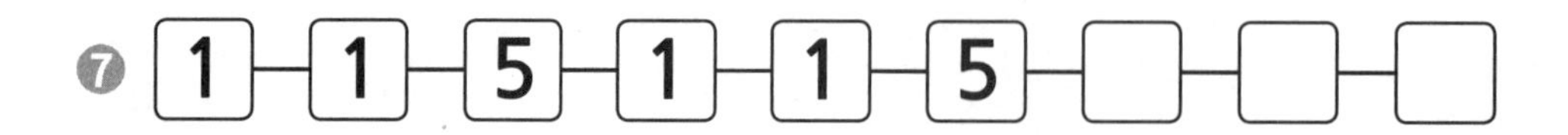

자기 점수에 ○표 하세요

맞힌 개수	3개 이하	4~5개	6개	7개
학습 방법	개념을 다시 공부하세요.	조금 더 노력하세요.	실수하면 안 돼요.	참 잘했어요.

규칙찾기

월	일
분	초
	/1

정답 50쪽

✎ 색칠한 부분의 수들은 어떠한 규칙이 있는지 □ 안에 알맞은 수를 써넣으세요.

1	2	3	4	5	6	7
8	9	10	11	12	13	14
15	16	17	18	19	20	21
22	23	24	25	26	27	28
29	30	31	32	33	34	35
36	37	38	39	40	41	42
43	44	45	46	47	48	49

⇨ □부터 □씩 커지는 규칙입니다.

규칙찾기

월 일
분 초
/7

✎ 규칙에 따라 빈칸에 알맞은 수를 써넣으세요.

❶ 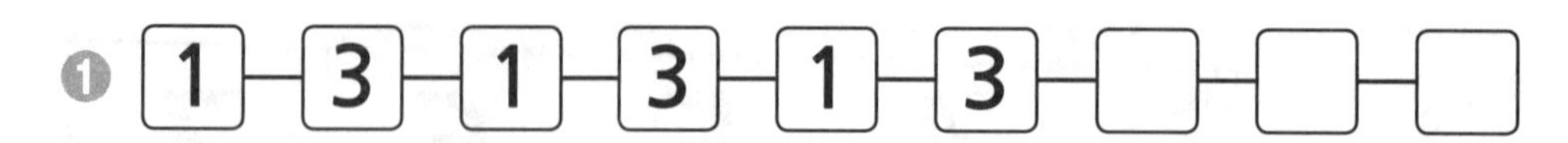

❷ 

❸ 1 – 1 – 4 – 1 – 1 – 4 – ☐ – ☐ – ☐

❹ 1 – 4 – 7 – ☐ – ☐ – 16 – 19 – ☐ – ☐

❺ 6 – 3 – 6 – 6 – 3 – 6 – ☐ – ☐ – ☐

❻ 50 – 45 – 40 – 35 – ☐ – ☐ – ☐ – 15 – 10

❼ 8 – 4 – 5 – 4 – 8 – 4 – 5 – 4 – ☐

자기 점수에 ○표 하세요

맞힌 개수	3개 이하	4~5개	6개	7개
학습 방법	개념을 다시 공부하세요.	조금 더 노력하세요.	실수하면 안 돼요.	참 잘했어요.

규칙찾기

월 일
분 초
/1

정답 51쪽

✎ 색칠한 부분의 수들은 어떠한 규칙이 있는지 □ 안에 알맞은 수를 써넣으세요.

50	51	52	53	54	55
56	57	58	59	60	61
62	63	64	65	66	67
68	69	70	71	72	73
74	75	76	77	78	79
80	81	82	83	84	85
86	87	88	89	90	91

⇨ □부터 □씩 커지는 규칙입니다.

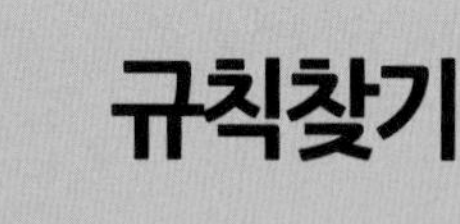

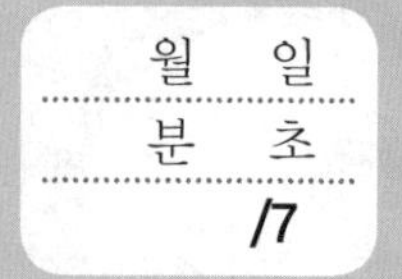

✎ 규칙에 따라 빈칸에 알맞은 수를 써넣으세요.

❶ 7 — 5 — 1 — 7 — 5 — 1 — ☐ — ☐ — ☐

❷ 10 — 20 — 30 — 40 — 50 — ☐ — ☐ — ☐ — ☐

❸ 1 — 1 — 2 — 2 — ☐ — ☐ — 4 — 4 — ☐

❹ 4 — 8 — 12 — 16 — 20 — ☐ — ☐ — ☐ — ☐

❺ 9 — 4 — 94 — 9 — 4 — 94 — ☐ — ☐ — 94

❻ 30 — 27 — 24 — 21 — 18 — ☐ — ☐ — ☐ — ☐

❼ 1 — 2 — 1 — 1 — 3 — 1 — ☐ — ☐ — ☐

자기 점수에 ○표 하세요

맞힌 개수	3개 이하	4~5개	6개	7개
학습 방법	개념을 다시 공부하세요.	조금 더 노력 하세요.	실수하면 안 돼요.	참 잘했어요.

규칙찾기

월 일
분 초
/1

정답 52쪽

✎ 색칠한 부분의 수들은 어떠한 규칙이 있는지 □ 안에 알맞은 수를 써넣으세요.

21	22	23	24	25	26	27
28	29	30	31	32	33	34
35	36	37	38	39	40	41
42	43	44	45	46	47	48
49	50	51	52	53	54	55
56	57	58	59	60	61	62
63	64	65	66	67	68	69

⇨ □부터 □씩 커지는 규칙입니다.

규칙찾기

월 일
분 초
/7

✎ 규칙에 따라 빈칸에 알맞은 수를 써넣으세요.

❶ 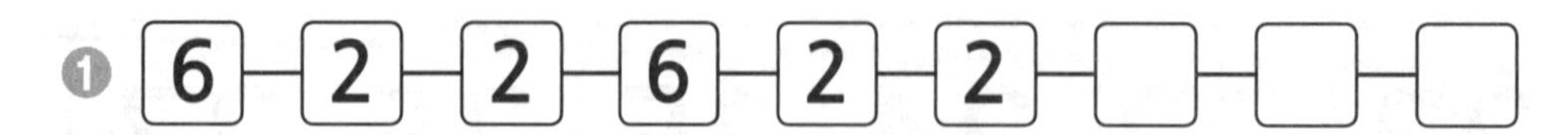

❷ 

❸ 1 — 2 — 3 — 1 — 2 — 3 — □ — □ — □

❹ 48 — 44 — 40 — 36 — □ — □ — 24 — 20 — □

❺ 10 — 1 — 10 — 2 — 10 — 3 — □ — □ — □

❻ 12 — 15 — □ — 21 — 24 — □ — □ — □ — 36

❼ 

자기 점수에 ○표 하세요

맞힌 개수	3개 이하	4~5개	6개	7개
학습 방법	개념을 다시 공부하세요.	조금 더 노력하세요.	실수하면 안 돼요.	참 잘했어요.

규칙찾기

월 일
분 초
/1

정답 53쪽

색칠한 부분의 수들은 어떠한 규칙이 있는지 □ 안에 알맞은 수를 써넣으세요.

31	32	33	34	35	36	37
38	39	40	41	42	43	44
45	46	47	48	49	50	51
52	53	54	55	56	57	58
59	60	61	62	63	64	65
66	67	68	69	70	71	72
73	74	75	76	77	78	79

⇨ □부터 □씩 커지는 규칙입니다.

규칙찾기

월	일
분	초
	/7

✎ 규칙에 따라 빈칸에 알맞은 수를 써넣으세요.

❶
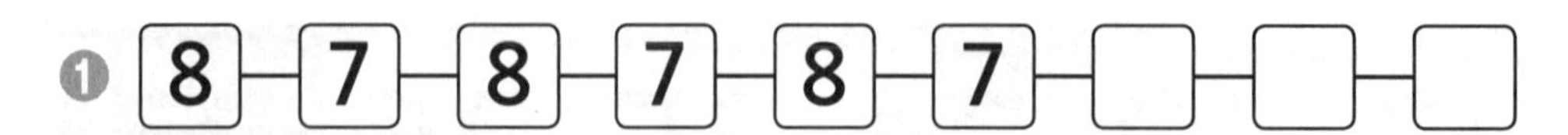

❷ 3 – 6 – 9 – 12 – 15 – □ – □ – □ – □

❸

❹ 8 – 4 – 2 – 1 – 8 – 4 – 2 – 1 – □

❺ 7 – 5 – 7 – 7 – 5 – 7 – □ – □ – □

❻ 99 – 88 – 77 – 66 – □ – □ – 33 – 22 – □

❼
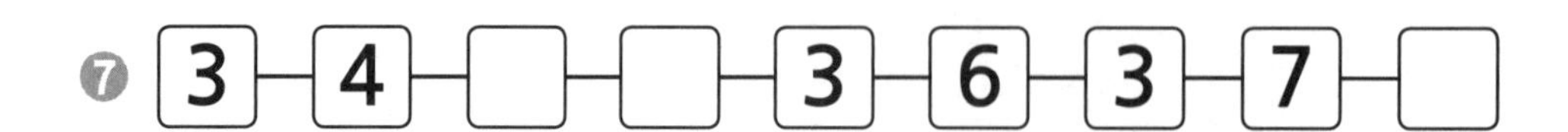

자기 점수에 ○표 하세요

맞힌 개수	3개 이하	4~5개	6개	7개
학습 방법	개념을 다시 공부하세요.	조금 더 노력 하세요.	실수하면 안 돼요.	참 잘했어요.

규칙찾기

월	일
분	초
	/1

정답 54쪽

색칠한 부분의 수들은 어떠한 규칙이 있는지 □ 안에 알맞은 수를 써넣으세요.

1	2	3	4	5	6	7
8	9	10	11	12	13	14
15	16	17	18	19	20	21
22	23	24	25	26	27	28
29	30	31	32	33	34	35
36	37	38	39	40	41	42
43	44	45	46	47	48	49

⇨ □부터 □씩 커지는 규칙입니다.

전체 묶어 풀기 011~020단계
자연수의 덧셈과 뺄셈 기본

월 일
분 초
/24

정답 55쪽

계산을 하세요.

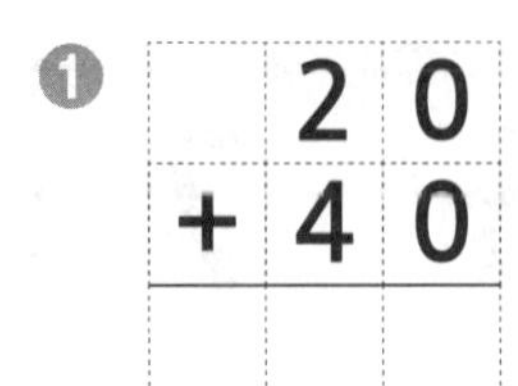

❶ $\begin{array}{r} 20 \\ +\ 40 \\ \hline \end{array}$

❷ $\begin{array}{r} 70 \\ -\ 20 \\ \hline \end{array}$

❸ $\begin{array}{r} 50 \\ +\ 30 \\ \hline \end{array}$

❹ $\begin{array}{r} 90 \\ -\ 60 \\ \hline \end{array}$

❺ $\begin{array}{r} 54 \\ +\ 23 \\ \hline \end{array}$

❻ $\begin{array}{r} 97 \\ -\ 55 \\ \hline \end{array}$

❼ $\begin{array}{r} 25 \\ +\ 14 \\ \hline \end{array}$

❽ $\begin{array}{r} 68 \\ -\ 46 \\ \hline \end{array}$

❾ $5+5+2=$

❿ $14-4-3=$

⓫ $8+3+7=$

⓬ $19-3-9=$

⓭ $9+4+1=$

⓮ $13-2-3=$

⓯ $4+7=$

⓰ $14-8=$

⓱ $5+9=$

⓲ $15-6=$

⓳ $5+8=$

⓴ $15-7=$

㉑ $\begin{array}{r} 4 \\ +\ 9 \\ \hline \end{array}$

㉒ $\begin{array}{r} 18 \\ -\ 9 \\ \hline \end{array}$

㉓ $\begin{array}{r} 6 \\ +\ 9 \\ \hline \end{array}$

㉔ $\begin{array}{r} 15 \\ -\ 9 \\ \hline \end{array}$

재미있는 수학 이야기

손가락이 열 개라서 10진법!

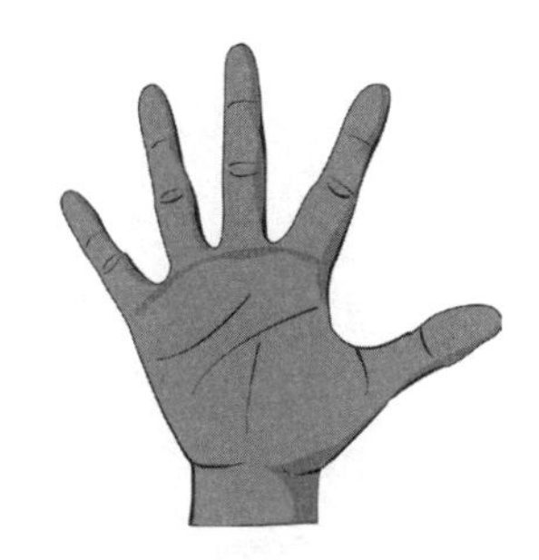

자, 한 손을 들고 수를 세어 볼까요?
다섯 손가락을 활짝 펴고 수를 세기 시작합니다. '하나' 하면서 엄지손가락을 접습니다. '둘, 셋, 넷' 하면서 차례로 손가락을 접으면 활짝 펴졌던 손이 닫히고요. 새끼손가락까지 접으면 손이 완전히 닫혀 주먹이 되면서 '다섯'이 됩니다. '여섯'이라고 말하면서 다시 새끼손가락을 펴 보세요. 차례로 '일곱, 여덟, 아홉'을 세고 마지막으로 엄지손가락을 펴면 꼭 닫혔던 손이 다시 활짝 열리지요. 이렇게 우리는 열 손가락으로 수를 셉니다.

아주 오랜 옛날부터 사람들은 손가락으로 수를 셌어요. 양손의 열 손가락은 수를 세는 기본 단위가 되었기 때문에 여러 고대 문화에서 1이 열 개씩 모일 때, 10이 열 개씩 모일 때, 100이 열 개씩 모일 때마다 새로운 기호를 써서 나타냈어요. 우리나라에서도 십(十), 백(百), 천(千), 만(萬)⋯⋯ 과 같이 열 개가 모일 때마다 새로운 글자를 써요.
이와 같이 10을 기본 단위로 해서 수를 나타내는 방법을 '10진법'이라고 합니다. 옛날부터 대부분의 문화권에서는 이 10진법을 사용해 왔어요. 왜일까요? 사람의 손가락이 열 개라는 아주 단순한 이유에서입니다. 아마 우리 손가락이 열 개가 아니라면 지금과는 다르게 덧셈, 뺄셈을 하고 있을 거예요.

우와~ 벌써 한 권을 다 풀었어요!
실력과 성적이 쑥쑥 올라가는 소리 들리죠?

《계산의 신》 3권에서는 받아올림과 받아내림이 있는 두 자리 수의 덧셈과 뺄셈을 배워요. 실수하지 않도록 주의하면서 함께 공부해 볼까요?^^

친구들,
《계산의 신》 3권에서
만나요~

개발 책임 이운영
편집 관리 윤용민
디자인 이현지 임성자
마케팅 박진용
관리 장희정 강진식
용지 영지페이퍼
인쇄 제본 벽호·GKC
유통 북앤북

학부모 체험단의 교재 Review

강현아 (서울_신중초) **김명진** (서울_신도초) **김정선** (원주_문막초) **김진영** (서울_백운초)
나현경 (인천_원당초) **방윤정** (서울_강서초) **안조혁** (전주_온빛초) **오정화** (광주_양산초)
이향숙 (서울_금양초) **이혜선** (서울_홍파초) **전예원** (서울_금양초)

♥ <계산의 신>은 초등학교 학생들의 기본 계산력을 향상시킬 수 있는 최적의 교재입니다. 처음에는 반복 계산이 많이 아이가 지루해하고 계신 실수를 많이 하는 것 같았는데, 점점 계산 속도가 빨라지고 실수도 확연히 줄어 아주 좋았어요.^^

- 서울 서초구 신중초등학교 학부모 강현아

♥ 우리 아이는 수학을 싫어해서 수학 문제집을 좀처럼 풀지 않으려 했는데, 의외로 <계산의 신>은 하루에 2쪽씩 꾸준히 푸네요. 너무 신기하고 뿌듯하여 아이에게 물었더니 "이 책은 숫자만 있어서 쉬운 것 같고, 빨리빨리 풀 수 있어서 좋아요." 라고 하네요. 요즘은 일반 문제집도 집중하여 잘 푸는 것 같아 기특합니다.^^ <계산의 신>은 우리 아이에게 수학에 대한 흥미와 재미를 주는 고마운 책입니다.

- 전주 덕진구 온빛초등학교 학부모 안조혁

♥ 초등 3학년인 우리 아이는 수학을 잘하는 편은 아니지만 제 나름대로 하루에 4~6쪽을 풀었어요. 그러면서 "엄마, 이 책 다 풀고 책 제목처럼 계산의 신이 될 거예요~" 하며 능청떠는 아이의 모습이 정말 예쁘고 대견하네요. <계산의 신>이 비록 계산력을 연습시키는 쉬운 교재이지만 이 교재로 인해 우리 아이가 수학에 관심을 갖고, 앞으로도 수학을 계속 좋아했으면 하는 바람입니다.

- 광주 북구 양산초등학교 학부모 오정화

♥ <계산의 신>은 학부모의 마음까지 헤아려 만든 좋은 책인 것 같아요. 아이가 평소 '시간의 합과 차'를 어려워하여 걱정을 많이 했었는데, <계산의 신>은 그 부분까지 상세하게 다루고 있어 무척 좋았어요. 학생들이 힘들어하는 부분까지 세심하게 파악하여 만든 문제집이라고 생각해요.

- 서울 용산구 금양초등학교 학부모 이향숙

《계산의 신》은

★ 최신 교육과정에 맞춘 단계별 계산 프로그램으로 계산법 완벽 습득
★ '단계별 묶어 풀기', '전체 묶어 풀기'로 체계적 복습까지 한 번에!
★ 좌뇌와 우뇌를 고르게 계발하는 수학 이야기와 수학 퀴즈로 창의성 쑥쑥!

아이들이 수학 문제를 풀 때 자꾸 실수하는 이유는 바로 계산력이 부족하기 때문입니다.
계산 문제에서 실수를 줄이면 점수가 오르고, 점수가 오르면 수학에 자신감이 생깁니다.
아이들에게 《계산의 신》으로 수학의 재미와 자신감을 심어 주세요.

	《계산의 신》 권별 핵심 내용		
초등 1학년	1권	자연수의 덧셈과 뺄셈 기본(1)	합과 차가 9까지인 덧셈과 뺄셈 받아올림/내림이 없는 (두 자리 수)±(한 자리 수)
	2권	자연수의 덧셈과 뺄셈 기본(2)	받아올림/내림이 없는 (두 자리 수)±(두 자리 수) 받아올림/내림이 있는 (한/두 자리 수)±(한 자리 수)
초등 2학년	3권	자연수의 덧셈과 뺄셈 발전	(두 자리 수)±(한 자리 수) (두 자리 수)±(두 자리 수)
	4권	네 자리 수/곱셈구구	네 자리 수 곱셈구구
초등 3학년	5권	자연수의 덧셈과 뺄셈/곱셈과 나눗셈	(세 자리 수)±(세 자리 수), (두 자리 수)×(한 자리 수) 곱셈구구 범위에서의 나눗셈
	6권	자연수의 곱셈과 나눗셈 발전	(세 자리 수)×(한 자리 수), (두 자리 수)×(두 자리 수) (두/세 자리 수)÷(한 자리 수)
초등 4학년	7권	자연수의 곱셈과 나눗셈 심화	(세 자리 수)×(두 자리 수) (두/세 자리 수)÷(두 자리 수)
	8권	분수와 소수의 덧셈과 뺄셈 기본	분모가 같은 분수의 덧셈과 뺄셈 소수의 덧셈과 뺄셈
초등 5학년	9권	자연수의 혼합 계산/분수의 덧셈과 뺄셈	자연수의 혼합 계산, 약수와 배수, 약분과 통분 분모가 다른 분수의 덧셈과 뺄셈
	10권	분수와 소수의 곱셈	(분수)×(자연수), (분수)×(분수) (소수)×(자연수), (소수)×(소수)
초등 6학년	11권	분수와 소수의 나눗셈 기본	(분수)÷(자연수), (소수)÷(자연수) (자연수)÷(자연수)
	12권	분수와 소수의 나눗셈 발전	(분수)÷(분수), (자연수)÷(분수), (소수)÷(소수), (자연수)÷(소수), 비례식과 비례배분

KAIST 출신 수학 선생님들이 집필한

송명진·박종하 지음

2 초등 1-2

자연수의 덧셈과
뺄셈 기본(2)

정답 및 풀이

KAIST 출신 수학 선생님들이 집필한

계산의 신 神

송명진·박종하 지음

2 초등 1학년 2학기

정 답

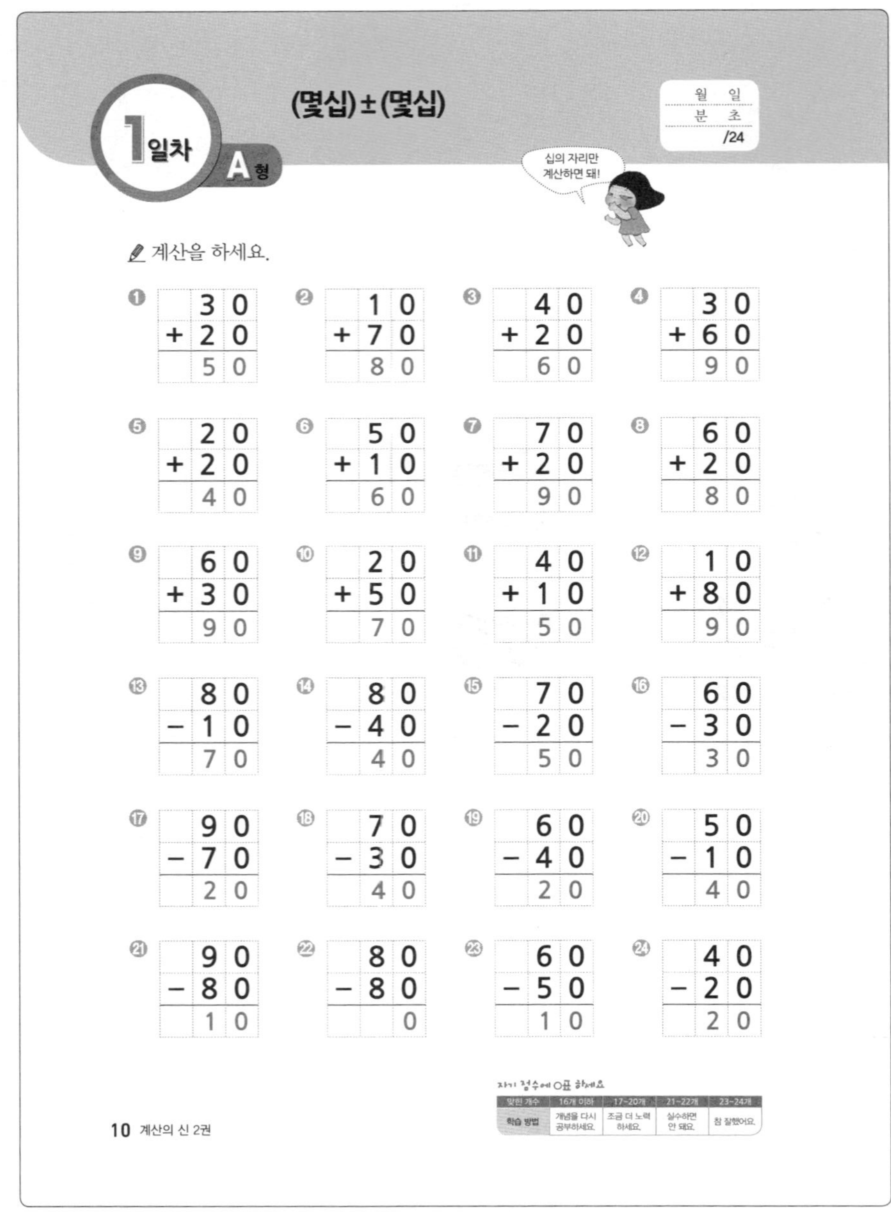

1일차 A형 (몇십)±(몇십)

월 일 분 초 /24

계산을 하세요.

❶ $30+20=50$ ❷ $10+70=80$ ❸ $40+20=60$ ❹ $30+60=90$

❺ $20+20=40$ ❻ $50+10=60$ ❼ $70+20=90$ ❽ $60+20=80$

❾ $60+30=90$ ❿ $20+50=70$ ⓫ $40+10=50$ ⓬ $10+80=90$

⓭ $80-10=70$ ⓮ $80-40=40$ ⓯ $70-20=50$ ⓰ $60-30=30$

⓱ $90-70=20$ ⓲ $70-30=40$ ⓳ $60-40=20$ ⓴ $50-10=40$

㉑ $90-80=10$ ㉒ $80-80=0$ ㉓ $60-50=10$ ㉔ $40-20=20$

자기 점수에 ○표 하세요

맞힌 개수	16개 이하	17~20개	21~22개	23~24개
학습 방법	개념을 다시 공부하세요.	조금 더 노력하세요.	실수하면 안 돼요.	참 잘했어요.

10 계산의 신 2권

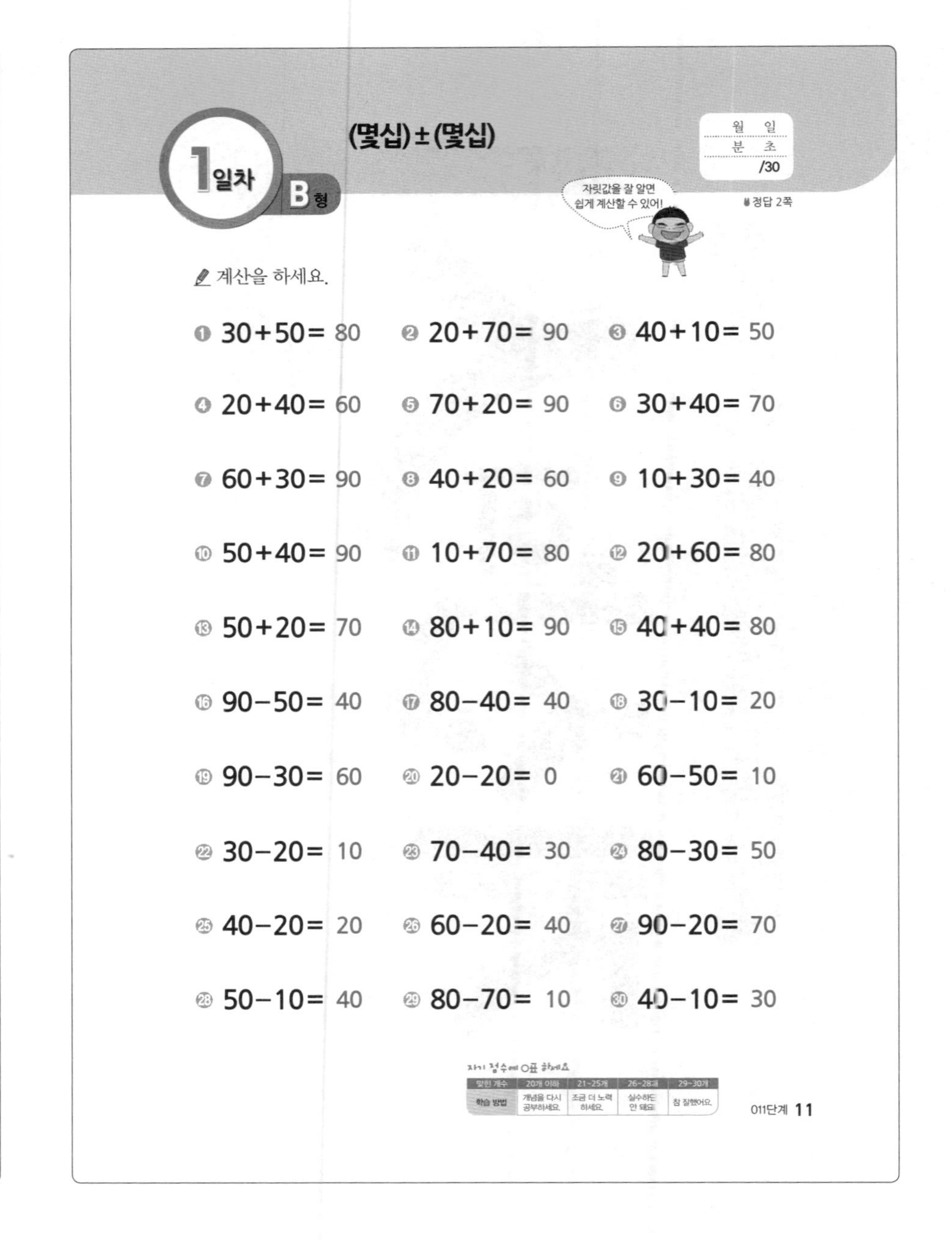

1일차 B형 (몇십)±(몇십)

월 일 분 초 /30

※정답 2쪽

계산을 하세요.

❶ $30+50=80$ ❷ $20+70=90$ ❸ $40+10=50$

❹ $20+40=60$ ❺ $70+20=90$ ❻ $30+40=70$

❼ $60+30=90$ ❽ $40+20=60$ ❾ $10+30=40$

❿ $50+40=90$ ⓫ $10+70=80$ ⓬ $20+60=80$

⓭ $50+20=70$ ⓮ $80+10=90$ ⓯ $40+40=80$

⓰ $90-50=40$ ⓱ $80-40=40$ ⓲ $30-10=20$

⓳ $90-30=60$ ⓴ $20-20=0$ ㉑ $60-50=10$

㉒ $30-20=10$ ㉓ $70-40=30$ ㉔ $80-30=50$

㉕ $40-20=20$ ㉖ $60-20=40$ ㉗ $90-20=70$

㉘ $50-10=40$ ㉙ $80-70=10$ ㉚ $40-10=30$

자기 점수에 ○표 하세요

맞힌 개수	20개 이하	21~25개	26~28개	29~30개
학습 방법	개념을 다시 공부하세요.	조금 더 노력하세요.	실수하면 안 돼요.	참 잘했어요.

011단계 11

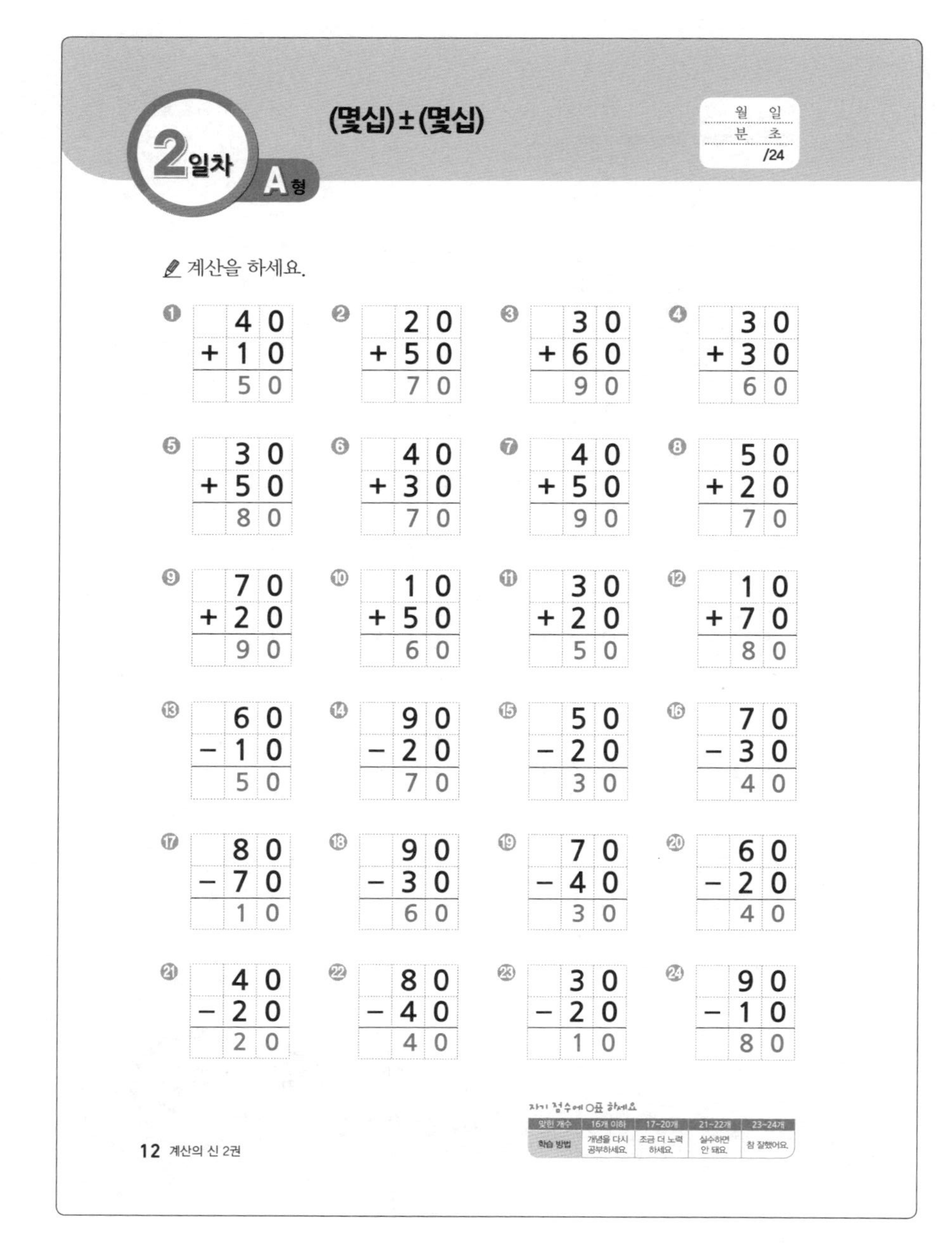

2일차 A형 (몇십)±(몇십)

월 일 / 분 초 / /24

계산을 하세요.

① 40 + 10 = 50
② 20 + 50 = 70
③ 30 + 60 = 90
④ 30 + 30 = 60
⑤ 30 + 50 = 80
⑥ 40 + 30 = 70
⑦ 40 + 50 = 90
⑧ 50 + 20 = 70
⑨ 70 + 20 = 90
⑩ 10 + 50 = 60
⑪ 30 + 20 = 50
⑫ 10 + 70 = 80
⑬ 60 − 10 = 50
⑭ 90 − 20 = 70
⑮ 50 − 20 = 30
⑯ 70 − 30 = 40
⑰ 80 − 70 = 10
⑱ 90 − 30 = 60
⑲ 70 − 40 = 30
⑳ 60 − 20 = 40
㉑ 40 − 20 = 20
㉒ 80 − 40 = 40
㉓ 30 − 20 = 10
㉔ 90 − 10 = 80

자기 점수에 ○표 하세요

맞힌 개수	16개 이하	17~20개	21~22개	23~24개
학습 방법	개념을 다시 공부하세요.	조금 더 노력 하세요.	실수하면 안 돼요.	참 잘했어요.

12 계산의 신 2권

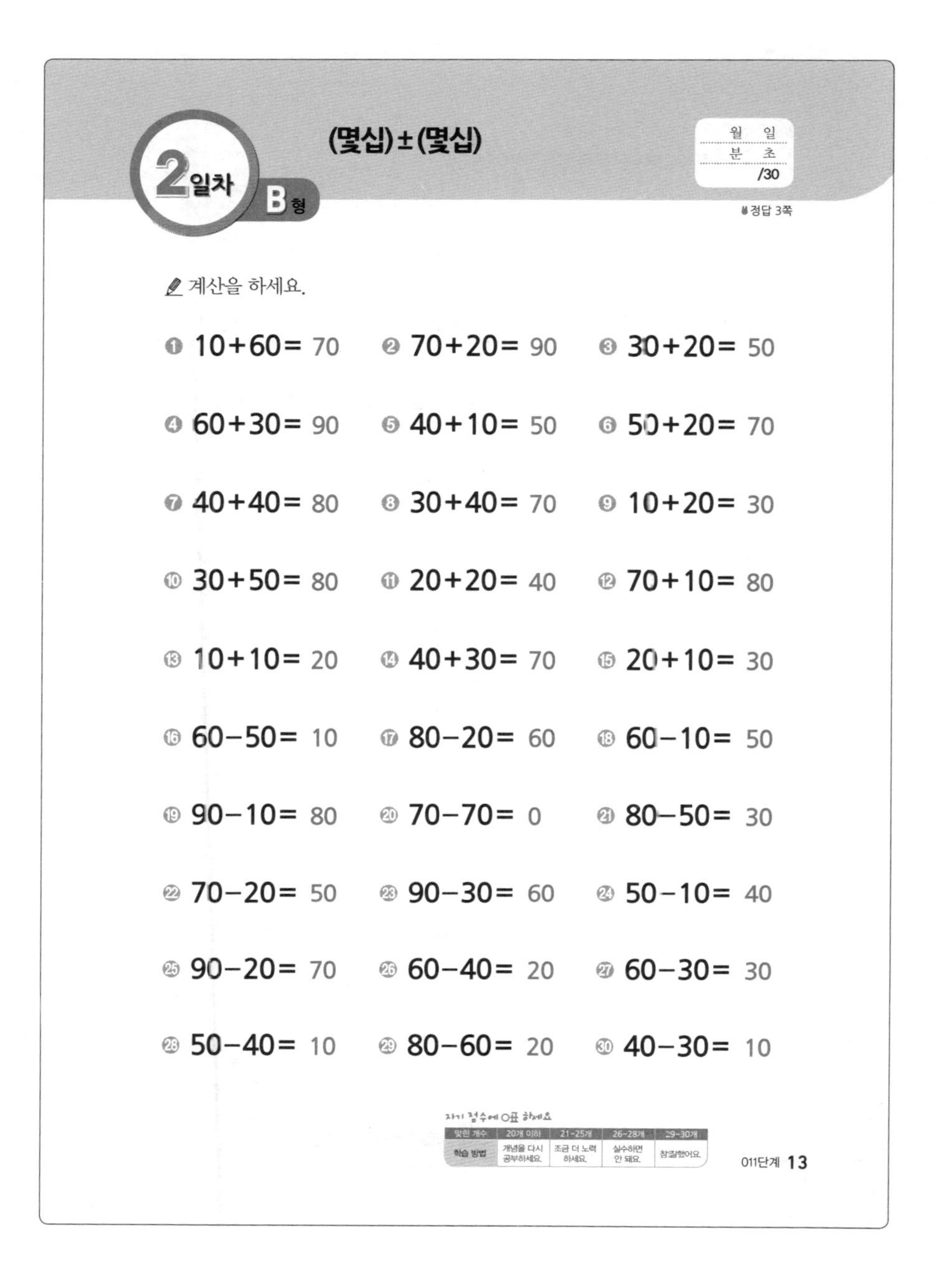

2일차 B형 (몇십)±(몇십)

월 일 / 분 초 / /30

정답 3쪽

계산을 하세요.

① 10+60= 70
② 70+20= 90
③ 30+20= 50
④ 60+30= 90
⑤ 40+10= 50
⑥ 50+20= 70
⑦ 40+40= 80
⑧ 30+40= 70
⑨ 10+20= 30
⑩ 30+50= 80
⑪ 20+20= 40
⑫ 70+10= 80
⑬ 10+10= 20
⑭ 40+30= 70
⑮ 20+10= 30
⑯ 60−50= 10
⑰ 80−20= 60
⑱ 60−10= 50
⑲ 90−10= 80
⑳ 70−70= 0
㉑ 80−50= 30
㉒ 70−20= 50
㉓ 90−30= 60
㉔ 50−10= 40
㉕ 90−20= 70
㉖ 60−40= 20
㉗ 60−30= 30
㉘ 50−40= 10
㉙ 80−60= 20
㉚ 40−30= 10

자기 점수에 ○표 하세요

맞힌 개수	20개 이하	21~25개	26~28개	29~30개
학습 방법	개념을 다시 공부하세요.	조금 더 노력 하세요.	실수하면 안 돼요.	참 잘했어요.

011단계 13

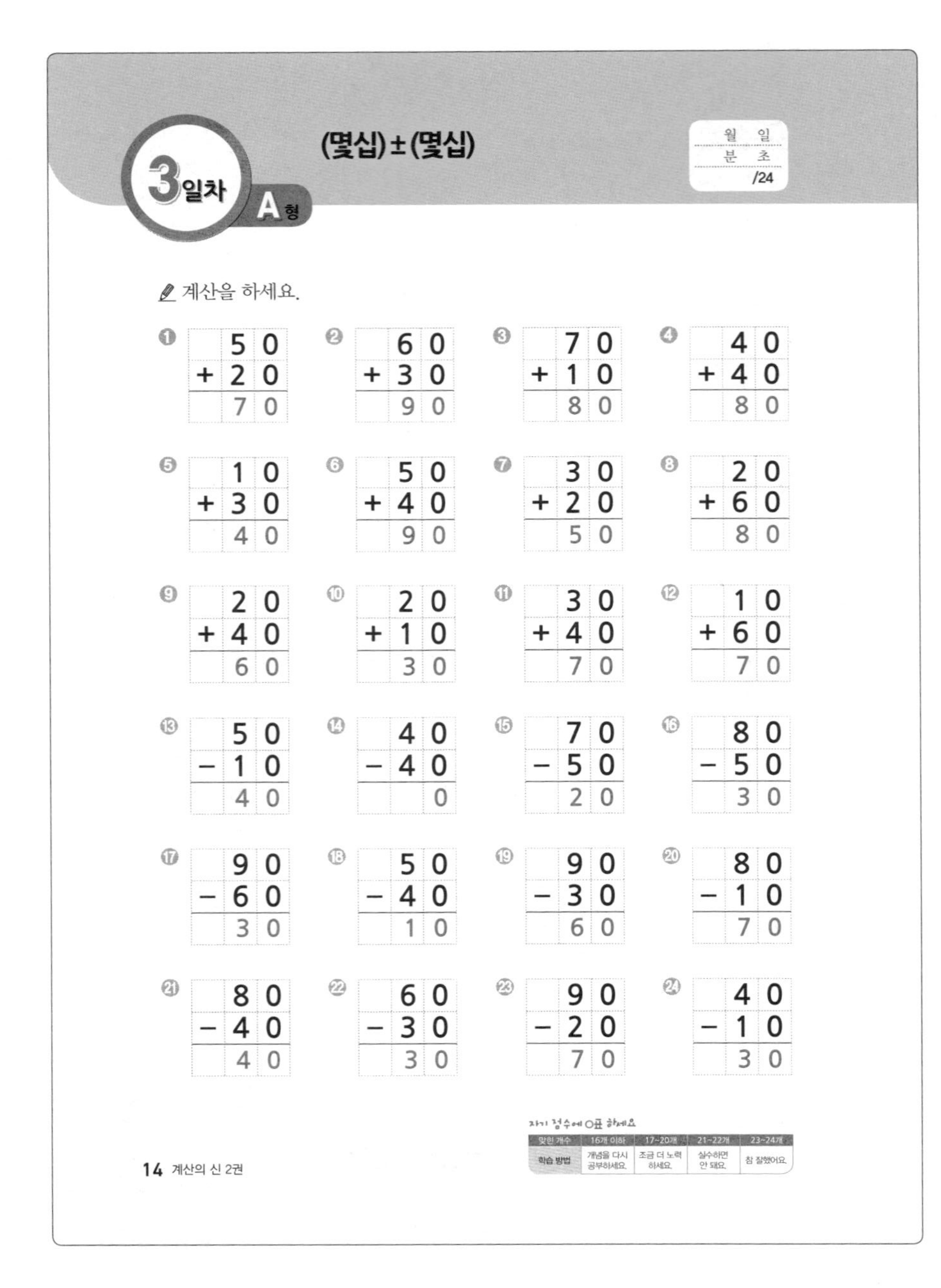

3일차 A형

(몇십)±(몇십)

월 일 / 분 초 / /24

계산을 하세요.

① 50 + 20 = 70

② 60 + 30 = 90

③ 70 + 10 = 80

④ 40 + 40 = 80

⑤ 10 + 30 = 40

⑥ 50 + 40 = 90

⑦ 30 + 20 = 50

⑧ 20 + 60 = 80

⑨ 20 + 40 = 60

⑩ 20 + 10 = 30

⑪ 30 + 40 = 70

⑫ 10 + 60 = 70

⑬ 50 − 10 = 40

⑭ 40 − 40 = 0

⑮ 70 − 50 = 20

⑯ 80 − 50 = 30

⑰ 90 − 60 = 30

⑱ 50 − 40 = 10

⑲ 90 − 30 = 60

⑳ 80 − 10 = 70

㉑ 80 − 40 = 40

㉒ 60 − 30 = 30

㉓ 90 − 20 = 70

㉔ 40 − 10 = 30

자기 점수에 ○표 하세요

맞힌 개수	16개 이하	17~20개	21~22개	23~24개
학습 방법	개념을 다시 공부하세요.	조금 더 노력하세요.	실수하면 안 돼요.	참 잘했어요.

14 계산의 신 2권

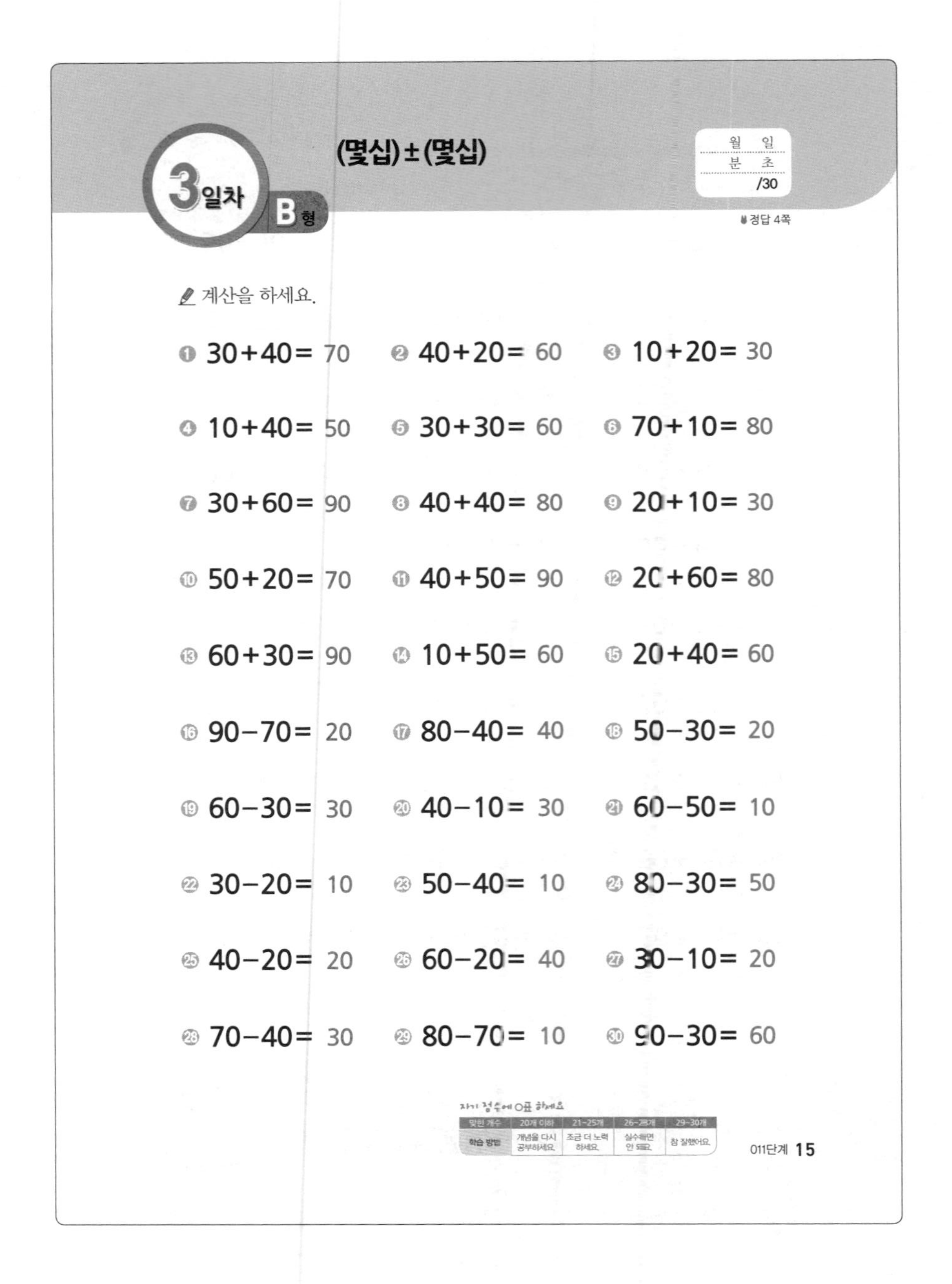

3일차 B형

(몇십)±(몇십)

월 일 / 분 초 / /30

정답 4쪽

계산을 하세요.

① 30+40= 70 ② 40+20= 60 ③ 10+20= 30

④ 10+40= 50 ⑤ 30+30= 60 ⑥ 70+10= 80

⑦ 30+60= 90 ⑧ 40+40= 80 ⑨ 20+10= 30

⑩ 50+20= 70 ⑪ 40+50= 90 ⑫ 20+60= 80

⑬ 60+30= 90 ⑭ 10+50= 60 ⑮ 20+40= 60

⑯ 90−70= 20 ⑰ 80−40= 40 ⑱ 50−30= 20

⑲ 60−30= 30 ⑳ 40−10= 30 ㉑ 60−50= 10

㉒ 30−20= 10 ㉓ 50−40= 10 ㉔ 80−30= 50

㉕ 40−20= 20 ㉖ 60−20= 40 ㉗ 30−10= 20

㉘ 70−40= 30 ㉙ 80−70= 10 ㉚ 90−30= 60

자기 점수에 ○표 하세요

맞힌 개수	20개 이하	21~25개	26~28개	29~30개
학습 방법	개념을 다시 공부하세요.	조금 더 노력하세요.	실수하면 안 돼요.	참 잘했어요.

011단계 15

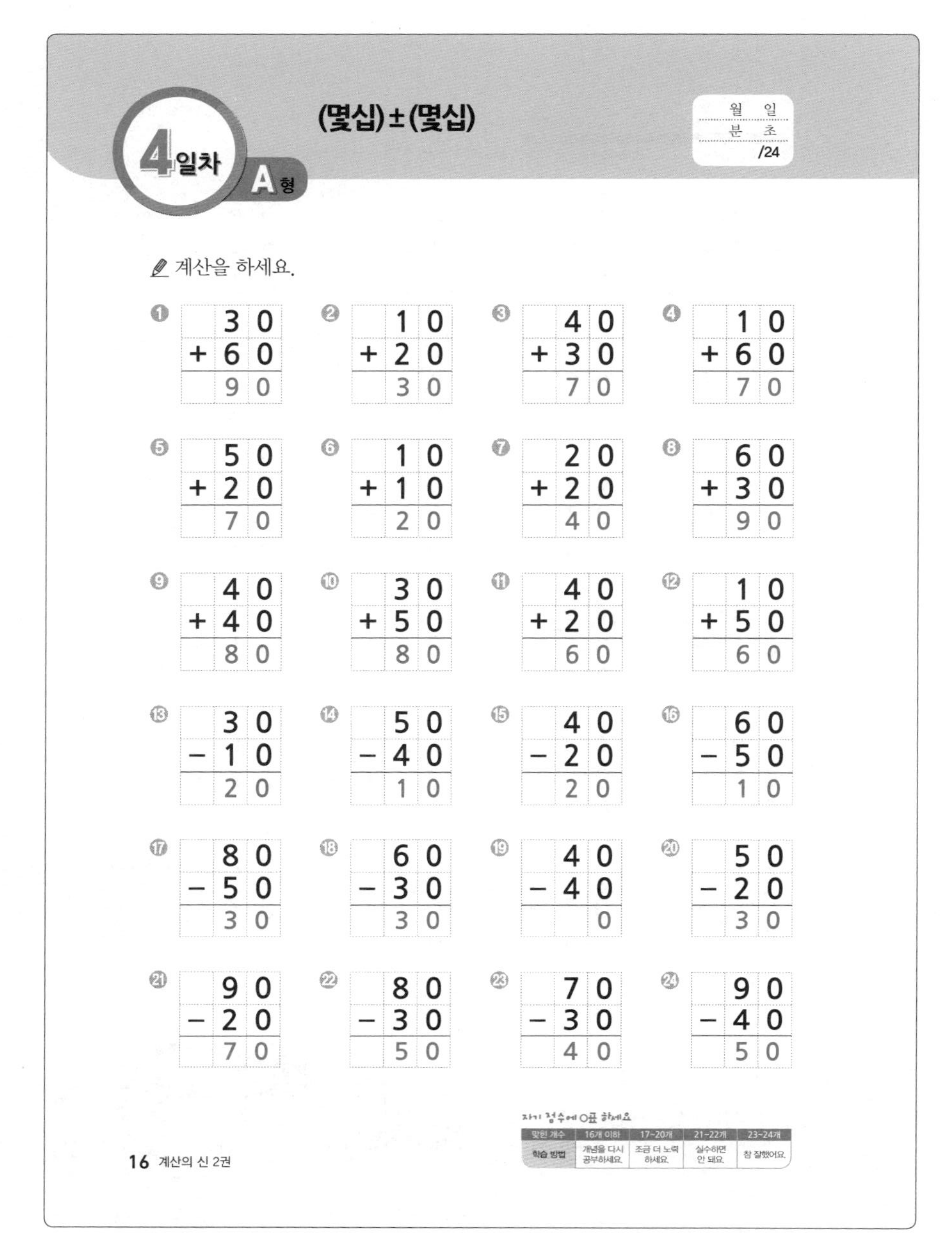

4일차 A형 (몇십)±(몇십)

월 일 / 분 초 / /24

계산을 하세요.

① 30 + 60 = 90
② 10 + 20 = 30
③ 40 + 30 = 70
④ 10 + 60 = 70
⑤ 50 + 20 = 70
⑥ 10 + 10 = 20
⑦ 20 + 20 = 40
⑧ 60 + 30 = 90
⑨ 40 + 40 = 80
⑩ 30 + 50 = 80
⑪ 40 + 20 = 60
⑫ 10 + 50 = 60
⑬ 30 − 10 = 20
⑭ 50 − 40 = 10
⑮ 40 − 20 = 20
⑯ 60 − 50 = 10
⑰ 80 − 50 = 30
⑱ 60 − 30 = 30
⑲ 40 − 40 = 0
⑳ 50 − 20 = 30
㉑ 90 − 20 = 70
㉒ 80 − 30 = 50
㉓ 70 − 30 = 40
㉔ 90 − 40 = 50

자기 점수에 ○표 하세요

맞힌 개수	16개 이하	17~20개	21~22개	23~24개
학습 방법	개념을 다시 공부하세요.	조금 더 노력하세요.	실수하면 안 돼요.	참 잘했어요.

16 계산의 신 2권

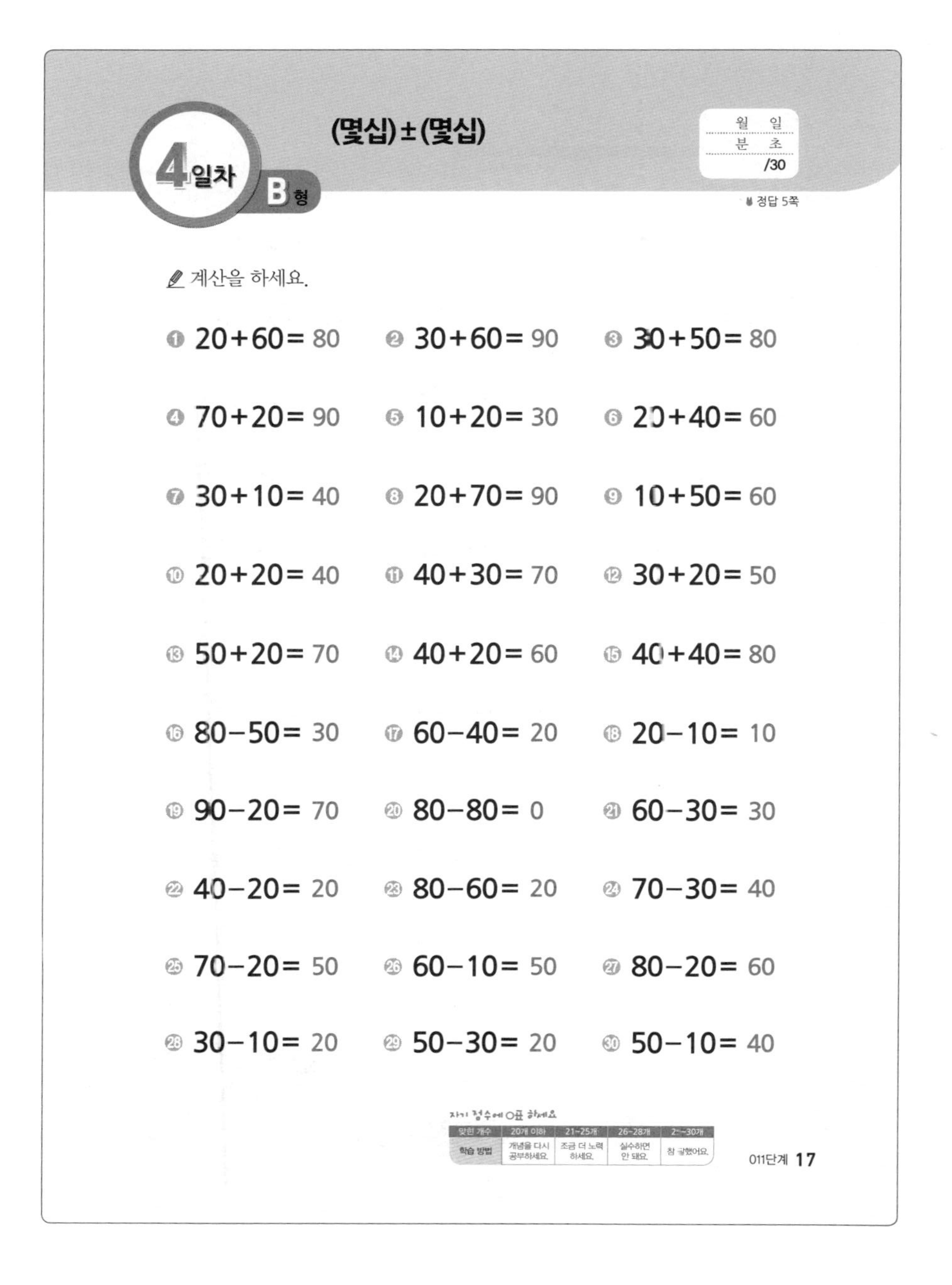

4일차 B형 (몇십)±(몇십)

월 일 / 분 초 / /30

정답 5쪽

계산을 하세요.

① 20+60= 80 ② 30+60= 90 ③ 30+50= 80
④ 70+20= 90 ⑤ 10+20= 30 ⑥ 20+40= 60
⑦ 30+10= 40 ⑧ 20+70= 90 ⑨ 10+50= 60
⑩ 20+20= 40 ⑪ 40+30= 70 ⑫ 30+20= 50
⑬ 50+20= 70 ⑭ 40+20= 60 ⑮ 40+40= 80
⑯ 80−50= 30 ⑰ 60−40= 20 ⑱ 20−10= 10
⑲ 90−20= 70 ⑳ 80−80= 0 ㉑ 60−30= 30
㉒ 40−20= 20 ㉓ 80−60= 20 ㉔ 70−30= 40
㉕ 70−20= 50 ㉖ 60−10= 50 ㉗ 80−20= 60
㉘ 30−10= 20 ㉙ 50−30= 20 ㉚ 50−10= 40

자기 점수에 ○표 하세요

맞힌 개수	20개 이하	21~25개	26~28개	29~30개
학습 방법	개념을 다시 공부하세요.	조금 더 노력하세요.	실수하면 안 돼요.	참 잘했어요.

011단계 17

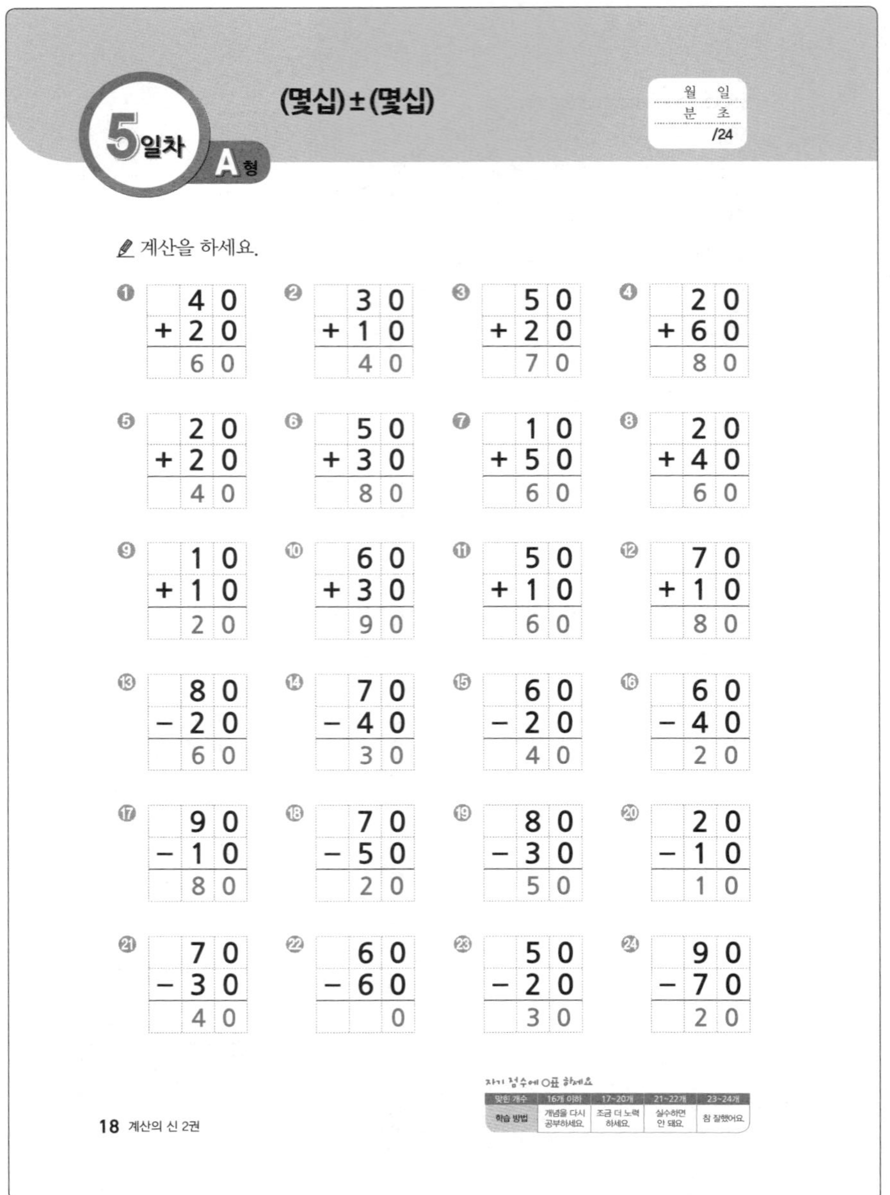

5일차 A형 (몇십)±(몇십)

월 일 / 분 초 / /24

계산을 하세요.

① 40+20=60
② 30+10=40
③ 50+20=70
④ 20+60=80
⑤ 20+20=40
⑥ 50+30=80
⑦ 10+50=60
⑧ 20+40=60
⑨ 10+10=20
⑩ 60+30=90
⑪ 50+10=60
⑫ 70+10=80
⑬ 80−20=60
⑭ 70−40=30
⑮ 60−20=40
⑯ 60−40=20
⑰ 90−10=80
⑱ 70−50=20
⑲ 80−30=50
⑳ 20−10=10
㉑ 70−30=40
㉒ 60−60=0
㉓ 50−20=30
㉔ 90−70=20

자기 점수에 ○표 하세요

맞힌 개수	16개 이하	17~20개	21~22개	23~24개
학습 방법	개념을 다시 공부하세요.	조금 더 노력 하세요.	실수하면 안 돼요.	참 잘했어요.

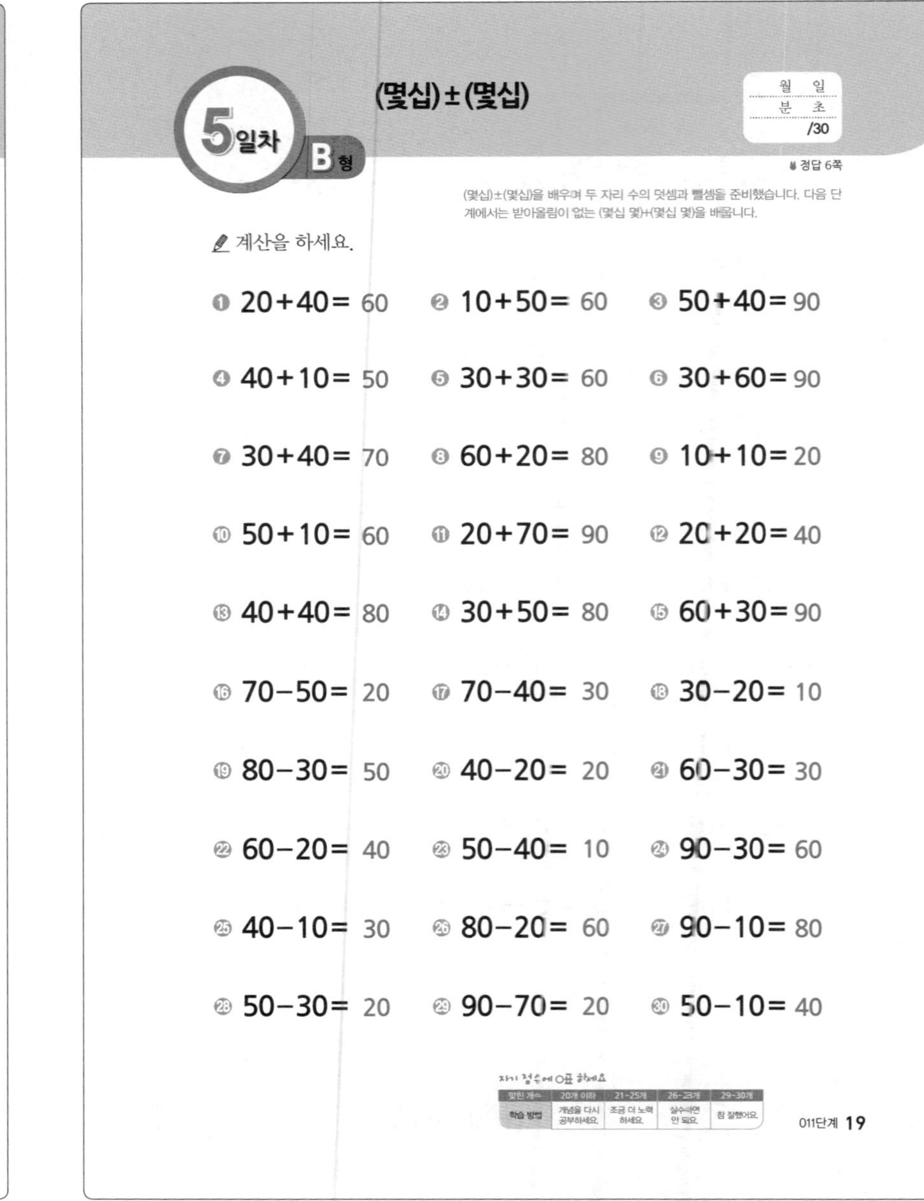

5일차 B형 (몇십)±(몇십)

월 일 / 분 초 / /30

정답 6쪽

(몇십)±(몇십)을 배우며 두 자리 수의 덧셈과 뺄셈을 준비했습니다. 다음 단계에서는 받아올림이 없는 (몇십 몇)+(몇십 몇)을 배웁니다.

계산을 하세요.

① 20+40= 60
② 10+50= 60
③ 50+40= 90
④ 40+10= 50
⑤ 30+30= 60
⑥ 30+60= 90
⑦ 30+40= 70
⑧ 60+20= 80
⑨ 10+10= 20
⑩ 50+10= 60
⑪ 20+70= 90
⑫ 20+20= 40
⑬ 40+40= 80
⑭ 30+50= 80
⑮ 60+30= 90
⑯ 70−50= 20
⑰ 70−40= 30
⑱ 30−20= 10
⑲ 80−30= 50
⑳ 40−20= 20
㉑ 60−30= 30
㉒ 60−20= 40
㉓ 50−40= 10
㉔ 90−30= 60
㉕ 40−10= 30
㉖ 80−20= 60
㉗ 90−10= 80
㉘ 50−30= 20
㉙ 90−70= 20
㉚ 50−10= 40

자기 점수에 ○표 하세요

맞힌 개수	20개 이하	21~25개	26~28개	29~30개
학습 방법	개념을 다시 공부하세요.	조금 더 노력 하세요.	실수하면 안 돼요.	참 잘했어요.

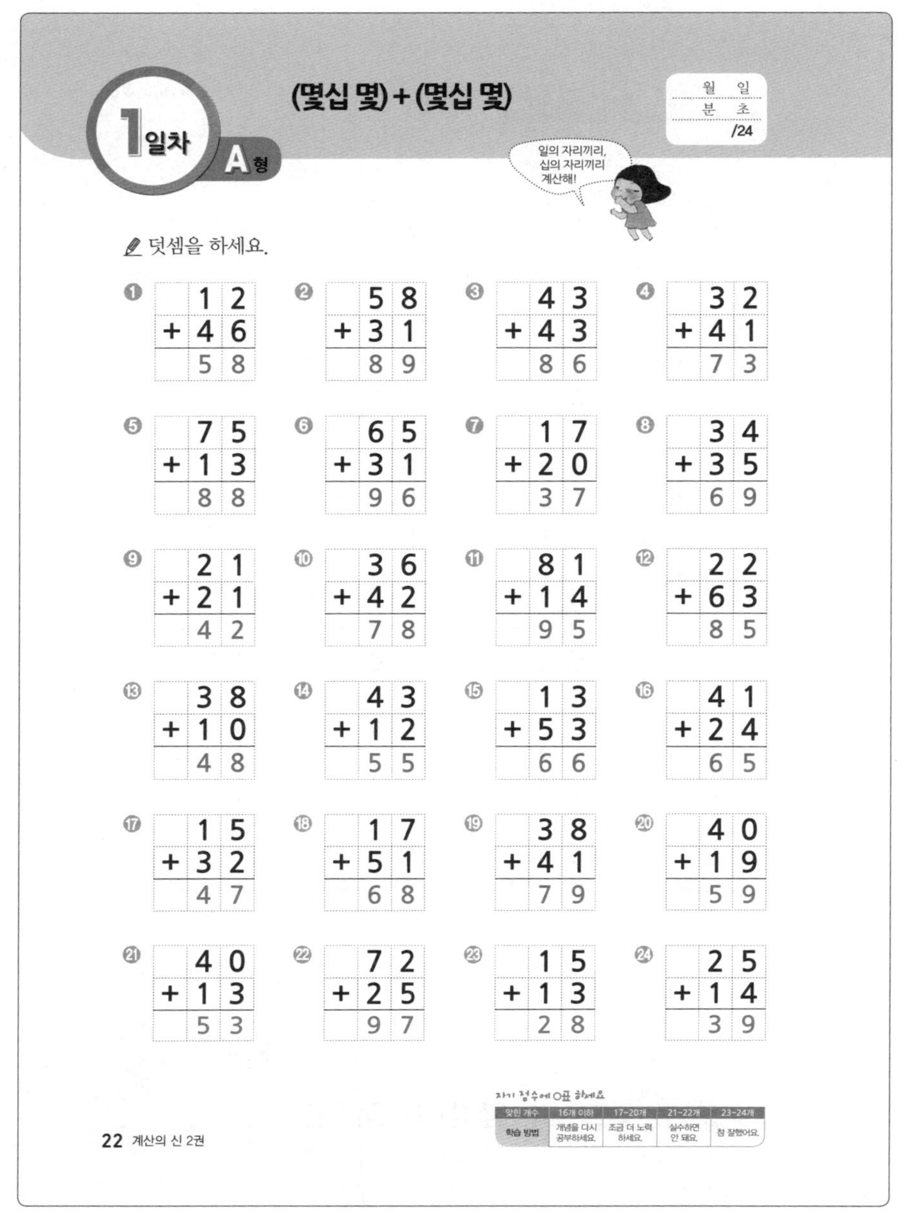

1일차 A형 (몇십 몇)+(몇십 몇)

월 일 / 분 초 / /24

덧셈을 하세요.

❶ 12 + 46 = 58
❷ 58 + 31 = 89
❸ 43 + 43 = 86
❹ 32 + 41 = 73
❺ 75 + 13 = 88
❻ 65 + 31 = 96
❼ 17 + 20 = 37
❽ 34 + 35 = 69
❾ 21 + 21 = 42
❿ 36 + 42 = 78
⓫ 81 + 14 = 95
⓬ 22 + 63 = 85
⓭ 38 + 10 = 48
⓮ 43 + 12 = 55
⓯ 13 + 53 = 66
⓰ 41 + 24 = 65
⓱ 15 + 32 = 47
⓲ 17 + 51 = 68
⓳ 38 + 41 = 79
⓴ 40 + 19 = 59
㉑ 40 + 13 = 53
㉒ 72 + 25 = 97
㉓ 15 + 13 = 28
㉔ 25 + 14 = 39

자기 점수에 ○표 하세요

맞힌 개수	16개 이하	17~20개	21~22개	23~24개
학습 방법	개념을 다시 공부하세요.	조금 더 노력 하세요.	실수하면 안 돼요.	참 잘했어요.

22 계산의 신 2권

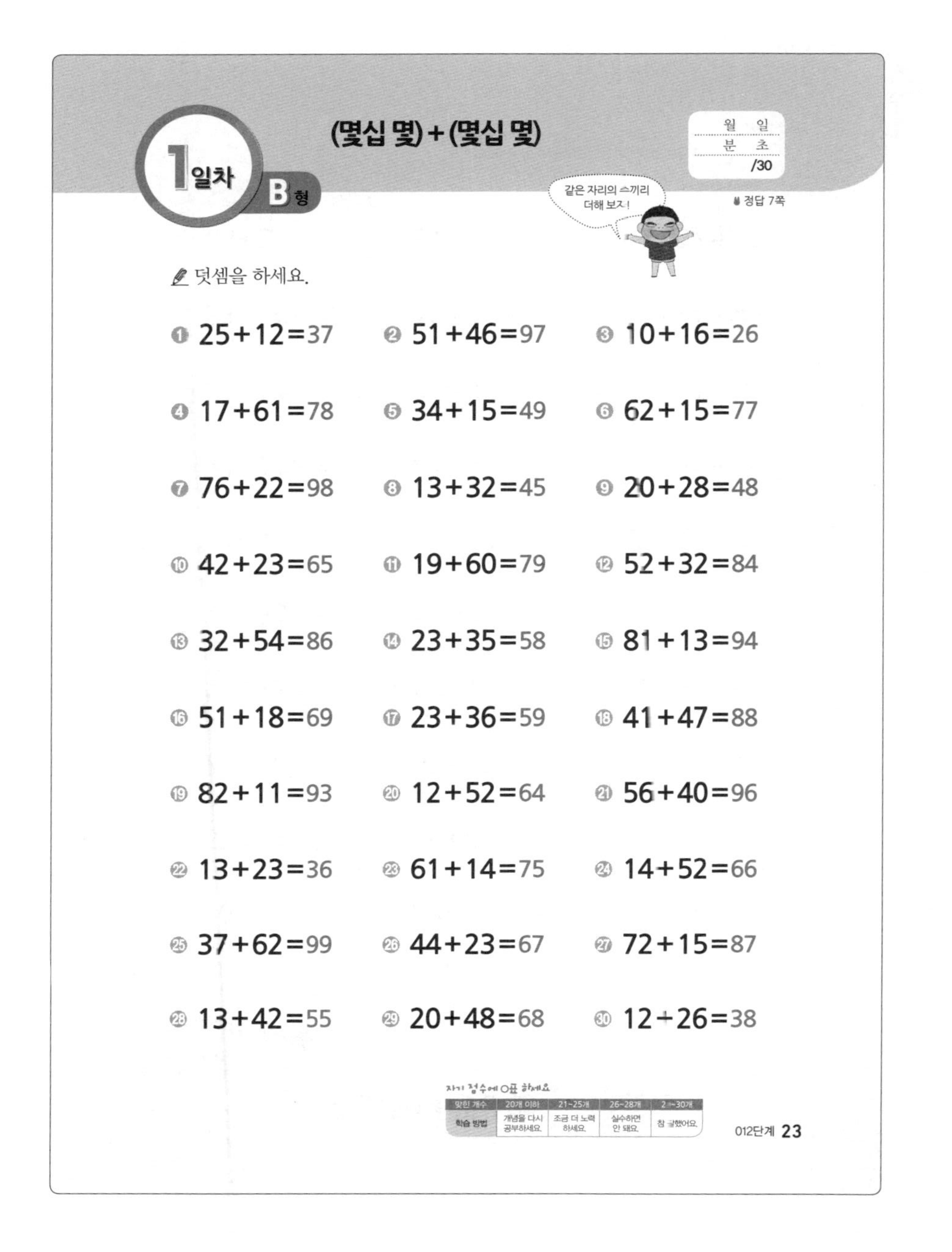

1일차 B형 (몇십 몇)+(몇십 몇)

월 일 / 분 초 / /30

정답 7쪽

덧셈을 하세요.

❶ 25+12=37 ❷ 51+46=97 ❸ 10+16=26
❹ 17+61=78 ❺ 34+15=49 ❻ 62+15=77
❼ 76+22=98 ❽ 13+32=45 ❾ 20+28=48
❿ 42+23=65 ⓫ 19+60=79 ⓬ 52+32=84
⓭ 32+54=86 ⓮ 23+35=58 ⓯ 81+13=94
⓰ 51+18=69 ⓱ 23+36=59 ⓲ 41+47=88
⓳ 82+11=93 ⓴ 12+52=64 ㉑ 56+40=96
㉒ 13+23=36 ㉓ 61+14=75 ㉔ 14+52=66
㉕ 37+62=99 ㉖ 44+23=67 ㉗ 72+15=87
㉘ 13+42=55 ㉙ 20+48=68 ㉚ 12+26=38

자기 점수에 ○표 하세요

맞힌 개수	20개 이하	21~25개	26~28개	29~30개
학습 방법	개념을 다시 공부하세요.	조금 더 노력 하세요.	실수하면 안 돼요.	참 잘했어요.

012단계 23

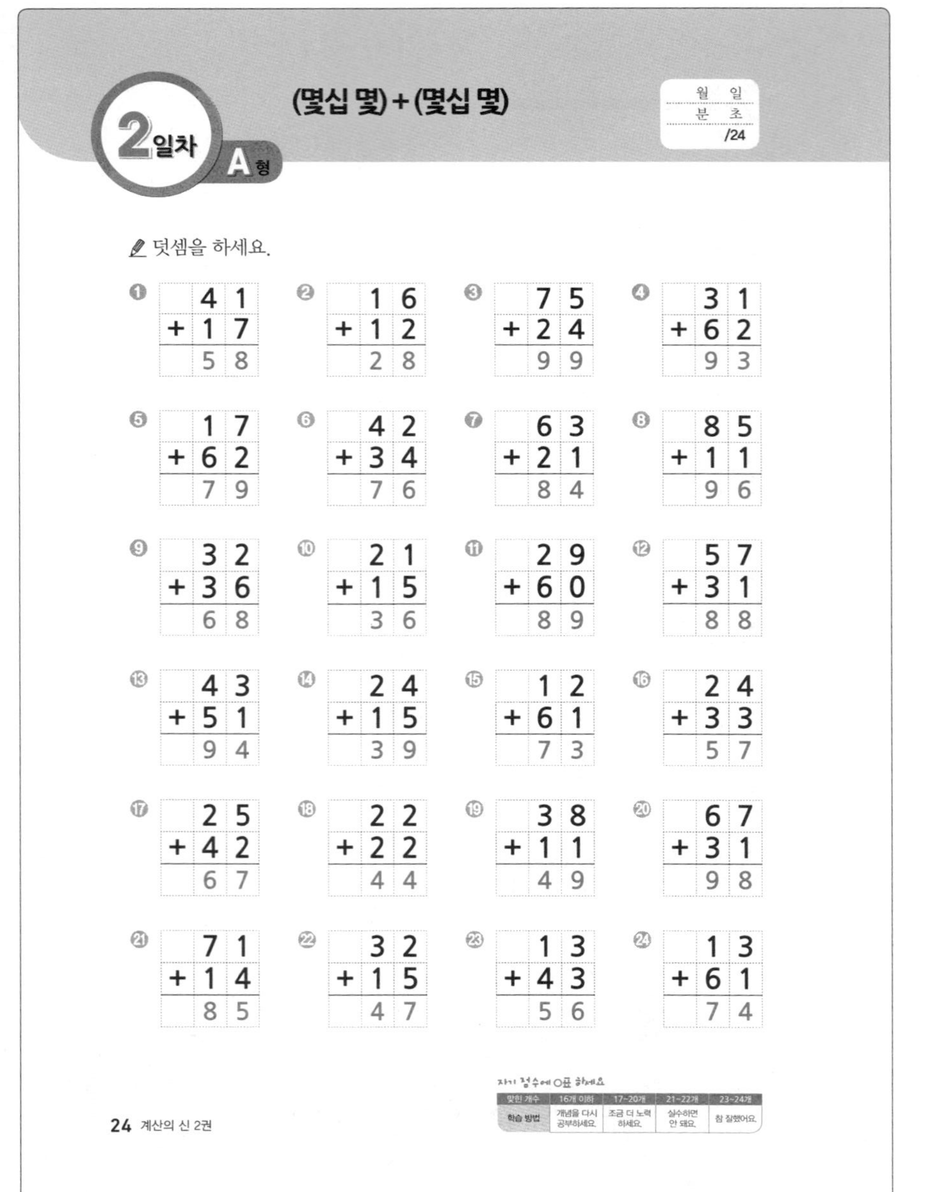

2일차 A형 (몇십 몇)+(몇십 몇)

월 일 / 분 초 / /24

덧셈을 하세요.

1. 41 + 17 = 58
2. 16 + 12 = 28
3. 75 + 24 = 99
4. 31 + 62 = 93
5. 17 + 62 = 79
6. 42 + 34 = 76
7. 63 + 21 = 84
8. 85 + 11 = 96
9. 32 + 36 = 68
10. 21 + 15 = 36
11. 29 + 60 = 89
12. 57 + 31 = 88
13. 43 + 51 = 94
14. 24 + 15 = 39
15. 12 + 61 = 73
16. 24 + 33 = 57
17. 25 + 42 = 67
18. 22 + 22 = 44
19. 38 + 11 = 49
20. 67 + 31 = 98
21. 71 + 14 = 85
22. 32 + 15 = 47
23. 13 + 43 = 56
24. 13 + 61 = 74

자기 점수에 ○표 하세요

맞힌 개수	16개 이하	17~20개	21~22개	23~24개
학습 방법	개념을 다시 공부하세요.	조금 더 노력 하세요.	실수하면 안 돼요.	참 잘했어요.

24 계산의 신 2권

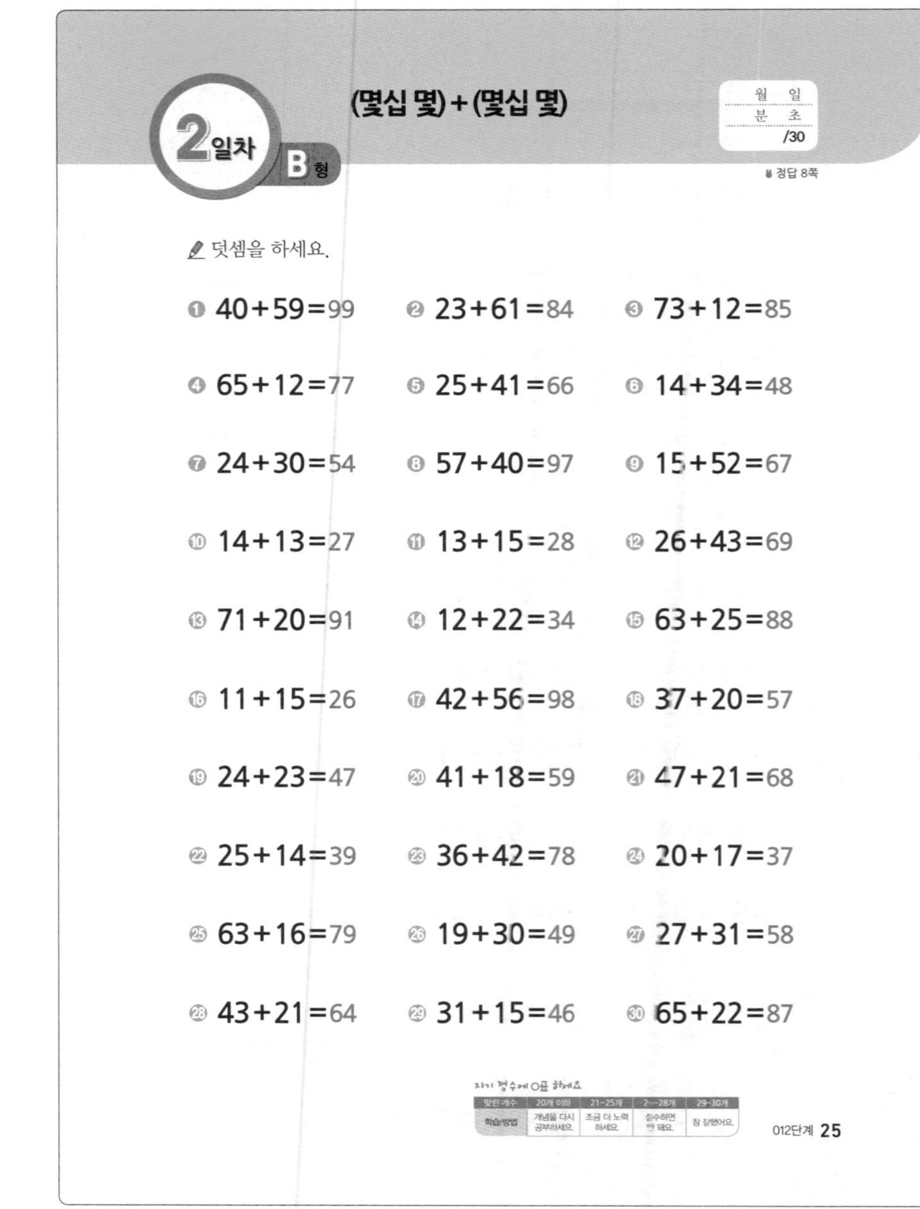

2일차 B형 (몇십 몇)+(몇십 몇)

월 일 / 분 초 / /30

※ 정답 8쪽

덧셈을 하세요.

1. 40+59=99
2. 23+61=84
3. 73+12=85
4. 65+12=77
5. 25+41=66
6. 14+34=48
7. 24+30=54
8. 57+40=97
9. 15+52=67
10. 14+13=27
11. 13+15=28
12. 26+43=69
13. 71+20=91
14. 12+22=34
15. 63+25=88
16. 11+15=26
17. 42+56=98
18. 37+20=57
19. 24+23=47
20. 41+18=59
21. 47+21=68
22. 25+14=39
23. 36+42=78
24. 20+17=37
25. 63+16=79
26. 19+30=49
27. 27+31=58
28. 43+21=64
29. 31+15=46
30. 65+22=87

자기 점수에 ○표 하세요

맞힌 개수	20개 이하	21~25개	2~28개	29~30개
학습 방법	개념을 다시 공부하세요.	조금 더 노력 하세요.	실수하면 안 돼요.	참 잘했어요.

012단계 25

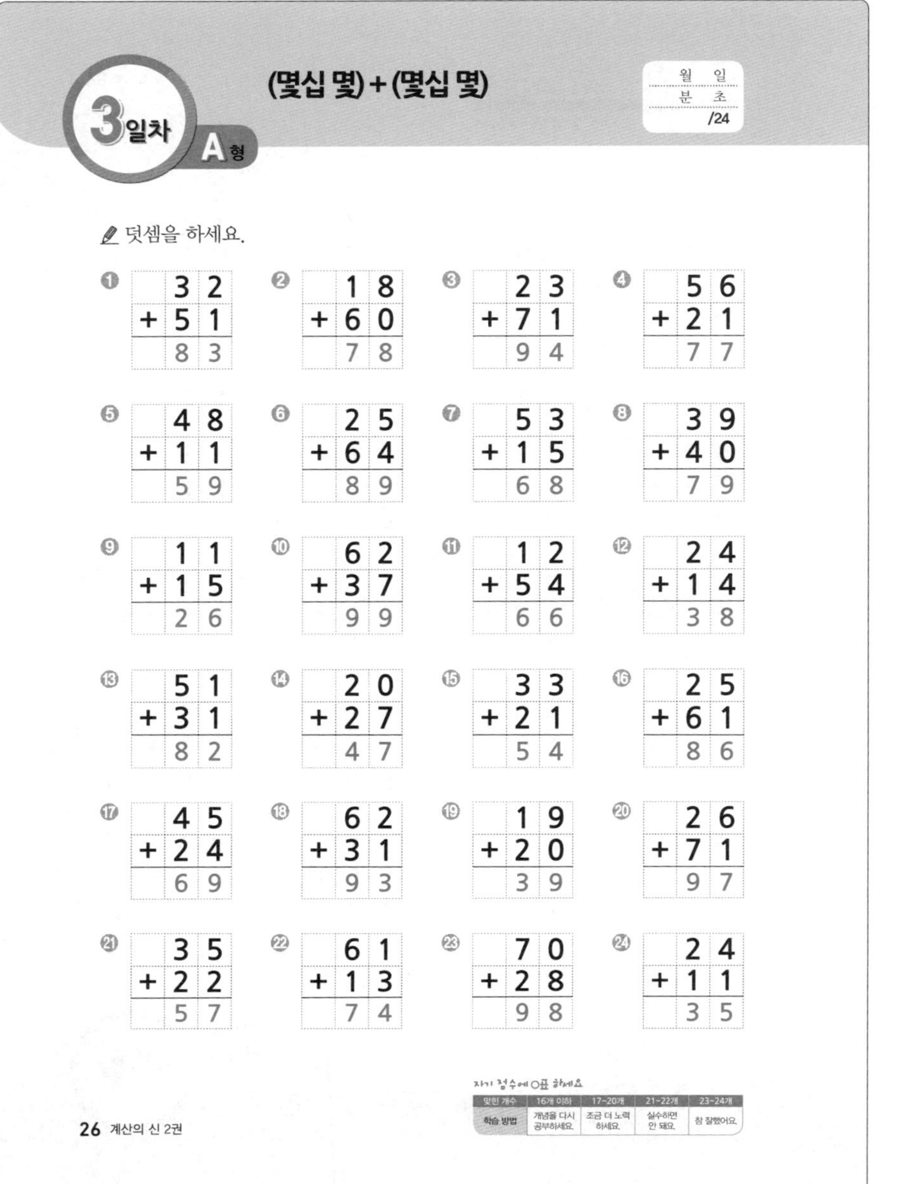

3일차 A형

(몇십 몇)+(몇십 몇)

월 일
분 초
/24

덧셈을 하세요.

번호	문제	답
❶	32 + 51	83
❷	18 + 60	78
❸	23 + 71	94
❹	56 + 21	77
❺	48 + 11	59
❻	25 + 64	89
❼	53 + 15	68
❽	39 + 40	79
❾	11 + 15	26
❿	62 + 37	99
⓫	12 + 54	66
⓬	24 + 14	38
⓭	51 + 31	82
⓮	20 + 27	47
⓯	33 + 21	54
⓰	25 + 61	86
⓱	45 + 24	69
⓲	62 + 31	93
⓳	19 + 20	39
⓴	26 + 71	97
㉑	35 + 22	57
㉒	61 + 13	74
㉓	70 + 28	98
㉔	24 + 11	35

자기 점수에 ○표 하세요

맞힌 개수	16개 이하	17~20개	21~22개	23~24개
학습 방법	개념을 다시 공부하세요.	조금 더 노력 하세요.	실수하면 안 돼요.	참 잘했어요.

26 계산의 신 2권

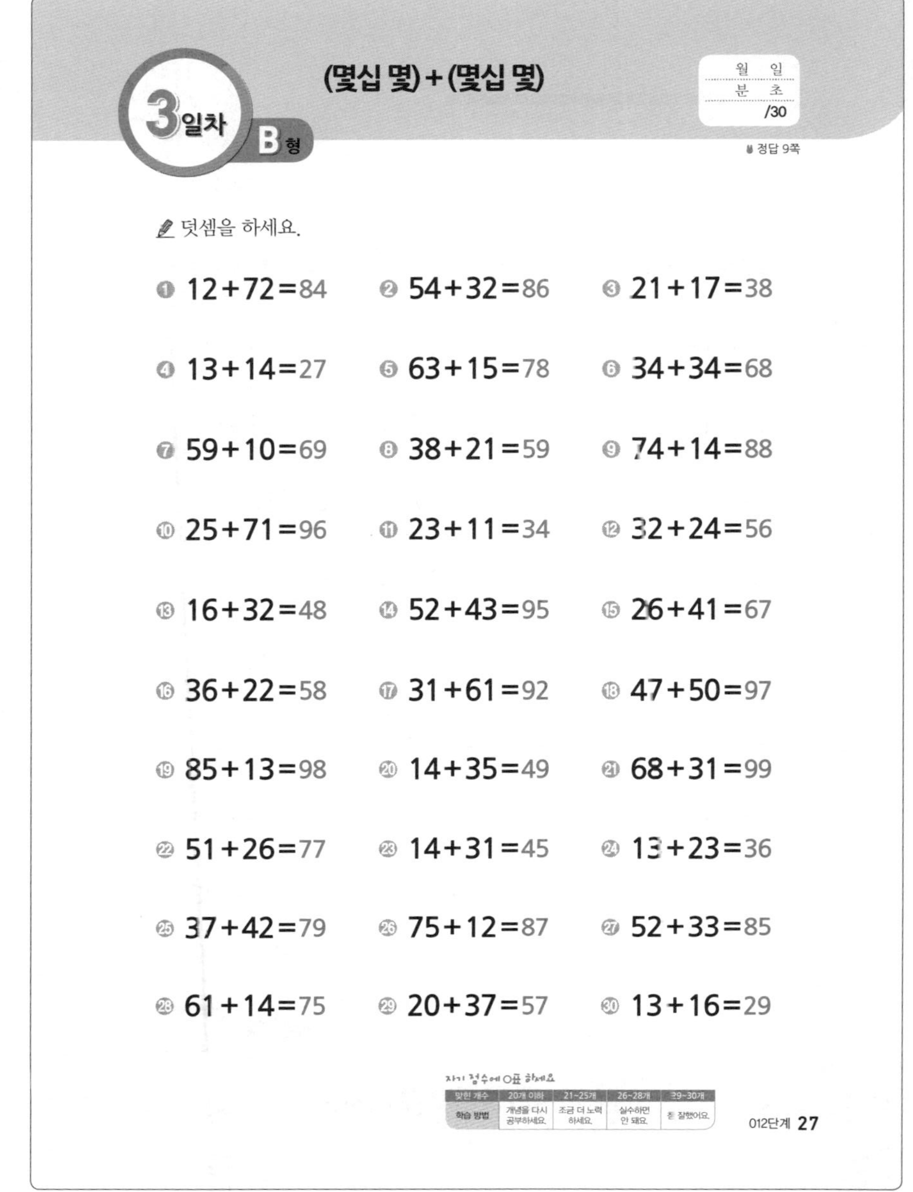

3일차 B형

(몇십 몇)+(몇십 몇)

월 일
분 초
/30

정답 9쪽

덧셈을 하세요.

❶ 12+72=84 ❷ 54+32=86 ❸ 21+17=38

❹ 13+14=27 ❺ 63+15=78 ❻ 34+34=68

❼ 59+10=69 ❽ 38+21=59 ❾ 74+14=88

❿ 25+71=96 ⓫ 23+11=34 ⓬ 32+24=56

⓭ 16+32=48 ⓮ 52+43=95 ⓯ 26+41=67

⓰ 36+22=58 ⓱ 31+61=92 ⓲ 47+50=97

⓳ 85+13=98 ⓴ 14+35=49 ㉑ 68+31=99

㉒ 51+26=77 ㉓ 14+31=45 ㉔ 13+23=36

㉕ 37+42=79 ㉖ 75+12=87 ㉗ 52+33=85

㉘ 61+14=75 ㉙ 20+37=57 ㉚ 13+16=29

자기 점수에 ○표 하세요

맞힌 개수	20개 이하	21~25개	26~28개	29~30개
학습 방법	개념을 다시 공부하세요.	조금 더 노력 하세요.	실수하면 안 돼요.	참 잘했어요.

012단계 27

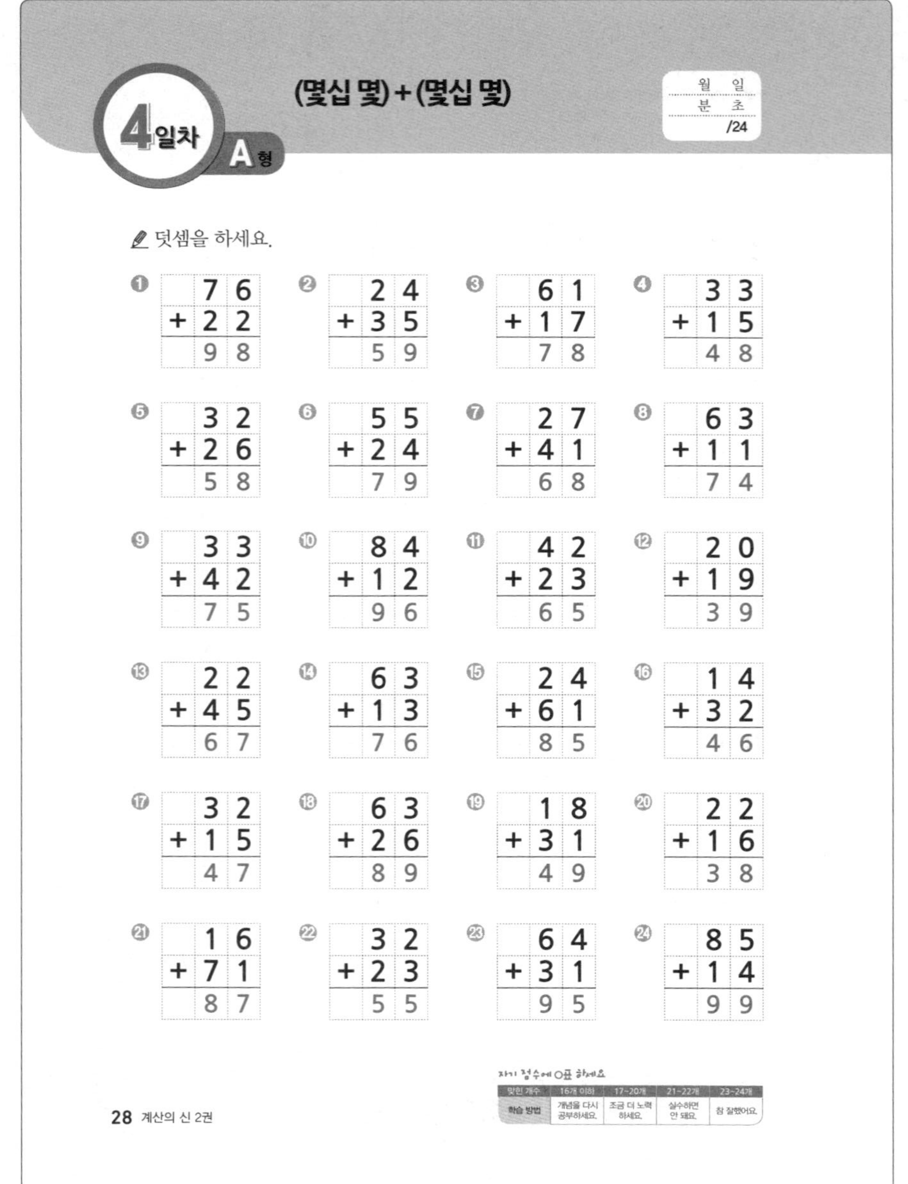

4일차 A형 (몇십 몇)+(몇십 몇)

월 일 / 분 초 / /24

덧셈을 하세요.

① 76 + 22 = 98
② 24 + 35 = 59
③ 61 + 17 = 78
④ 33 + 15 = 48
⑤ 32 + 26 = 58
⑥ 55 + 24 = 79
⑦ 27 + 41 = 68
⑧ 63 + 11 = 74
⑨ 33 + 42 = 75
⑩ 84 + 12 = 96
⑪ 42 + 23 = 65
⑫ 20 + 19 = 39
⑬ 22 + 45 = 67
⑭ 63 + 13 = 76
⑮ 24 + 61 = 85
⑯ 14 + 32 = 46
⑰ 32 + 15 = 47
⑱ 63 + 26 = 89
⑲ 18 + 31 = 49
⑳ 22 + 16 = 38
㉑ 16 + 71 = 87
㉒ 32 + 23 = 55
㉓ 64 + 31 = 95
㉔ 85 + 14 = 99

자기 점수에 ○표 하세요

맞힌 개수	16개 이하	17~20개	21~22개	23~24개
학습 방법	개념을 다시 공부하세요.	조금 더 노력하세요.	실수하면 안 돼요.	참 잘했어요.

28 계산의 신 2권

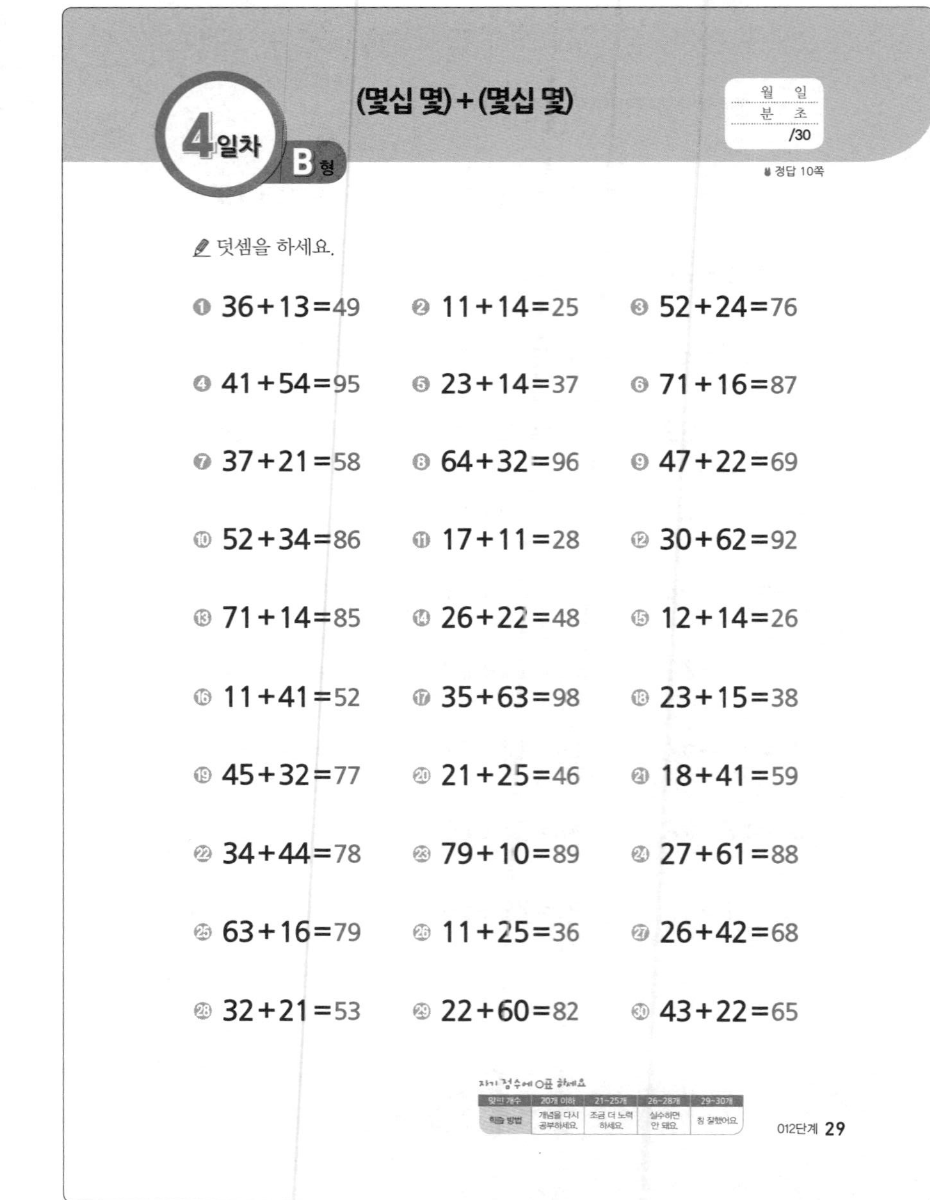

4일차 B형 (몇십 몇)+(몇십 몇)

월 일 / 분 초 / /30

정답 10쪽

덧셈을 하세요.

① 36+13=49 ② 11+14=25 ③ 52+24=76
④ 41+54=95 ⑤ 23+14=37 ⑥ 71+16=87
⑦ 37+21=58 ⑧ 64+32=96 ⑨ 47+22=69
⑩ 52+34=86 ⑪ 17+11=28 ⑫ 30+62=92
⑬ 71+14=85 ⑭ 26+22=48 ⑮ 12+14=26
⑯ 11+41=52 ⑰ 35+63=98 ⑱ 23+15=38
⑲ 45+32=77 ⑳ 21+25=46 ㉑ 18+41=59
㉒ 34+44=78 ㉓ 79+10=89 ㉔ 27+61=88
㉕ 63+16=79 ㉖ 11+25=36 ㉗ 26+42=68
㉘ 32+21=53 ㉙ 22+60=82 ㉚ 43+22=65

자기 점수에 ○표 하세요

맞힌 개수	20개 이하	21~25개	26~28개	29~30개
학습 방법	개념을 다시 공부하세요.	조금 더 노력하세요.	실수하면 안 돼요.	참 잘했어요.

012단계 29

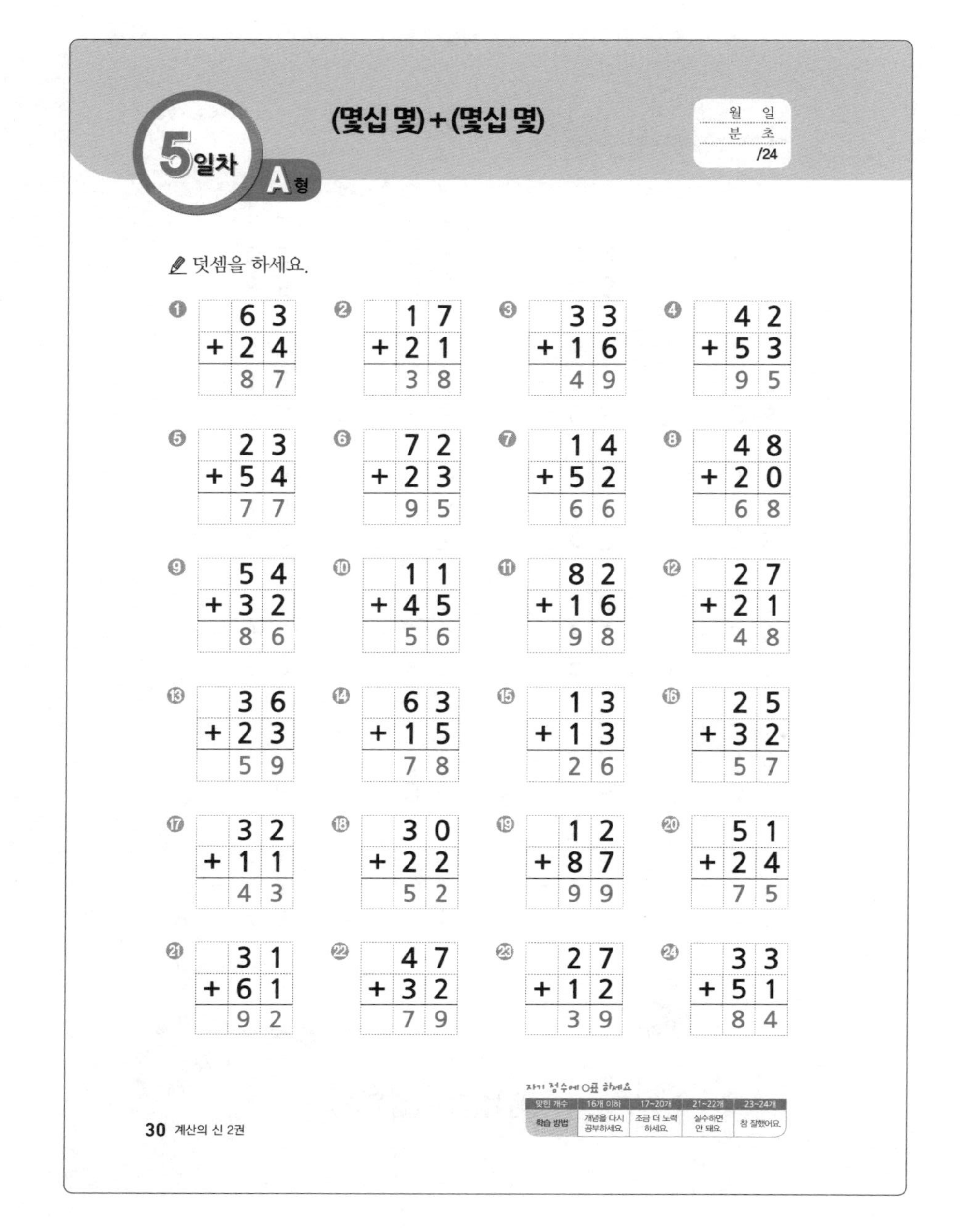

5일차 A형 (몇십 몇)+(몇십 몇)

월 일 / 분 초 / /24

덧셈을 하세요.

① 63 + 24 = 87
② 17 + 21 = 38
③ 33 + 16 = 49
④ 42 + 53 = 95
⑤ 23 + 54 = 77
⑥ 72 + 23 = 95
⑦ 14 + 52 = 66
⑧ 48 + 20 = 68
⑨ 54 + 32 = 86
⑩ 11 + 45 = 56
⑪ 82 + 16 = 98
⑫ 27 + 21 = 48
⑬ 36 + 23 = 59
⑭ 63 + 15 = 78
⑮ 13 + 13 = 26
⑯ 25 + 32 = 57
⑰ 32 + 11 = 43
⑱ 30 + 22 = 52
⑲ 12 + 87 = 99
⑳ 51 + 24 = 75
㉑ 31 + 61 = 92
㉒ 47 + 32 = 79
㉓ 27 + 12 = 39
㉔ 33 + 51 = 84

자기 점수에 ○표 하세요

맞힌 개수	16개 이하	17~20개	21~22개	23~24개
학습 방법	개념을 다시 공부하세요.	조금 더 노력하세요.	실수하면 안 돼요.	참 잘했어요.

30 계산의 신 2권

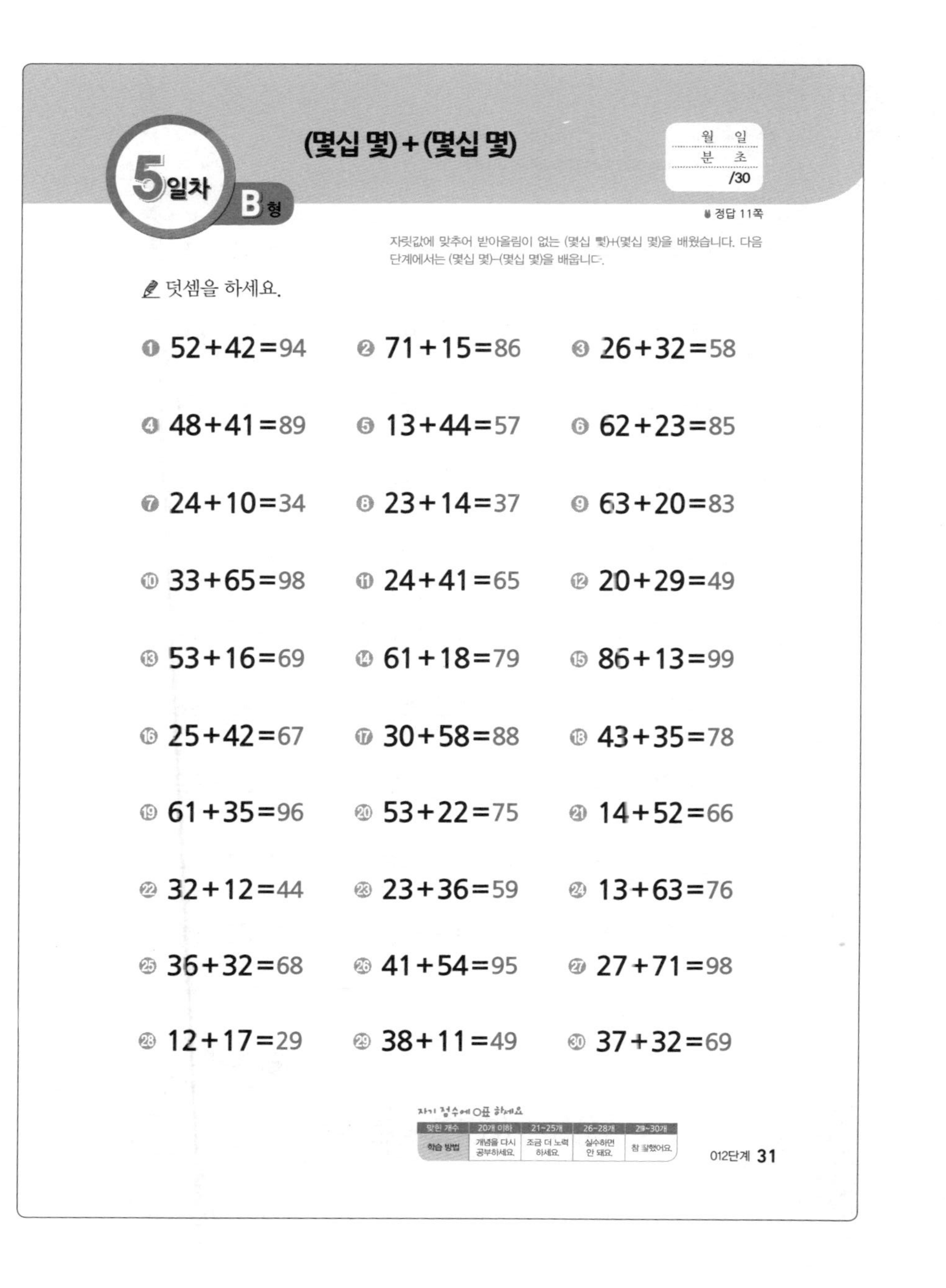

5일차 B형 (몇십 몇)+(몇십 몇)

월 일 / 분 초 / /30

정답 11쪽

자릿값에 맞추어 받아올림이 없는 (몇십 몇)+(몇십 몇)을 배웠습니다. 다음 단계에서는 (몇십 몇)−(몇십 몇)을 배웁니다.

덧셈을 하세요.

① 52+42=94 ② 71+15=86 ③ 26+32=58
④ 48+41=89 ⑤ 13+44=57 ⑥ 62+23=85
⑦ 24+10=34 ⑧ 23+14=37 ⑨ 63+20=83
⑩ 33+65=98 ⑪ 24+41=65 ⑫ 20+29=49
⑬ 53+16=69 ⑭ 61+18=79 ⑮ 86+13=99
⑯ 25+42=67 ⑰ 30+58=88 ⑱ 43+35=78
⑲ 61+35=96 ⑳ 53+22=75 ㉑ 14+52=66
㉒ 32+12=44 ㉓ 23+36=59 ㉔ 13+63=76
㉕ 36+32=68 ㉖ 41+54=95 ㉗ 27+71=98
㉘ 12+17=29 ㉙ 38+11=49 ㉚ 37+32=69

자기 점수에 ○표 하세요

맞힌 개수	20개 이하	21~25개	26~28개	29~30개
학습 방법	개념을 다시 공부하세요.	조금 더 노력하세요.	실수하면 안 돼요.	참 잘했어요.

012단계 31

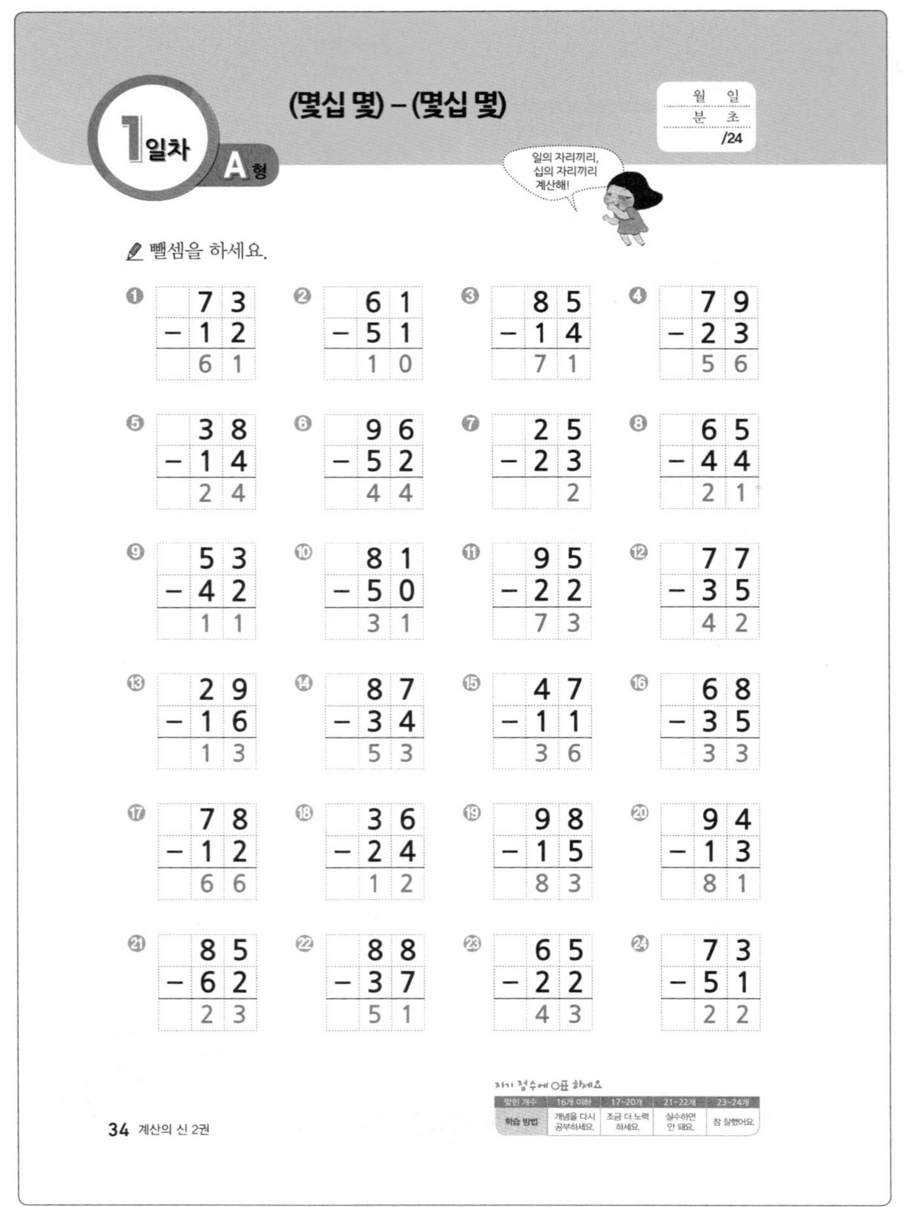

1일차 A형 (몇십 몇) − (몇십 몇)

뺄셈을 하세요.

① 73−12=61 ② 61−51=10 ③ 85−14=71 ④ 79−23=56
⑤ 38−14=24 ⑥ 96−52=44 ⑦ 25−23=2 ⑧ 65−44=21
⑨ 53−42=11 ⑩ 81−50=31 ⑪ 95−22=73 ⑫ 77−35=42
⑬ 29−16=13 ⑭ 87−34=53 ⑮ 47−11=36 ⑯ 68−35=33
⑰ 78−12=66 ⑱ 36−24=12 ⑲ 98−15=83 ⑳ 94−13=81
㉑ 85−62=23 ㉒ 88−37=51 ㉓ 65−22=43 ㉔ 73−51=22

34 계산의 신 2권

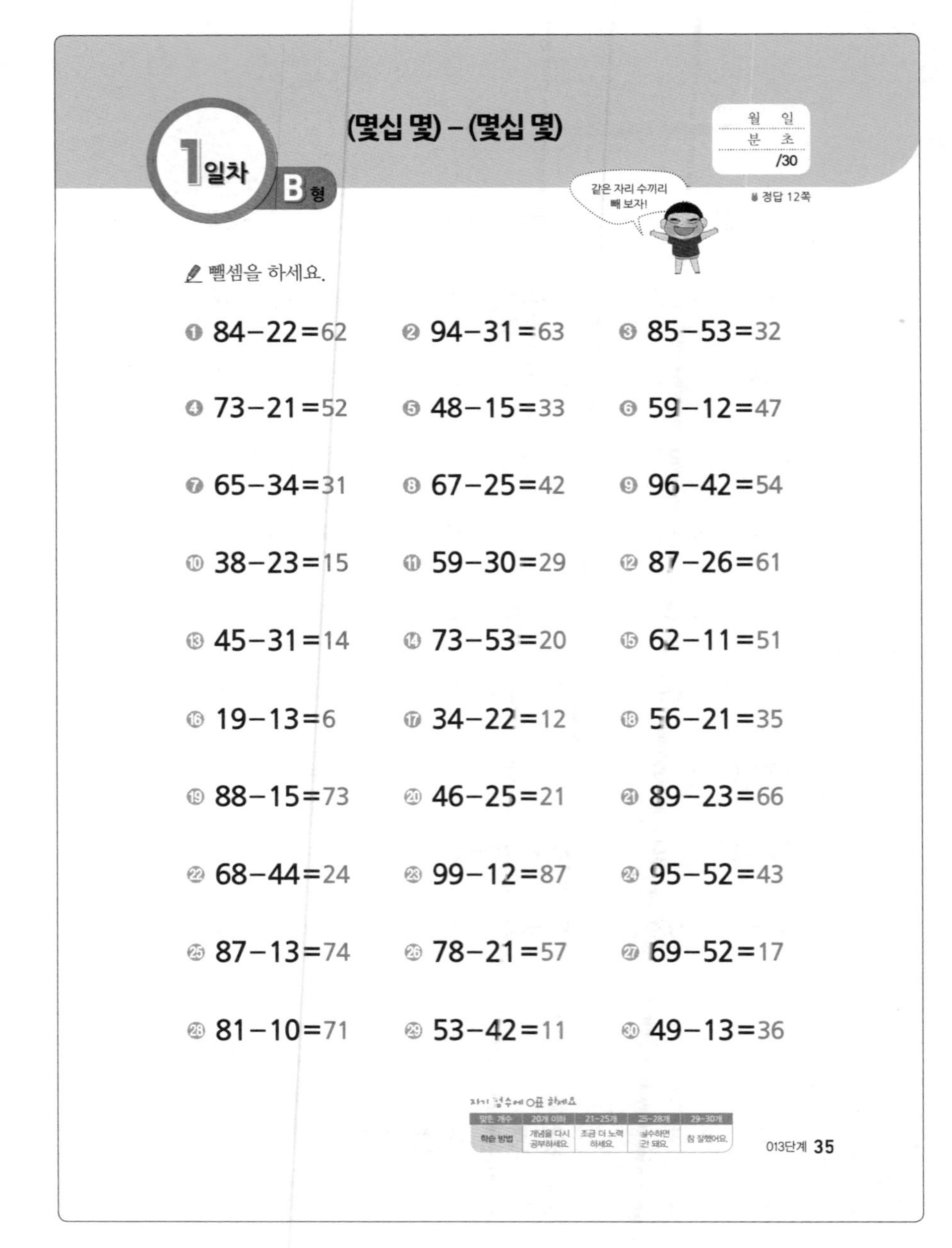

1일차 B형 (몇십 몇) − (몇십 몇)

뺄셈을 하세요.

① 84−22=62 ② 94−31=63 ③ 85−53=32
④ 73−21=52 ⑤ 48−15=33 ⑥ 59−12=47
⑦ 65−34=31 ⑧ 67−25=42 ⑨ 96−42=54
⑩ 38−23=15 ⑪ 59−30=29 ⑫ 87−26=61
⑬ 45−31=14 ⑭ 73−53=20 ⑮ 62−11=51
⑯ 19−13=6 ⑰ 34−22=12 ⑱ 56−21=35
⑲ 88−15=73 ⑳ 46−25=21 ㉑ 89−23=66
㉒ 68−44=24 ㉓ 99−12=87 ㉔ 95−52=43
㉕ 87−13=74 ㉖ 78−21=57 ㉗ 69−52=17
㉘ 81−10=71 ㉙ 53−42=11 ㉚ 49−13=36

013단계 35

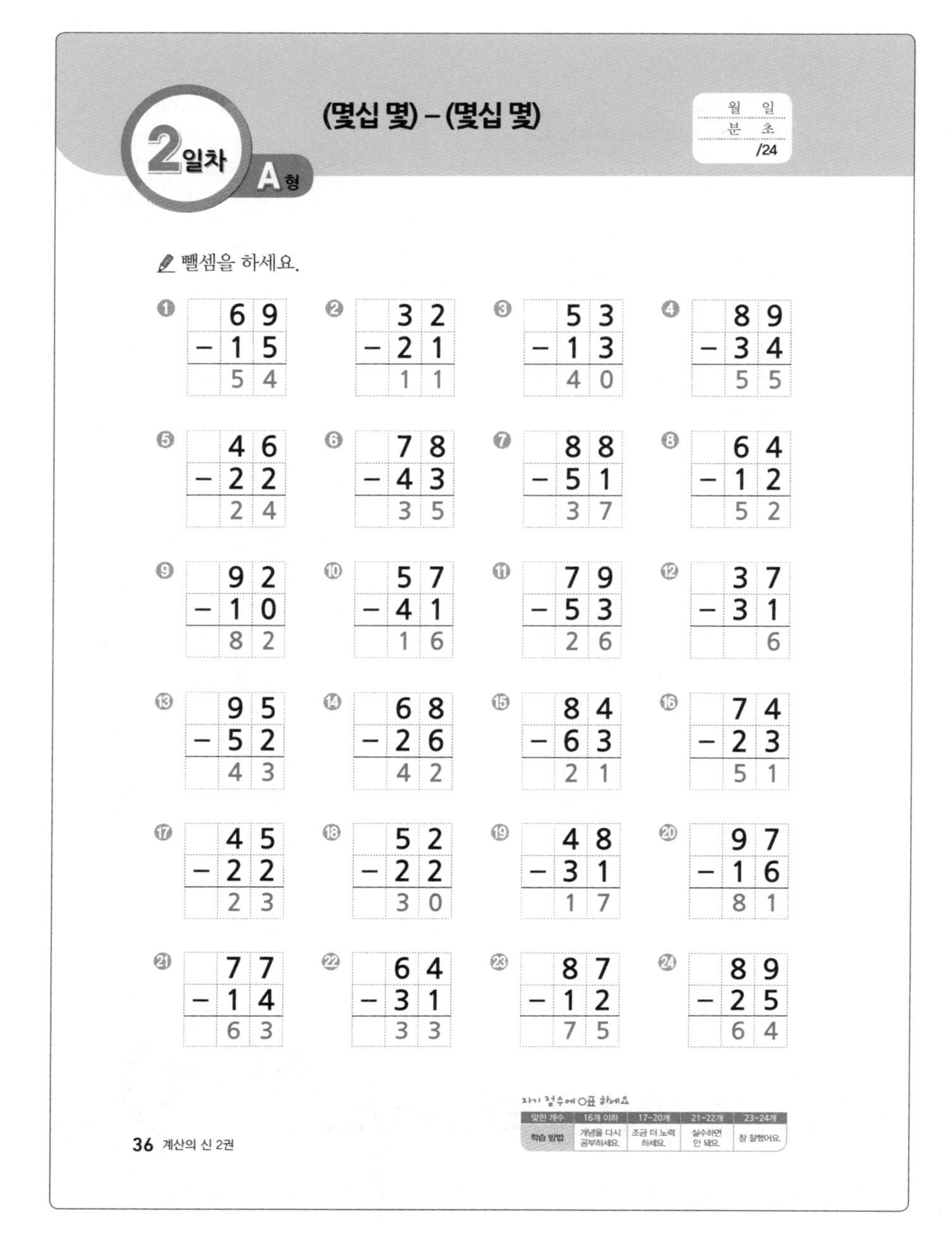

2일차 A형 (몇십 몇)−(몇십 몇)

월 일 / 분 초 / /24

뺄셈을 하세요.

① 69 − 15 = 54
② 32 − 21 = 11
③ 53 − 13 = 40
④ 89 − 34 = 55
⑤ 46 − 22 = 24
⑥ 78 − 43 = 35
⑦ 88 − 51 = 37
⑧ 64 − 12 = 52
⑨ 92 − 10 = 82
⑩ 57 − 41 = 16
⑪ 79 − 53 = 26
⑫ 37 − 31 = 6
⑬ 95 − 52 = 43
⑭ 68 − 26 = 42
⑮ 84 − 63 = 21
⑯ 74 − 23 = 51
⑰ 45 − 22 = 23
⑱ 52 − 22 = 30
⑲ 48 − 31 = 17
⑳ 97 − 16 = 81
㉑ 77 − 14 = 63
㉒ 64 − 31 = 33
㉓ 87 − 12 = 75
㉔ 89 − 25 = 64

자기 점수에 ○표 하세요

맞힌 개수	16개 이하	17~20개	21~22개	23~24개
학습 방법	개념을 다시 공부하세요.	조금 더 노력하세요.	실수하면 안 돼요.	참 잘했어요.

36 계산의 신 2권

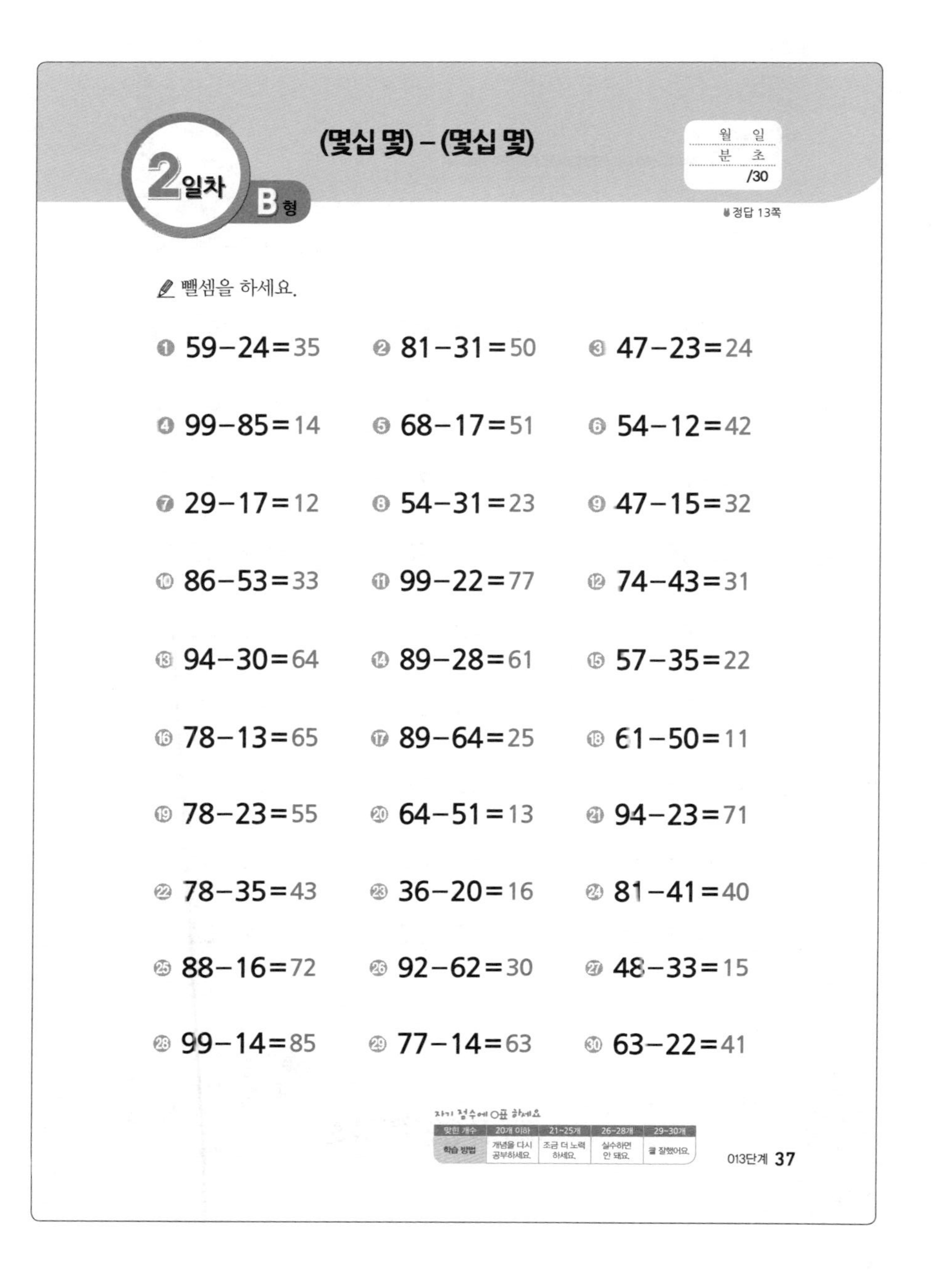

2일차 B형 (몇십 몇)−(몇십 몇)

월 일 / 분 초 / /30

정답 13쪽

뺄셈을 하세요.

① 59−24=35 ② 81−31=50 ③ 47−23=24
④ 99−85=14 ⑤ 68−17=51 ⑥ 54−12=42
⑦ 29−17=12 ⑧ 54−31=23 ⑨ 47−15=32
⑩ 86−53=33 ⑪ 99−22=77 ⑫ 74−43=31
⑬ 94−30=64 ⑭ 89−28=61 ⑮ 57−35=22
⑯ 78−13=65 ⑰ 89−64=25 ⑱ 61−50=11
⑲ 78−23=55 ⑳ 64−51=13 ㉑ 94−23=71
㉒ 78−35=43 ㉓ 36−20=16 ㉔ 81−41=40
㉕ 88−16=72 ㉖ 92−62=30 ㉗ 48−33=15
㉘ 99−14=85 ㉙ 77−14=63 ㉚ 63−22=41

자기 점수에 ○표 하세요

맞힌 개수	20개 이하	21~25개	26~28개	29~30개
학습 방법	개념을 다시 공부하세요.	조금 더 노력하세요.	실수하면 안 돼요.	참 잘했어요.

013단계 37

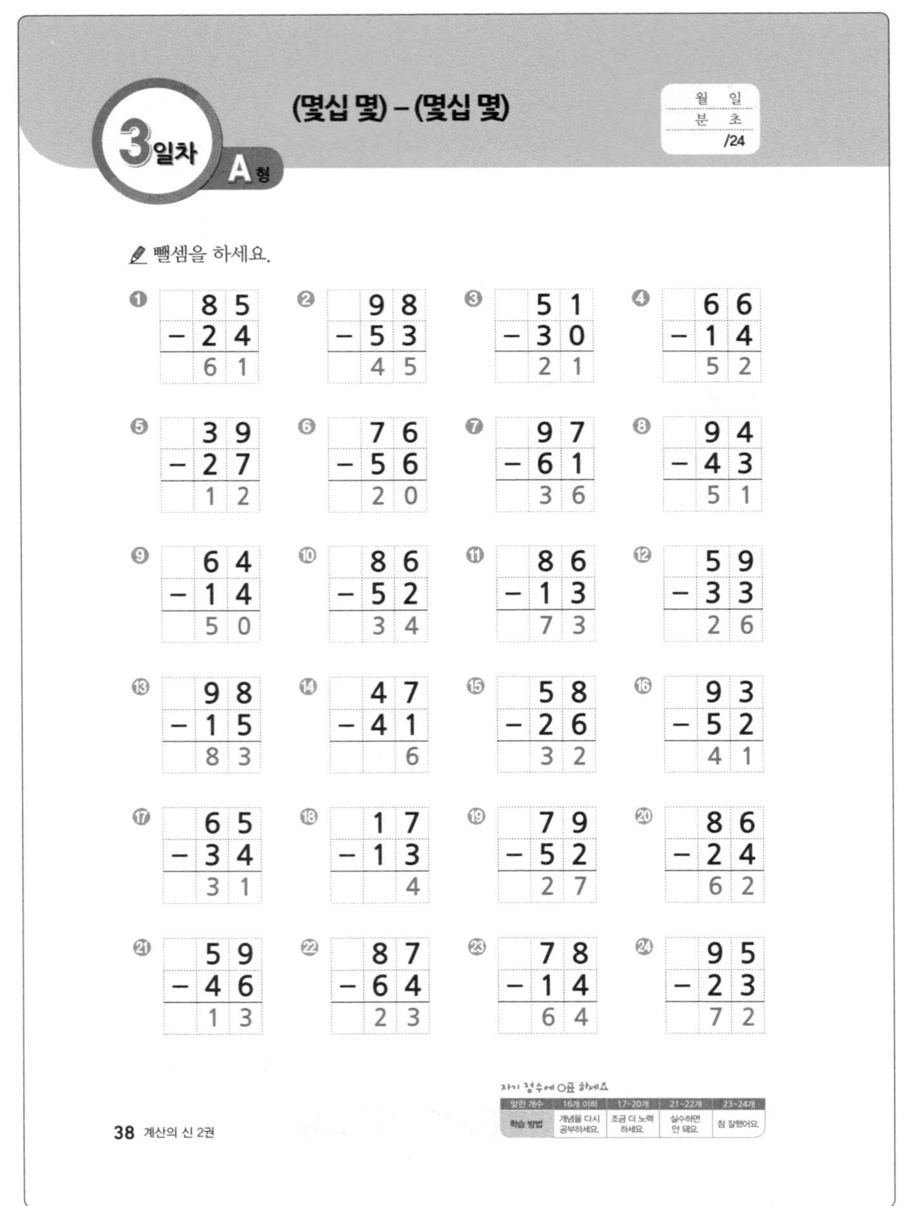

3일차 A형

(몇십 몇) - (몇십 몇)

월 일 / 분 초 / /24

빼셈을 하세요.

① 85 − 24 = 61
② 98 − 53 = 45
③ 51 − 30 = 21
④ 66 − 14 = 52
⑤ 39 − 27 = 12
⑥ 76 − 56 = 20
⑦ 97 − 61 = 36
⑧ 94 − 43 = 51
⑨ 64 − 14 = 50
⑩ 86 − 52 = 34
⑪ 86 − 13 = 73
⑫ 59 − 33 = 26
⑬ 98 − 15 = 83
⑭ 47 − 41 = 6
⑮ 58 − 26 = 32
⑯ 93 − 52 = 41
⑰ 65 − 34 = 31
⑱ 17 − 13 = 4
⑲ 79 − 52 = 27
⑳ 86 − 24 = 62
㉑ 59 − 46 = 13
㉒ 87 − 64 = 23
㉓ 78 − 14 = 64
㉔ 95 − 23 = 72

자기 점수에 ○표 하세요.

맞힌 개수	16개 이하	17~20개	21~22개	23~24개
학습 방법	개념을 다시 공부하세요.	조금 더 노력하세요.	실수하면 안 돼요.	참 잘했어요.

38 계산의 신 2권

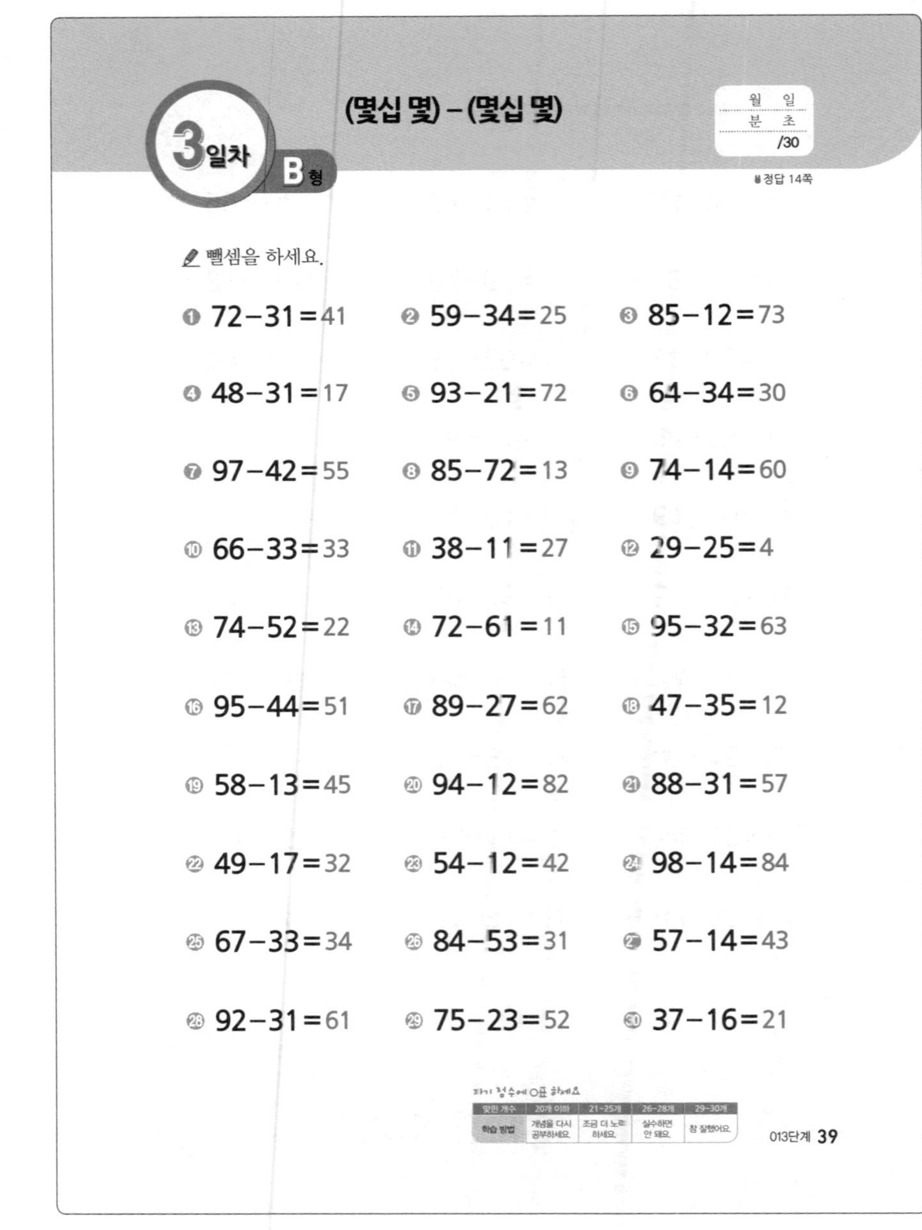

3일차 B형

(몇십 몇) - (몇십 몇)

월 일 / 분 초 / /30

※정답 14쪽

빼셈을 하세요.

① 72−31=41
② 59−34=25
③ 85−12=73
④ 48−31=17
⑤ 93−21=72
⑥ 64−34=30
⑦ 97−42=55
⑧ 85−72=13
⑨ 74−14=60
⑩ 66−33=33
⑪ 38−11=27
⑫ 29−25=4
⑬ 74−52=22
⑭ 72−61=11
⑮ 95−32=63
⑯ 95−44=51
⑰ 89−27=62
⑱ 47−35=12
⑲ 58−13=45
⑳ 94−12=82
㉑ 88−31=57
㉒ 49−17=32
㉓ 54−12=42
㉔ 98−14=84
㉕ 67−33=34
㉖ 84−53=31
㉗ 57−14=43
㉘ 92−31=61
㉙ 75−23=52
㉚ 37−16=21

자기 점수에 ○표 하세요.

맞힌 개수	20개 이하	21~25개	26~28개	29~30개
학습 방법	개념을 다시 공부하세요.	조금 더 노력하세요.	실수하면 안 돼요.	참 잘했어요.

013단계 39

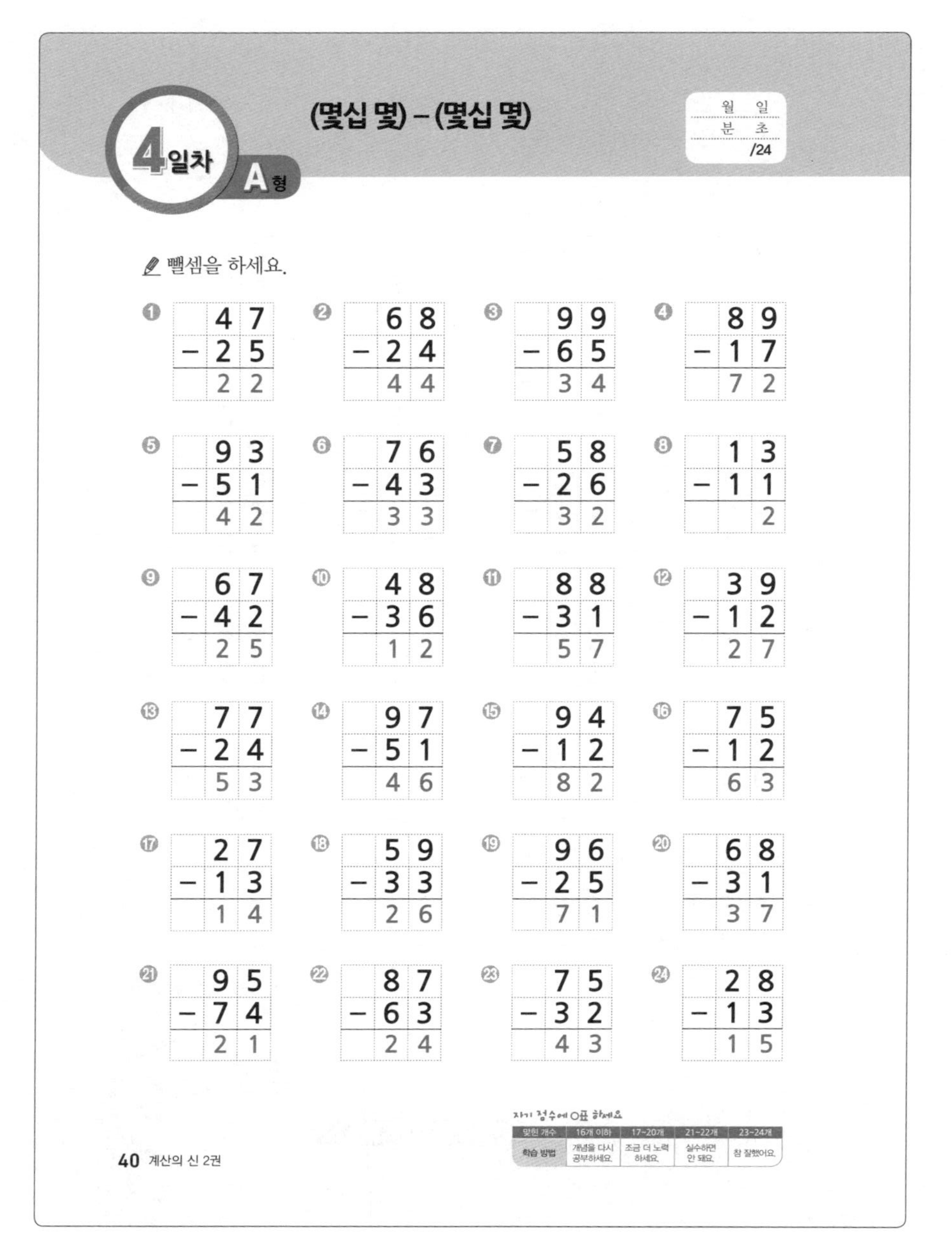

(몇십 몇) − (몇십 몇)

월 일 / 분 초 / /24

빼셈을 하세요.

1. 47 − 25 = 22
2. 68 − 24 = 44
3. 99 − 65 = 34
4. 89 − 17 = 72
5. 93 − 51 = 42
6. 76 − 43 = 33
7. 58 − 26 = 32
8. 13 − 11 = 2
9. 67 − 42 = 25
10. 48 − 36 = 12
11. 88 − 31 = 57
12. 39 − 12 = 27
13. 77 − 24 = 53
14. 97 − 51 = 46
15. 94 − 12 = 82
16. 75 − 12 = 63
17. 27 − 13 = 14
18. 59 − 33 = 26
19. 96 − 25 = 71
20. 68 − 31 = 37
21. 95 − 74 = 21
22. 87 − 63 = 24
23. 75 − 32 = 43
24. 28 − 13 = 15

자기 점수에 ○표 하세요

맞힌 개수	16개 이하	17~20개	21~22개	23~24개
학습 방법	개념을 다시 공부하세요.	조금 더 노력하세요.	실수하면 안 돼요.	참 잘했어요.

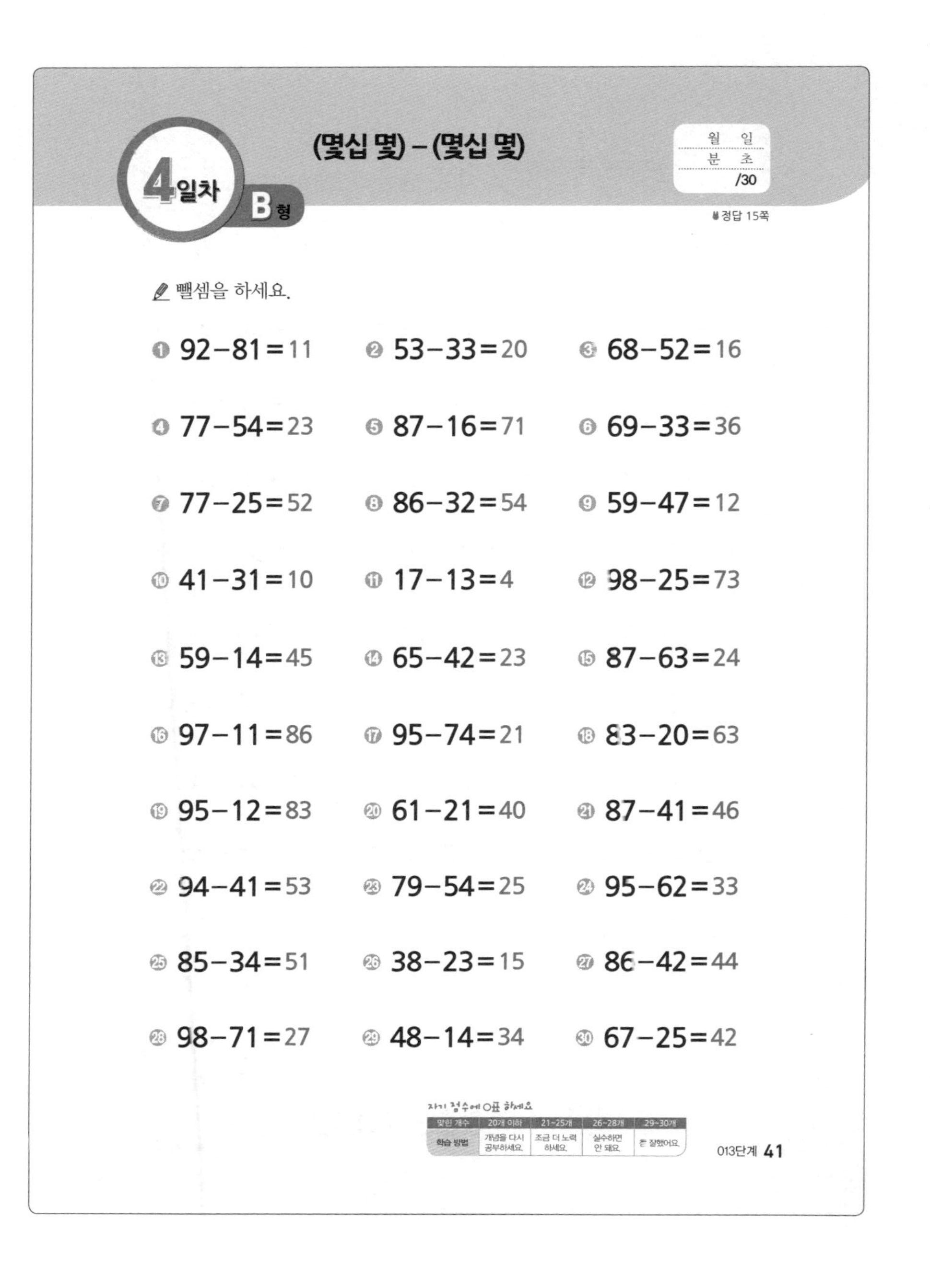

(몇십 몇) − (몇십 몇)

월 일 / 분 초 / /30

정답 15쪽

빼셈을 하세요.

1. 92−81=11
2. 53−33=20
3. 68−52=16
4. 77−54=23
5. 87−16=71
6. 69−33=36
7. 77−25=52
8. 86−32=54
9. 59−47=12
10. 41−31=10
11. 17−13=4
12. 98−25=73
13. 59−14=45
14. 65−42=23
15. 87−63=24
16. 97−11=86
17. 95−74=21
18. 83−20=63
19. 95−12=83
20. 61−21=40
21. 87−41=46
22. 94−41=53
23. 79−54=25
24. 95−62=33
25. 85−34=51
26. 38−23=15
27. 86−42=44
28. 98−71=27
29. 48−14=34
30. 67−25=42

자기 점수에 ○표 하세요

맞힌 개수	20개 이하	21~25개	26~28개	29~30개
학습 방법	개념을 다시 공부하세요.	조금 더 노력하세요.	실수하면 안 돼요.	참 잘했어요.

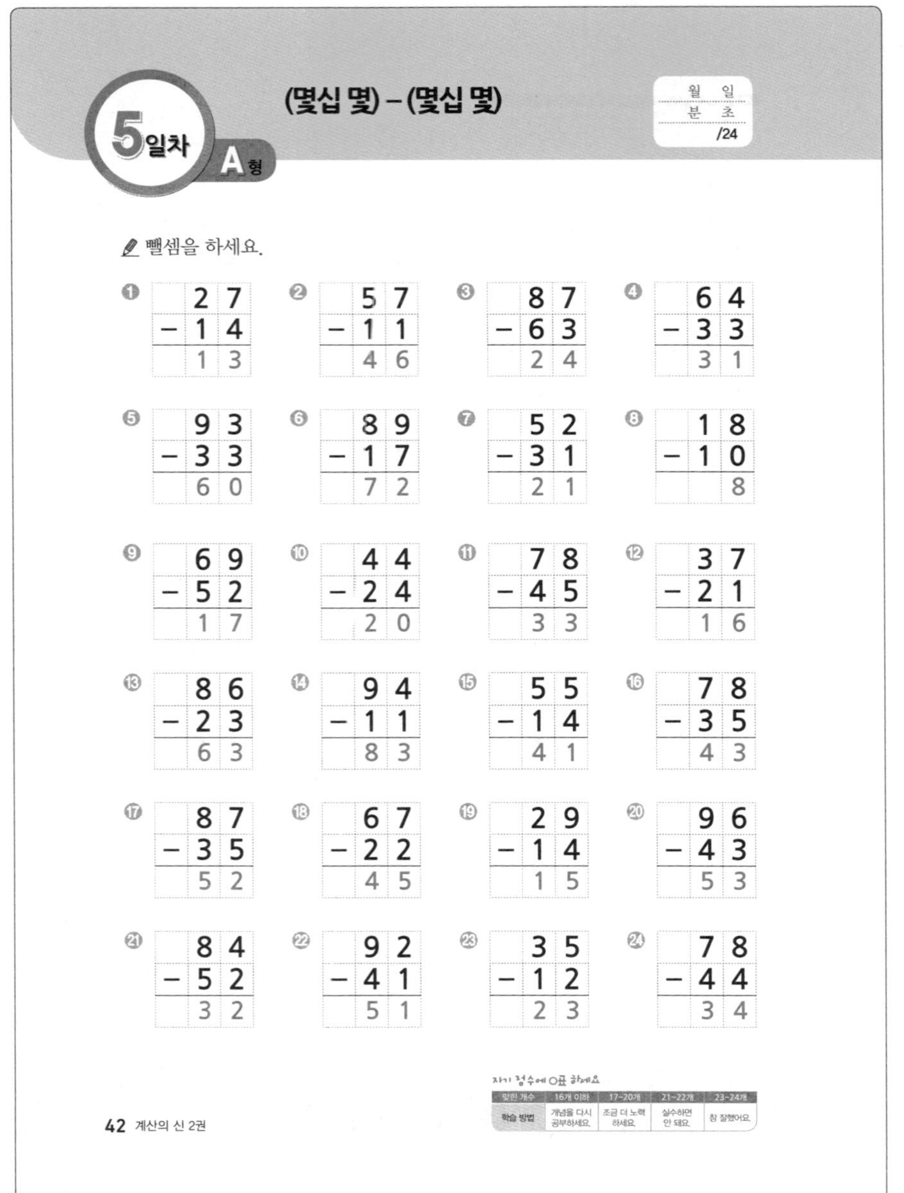

5일차 A형 (몇십 몇) − (몇십 몇)

월 일 / 분 초 / /24

✎ 뺄셈을 하세요.

1. $27-14=13$
2. $57-11=46$
3. $87-63=24$
4. $64-33=31$
5. $93-33=60$
6. $89-17=72$
7. $52-31=21$
8. $18-10=8$
9. $69-52=17$
10. $44-24=20$
11. $78-45=33$
12. $37-21=16$
13. $86-23=63$
14. $94-11=83$
15. $55-14=41$
16. $78-35=43$
17. $87-35=52$
18. $67-22=45$
19. $29-14=15$
20. $96-43=53$
21. $84-52=32$
22. $92-41=51$
23. $35-12=23$
24. $78-44=34$

자기 점수에 ○표 하세요

맞힌 개수	16개 이하	17~20개	21~22개	23~24개
학습 방법	개념을 다시 공부하세요.	조금 더 노력하세요.	실수하면 안 돼요.	참 잘했어요.

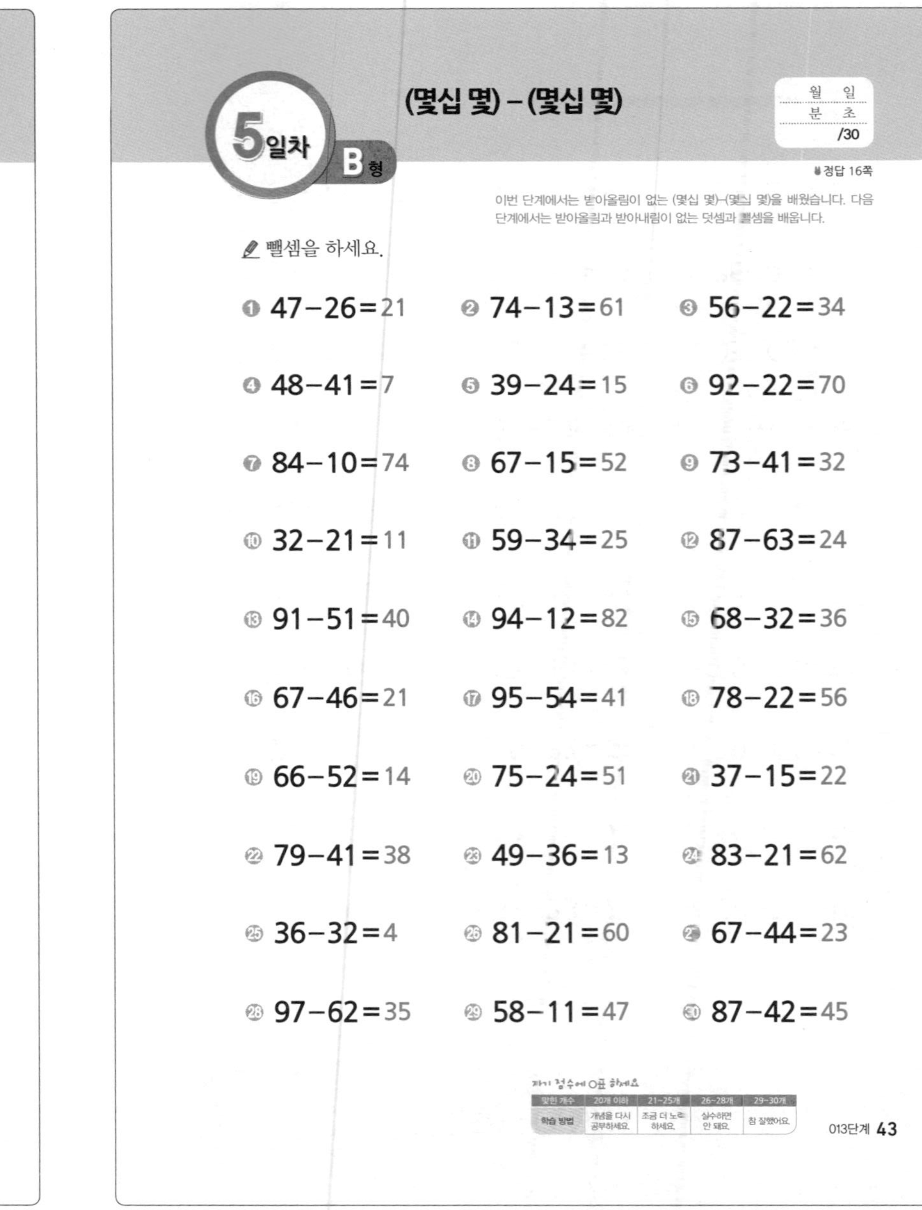

5일차 B형 (몇십 몇) − (몇십 몇)

월 일 / 분 초 / /30

※ 정답 16쪽

이번 단계에서는 받아올림이 없는 (몇십 몇)−(몇십 몇)을 배웠습니다. 다음 단계에서는 받아올림과 받아내림이 없는 덧셈과 뺄셈을 배웁니다.

✎ 뺄셈을 하세요.

1. $47-26=21$
2. $74-13=61$
3. $56-22=34$
4. $48-41=7$
5. $39-24=15$
6. $92-22=70$
7. $84-10=74$
8. $67-15=52$
9. $73-41=32$
10. $32-21=11$
11. $59-34=25$
12. $87-63=24$
13. $91-51=40$
14. $94-12=82$
15. $68-32=36$
16. $67-46=21$
17. $95-54=41$
18. $78-22=56$
19. $66-52=14$
20. $75-24=51$
21. $37-15=22$
22. $79-41=38$
23. $49-36=13$
24. $83-21=62$
25. $36-32=4$
26. $81-21=60$
27. $67-44=23$
28. $97-62=35$
29. $58-11=47$
30. $87-42=45$

자기 점수에 ○표 하세요

맞힌 개수	20개 이하	21~25개	26~28개	29~30개
학습 방법	개념을 다시 공부하세요.	조금 더 노력하세요.	실수하면 안 돼요.	참 잘했어요.

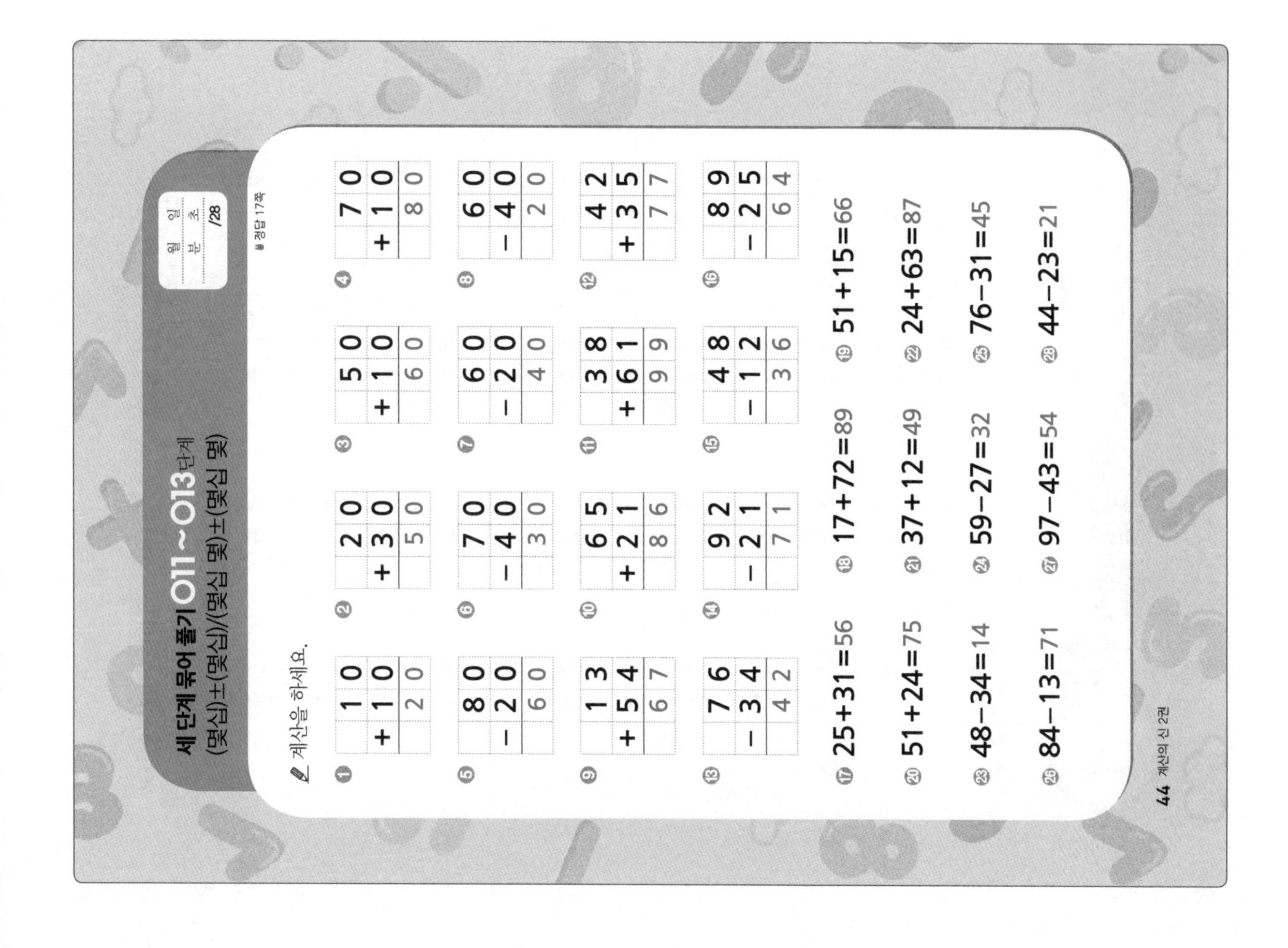

세 단계 묶어 풀기 O11 ~ O13단계
(몇십)±(몇십)/(몇십 몇)±(몇십 몇)

월 일
분 초
/28

정답 17쪽

계산을 하세요.

❶ $10 + 10 = 20$
❷ $20 + 30 = 50$
❸ $50 + 10 = 60$
❹ $70 + 10 = 80$

❺ $80 - 20 = 60$
❻ $70 - 40 = 30$
❼ $60 - 20 = 40$
❽ $60 - 40 = 20$

❾ $13 + 54 = 67$
❿ $65 + 21 = 86$
⓫ $38 + 61 = 99$
⓬ $42 + 35 = 77$

⓭ $76 - 34 = 42$
⓮ $92 - 21 = 71$
⓯ $48 - 12 = 36$
⓰ $89 - 25 = 64$

⓱ $25+31=56$
⓲ $17+72=89$
⓳ $51+15=66$

⓴ $51+24=75$
㉑ $37+12=49$
㉒ $24+63=87$

㉓ $48-34=14$
㉔ $59-27=32$
㉕ $76-31=45$

㉖ $84-13=71$
㉗ $97-43=54$
㉘ $44-23=21$

44 계산의 신 2권

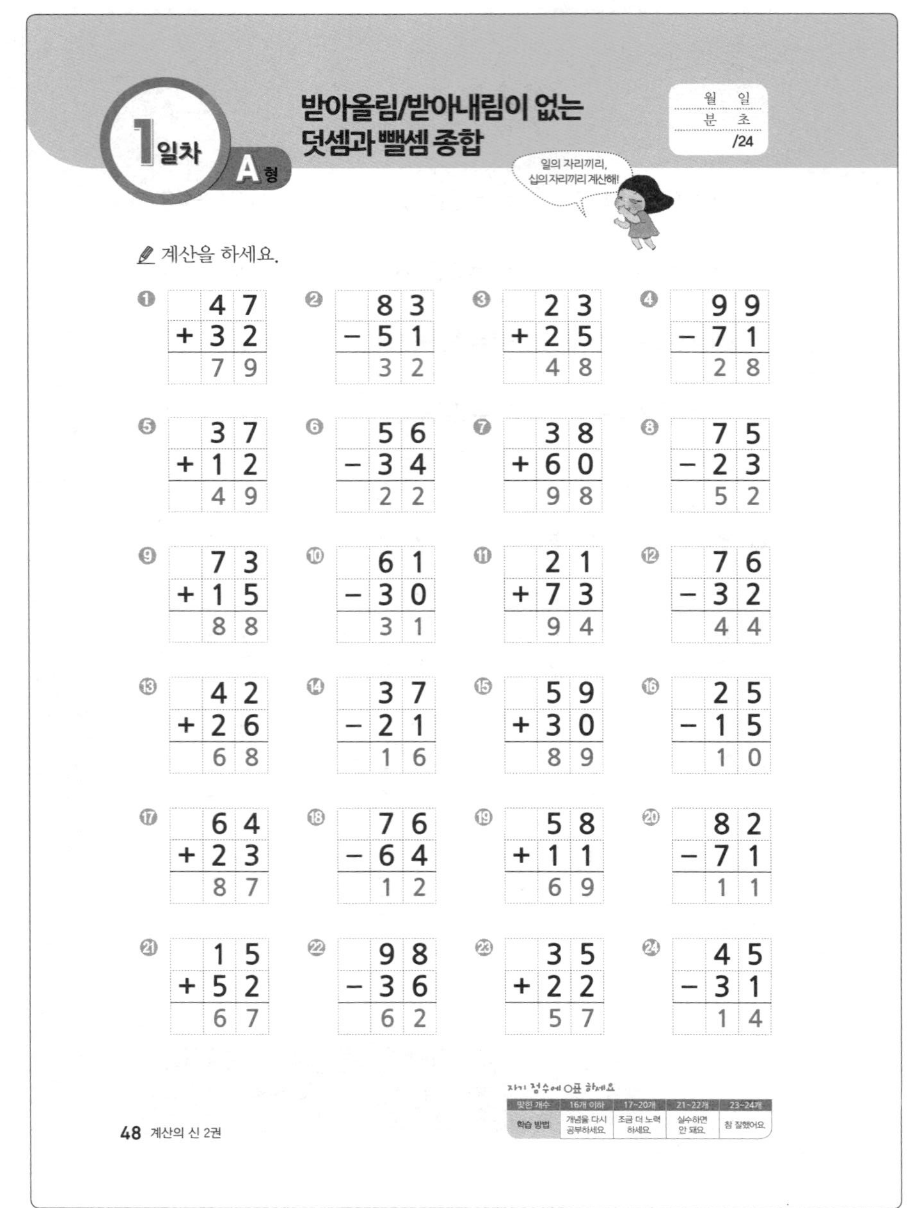

1일차 A형

받아올림/받아내림이 없는 덧셈과 뺄셈 종합

월 일 / 분 초 / /24

계산을 하세요.

① 47 + 32 = 79　② 83 − 51 = 32　③ 23 + 25 = 48　④ 99 − 71 = 28

⑤ 37 + 12 = 49　⑥ 56 − 34 = 22　⑦ 38 + 60 = 98　⑧ 75 − 23 = 52

⑨ 73 + 15 = 88　⑩ 61 − 30 = 31　⑪ 21 + 73 = 94　⑫ 76 − 32 = 44

⑬ 42 + 26 = 68　⑭ 37 − 21 = 16　⑮ 59 + 30 = 89　⑯ 25 − 15 = 10

⑰ 64 + 23 = 87　⑱ 76 − 64 = 12　⑲ 58 + 11 = 69　⑳ 82 − 71 = 11

㉑ 15 + 52 = 67　㉒ 98 − 36 = 62　㉓ 35 + 22 = 57　㉔ 45 − 31 = 14

자기 점수에 ○표 하세요

맞힌 개수	16개 이하	17~20개	21~22개	23~24개
학습 방법	개념을 다시 공부하세요.	조금 더 노력하세요.	실수하면 안 돼요.	참 잘했어요.

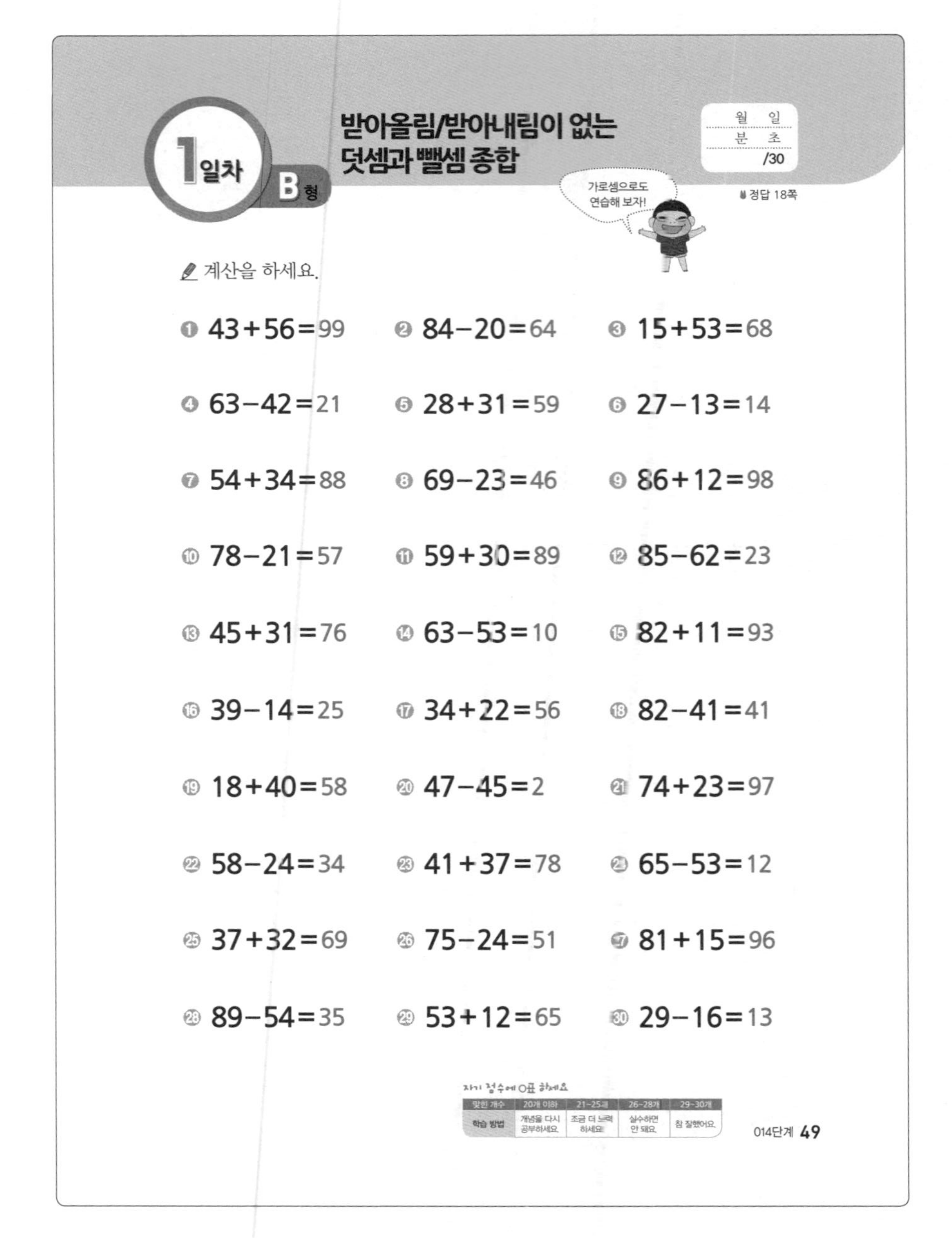

1일차 B형

받아올림/받아내림이 없는 덧셈과 뺄셈 종합

월 일 / 분 초 / /30

정답 18쪽

계산을 하세요.

① 43+56=99　② 84−20=64　③ 15+53=68

④ 63−42=21　⑤ 28+31=59　⑥ 27−13=14

⑦ 54+34=88　⑧ 69−23=46　⑨ 86+12=98

⑩ 78−21=57　⑪ 59+30=89　⑫ 85−62=23

⑬ 45+31=76　⑭ 63−53=10　⑮ 82+11=93

⑯ 39−14=25　⑰ 34+22=56　⑱ 82−41=41

⑲ 18+40=58　⑳ 47−45=2　㉑ 74+23=97

㉒ 58−24=34　㉓ 41+37=78　㉔ 65−53=12

㉕ 37+32=69　㉖ 75−24=51　㉗ 81+15=96

㉘ 89−54=35　㉙ 53+12=65　㉚ 29−16=13

자기 점수에 ○표 하세요

맞힌 개수	20개 이하	21~25개	26~28개	29~30개
학습 방법	개념을 다시 공부하세요.	조금 더 노력하세요.	실수하면 안 돼요.	참 잘했어요.

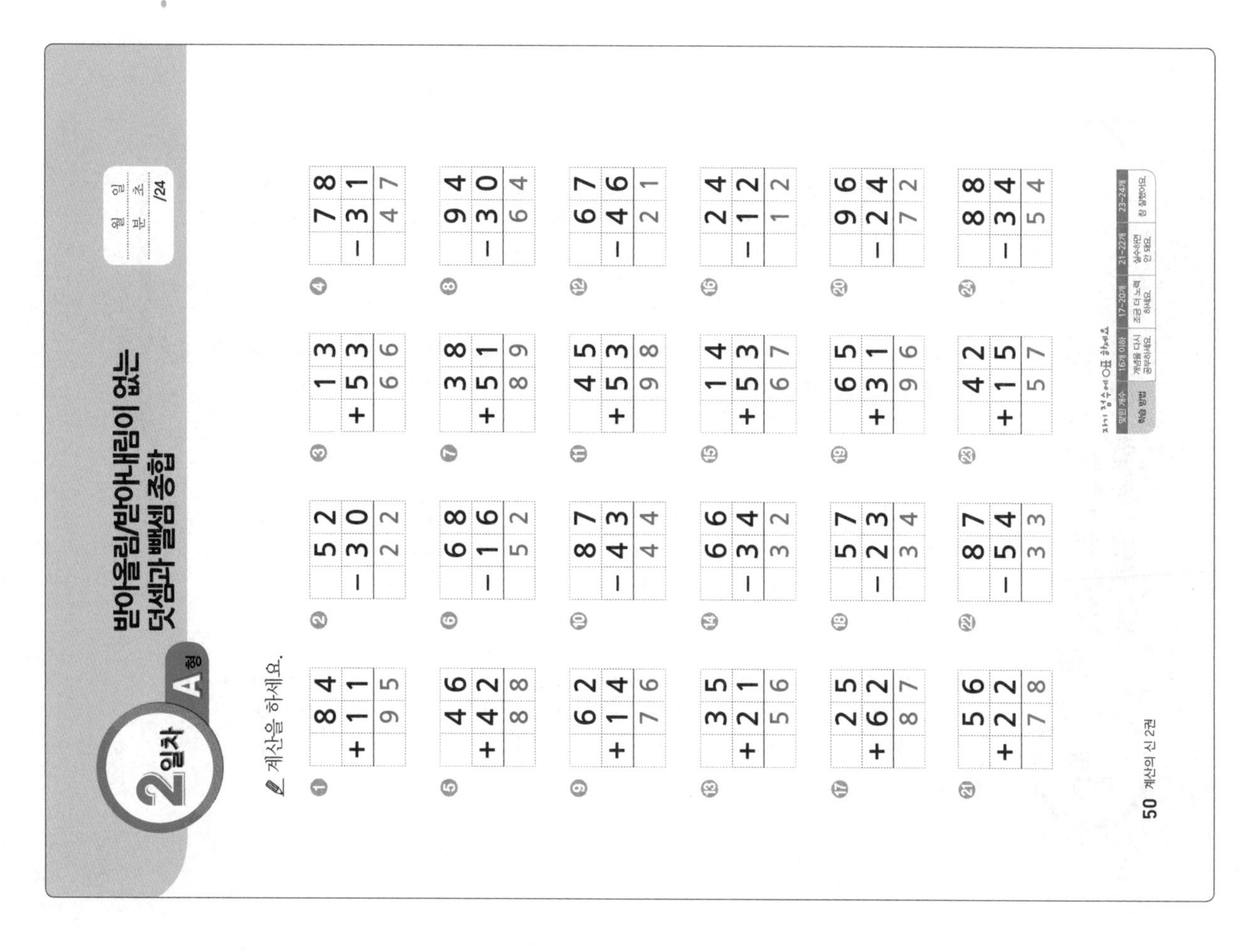

2일차 A형 받아올림/받아내림이 없는 덧셈과 뺄셈 종합

월 일 / 분 초 / /24

계산을 하세요.

1. $84 + 11 = 95$
2. $52 - 30 = 22$
3. $13 + 53 = 66$
4. $78 - 31 = 47$
5. $46 + 42 = 88$
6. $68 - 16 = 52$
7. $38 + 51 = 89$
8. $94 - 30 = 64$
9. $62 + 14 = 76$
10. $87 - 43 = 44$
11. $45 + 53 = 98$
12. $67 - 46 = 21$
13. $35 + 21 = 56$
14. $66 - 34 = 32$
15. $14 + 53 = 67$
16. $24 - 12 = 12$
17. $25 + 62 = 87$
18. $57 - 23 = 34$
19. $65 + 31 = 96$
20. $96 - 24 = 72$
21. $56 + 22 = 78$
22. $87 - 54 = 33$
23. $42 + 15 = 57$
24. $88 - 34 = 54$

자기 점수에 ○표 하세요

맞힌 개수	16개 이하	17~20개	21~22개	23~24개
학습 방법	개념을 다시 공부하세요.	조금 더 노력하세요.	실수하면 안 돼요.	참 잘했어요.

50 계산의 신 2권

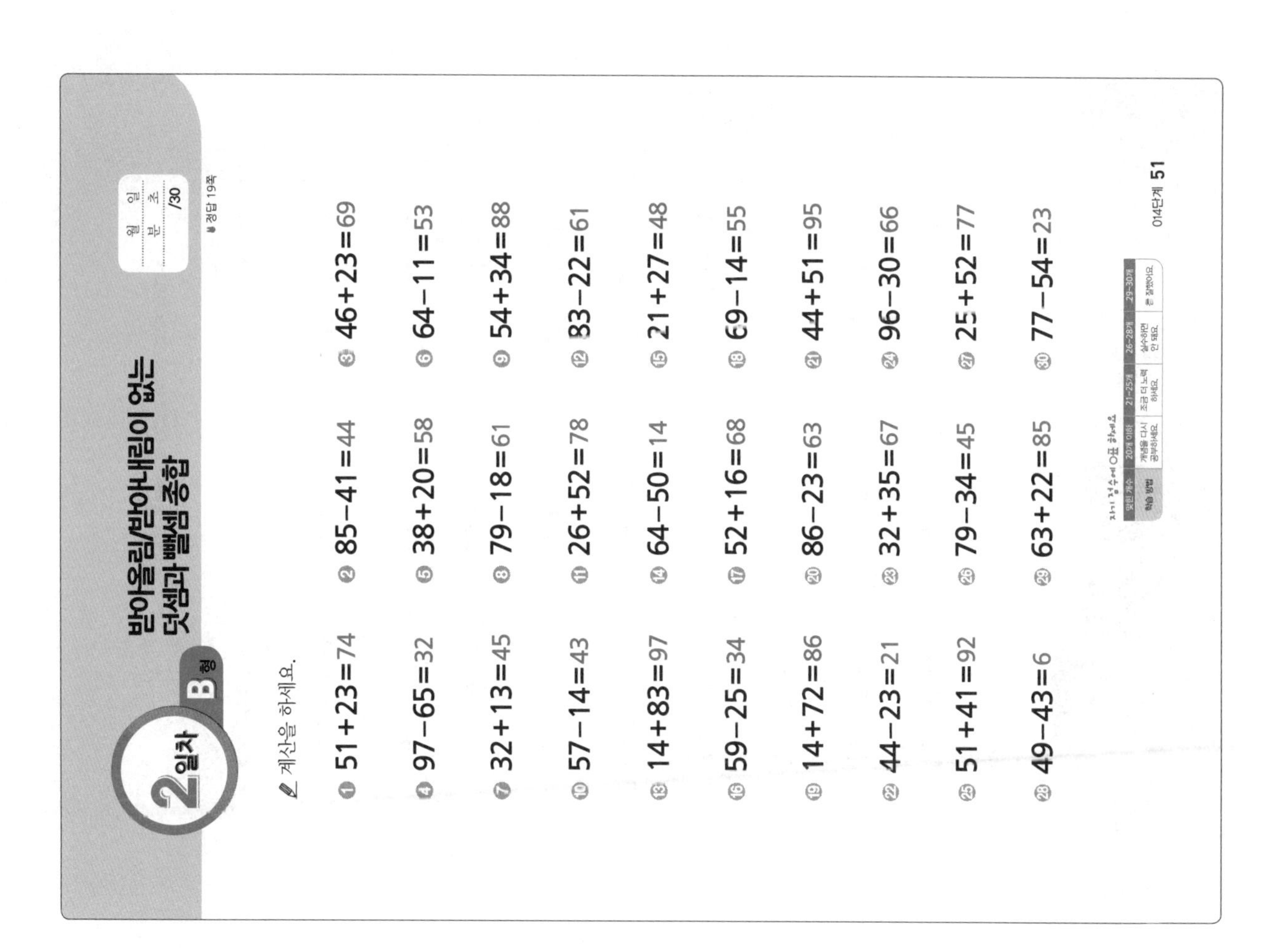

2일차 B형 받아올림/받아내림이 없는 덧셈과 뺄셈 종합

월 일 / 분 초 / /30

정답 19쪽

계산을 하세요.

1. $51+23=74$
2. $85-41=44$
3. $46+23=69$
4. $97-65=32$
5. $38+20=58$
6. $64-11=53$
7. $32+13=45$
8. $79-18=61$
9. $54+34=88$
10. $57-14=43$
11. $26+52=78$
12. $83-22=61$
13. $14+83=97$
14. $64-50=14$
15. $21+27=48$
16. $59-25=34$
17. $52+16=68$
18. $69-14=55$
19. $14+72=86$
20. $86-23=63$
21. $44+51=95$
22. $44-23=21$
23. $32+35=67$
24. $96-30=66$
25. $51+41=92$
26. $79-34=45$
27. $25+52=77$
28. $49-43=6$
29. $63+22=85$
30. $77-54=23$

자기 점수에 ○표 하세요

맞힌 개수	20개 이하	21~25개	26~28개	29~30개
학습 방법	개념을 다시 공부하세요.	조금 더 노력하세요.	실수하면 안 돼요.	참 잘했어요.

014단계 51

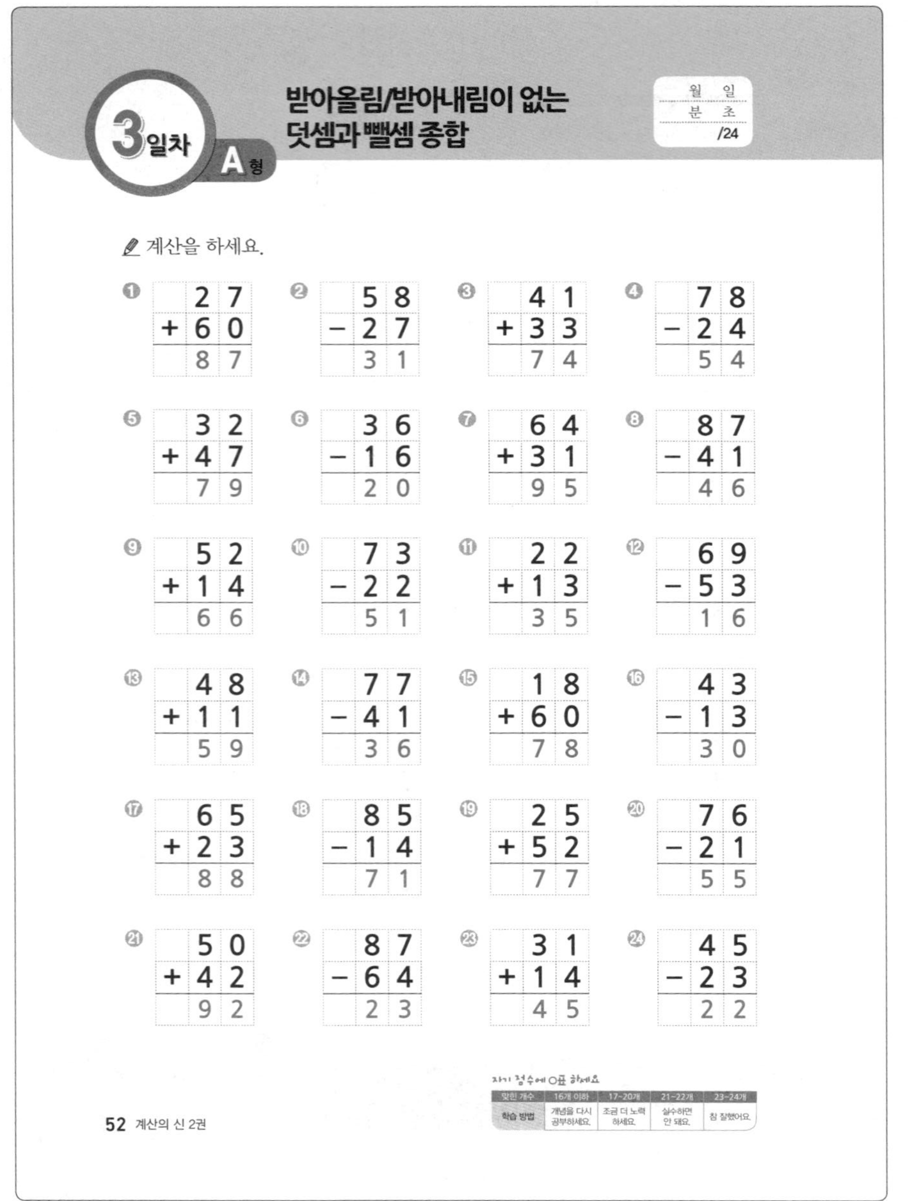

3일차 A형 받아올림/받아내림이 없는 덧셈과 뺄셈 종합

월 일 / 분 초 / /24

계산을 하세요.

① 27 + 60 = 87
② 58 − 27 = 31
③ 41 + 33 = 74
④ 78 − 24 = 54
⑤ 32 + 47 = 79
⑥ 36 − 16 = 20
⑦ 64 + 31 = 95
⑧ 87 − 41 = 46
⑨ 52 + 14 = 66
⑩ 73 − 22 = 51
⑪ 22 + 13 = 35
⑫ 69 − 53 = 16
⑬ 48 + 11 = 59
⑭ 77 − 41 = 36
⑮ 18 + 60 = 78
⑯ 43 − 13 = 30
⑰ 65 + 23 = 88
⑱ 85 − 14 = 71
⑲ 25 + 52 = 77
⑳ 76 − 21 = 55
㉑ 50 + 42 = 92
㉒ 87 − 64 = 23
㉓ 31 + 14 = 45
㉔ 45 − 23 = 22

자기 점수에 ○표 하세요.

맞힌 개수	16개 이하	17~20개	21~22개	23~24개
학습 방법	개념을 다시 공부하세요.	조금 더 노력하세요.	실수하면 안 돼요.	참 잘했어요.

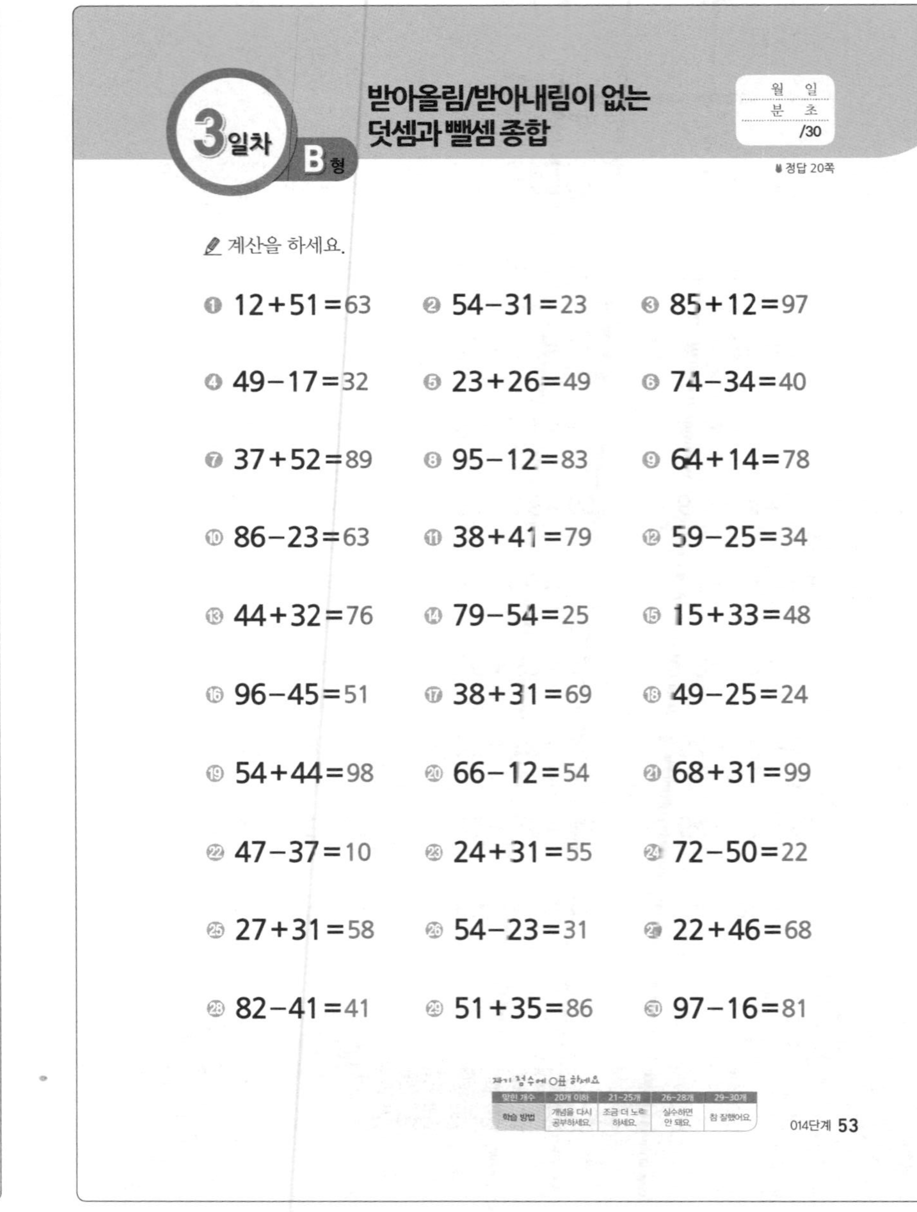

3일차 B형 받아올림/받아내림이 없는 덧셈과 뺄셈 종합

월 일 / 분 초 / /30

정답 20쪽

계산을 하세요.

① 12+51=63 ② 54−31=23 ③ 85+12=97
④ 49−17=32 ⑤ 23+26=49 ⑥ 74−34=40
⑦ 37+52=89 ⑧ 95−12=83 ⑨ 64+14=78
⑩ 86−23=63 ⑪ 38+41=79 ⑫ 59−25=34
⑬ 44+32=76 ⑭ 79−54=25 ⑮ 15+33=48
⑯ 96−45=51 ⑰ 38+31=69 ⑱ 49−25=24
⑲ 54+44=98 ⑳ 66−12=54 ㉑ 68+31=99
㉒ 47−37=10 ㉓ 24+31=55 ㉔ 72−50=22
㉕ 27+31=58 ㉖ 54−23=31 ㉗ 22+46=68
㉘ 82−41=41 ㉙ 51+35=86 ㉚ 97−16=81

자기 점수에 ○표 하세요.

맞힌 개수	20개 이하	21~25개	26~28개	29~30개
학습 방법	개념을 다시 공부하세요.	조금 더 노력하세요.	실수하면 안 돼요.	참 잘했어요.

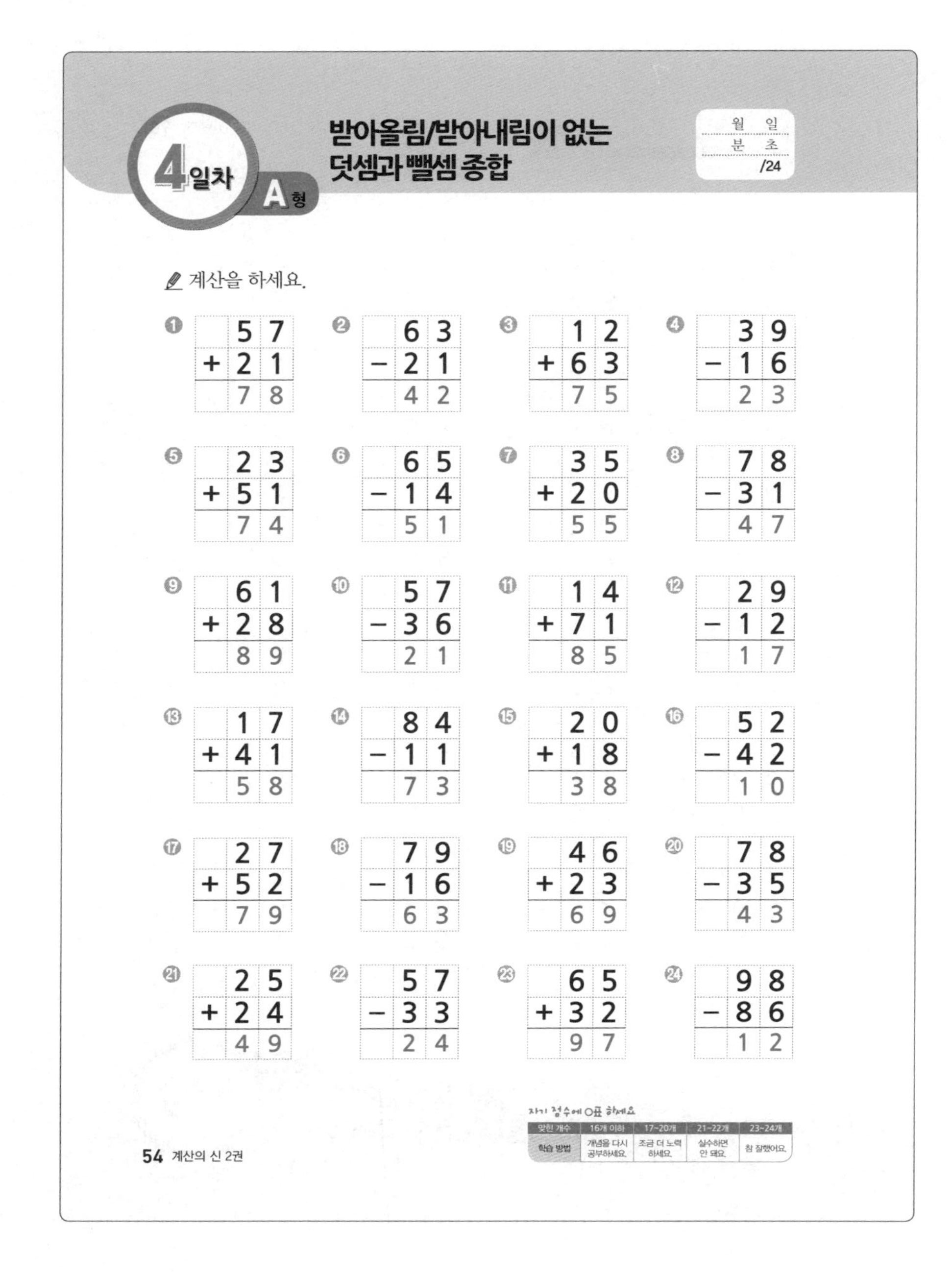

4일차 A형 받아올림/받아내림이 없는 덧셈과 뺄셈 종합

월 일 / 분 초 / /24

계산을 하세요.

❶	❷	❸	❹
57 + 21 = 78	63 − 21 = 42	12 + 63 = 75	39 − 16 = 23

❺	❻	❼	❽
23 + 51 = 74	65 − 14 = 51	35 + 20 = 55	78 − 31 = 47

❾	❿	⓫	⓬
61 + 28 = 89	57 − 36 = 21	14 + 71 = 85	29 − 12 = 17

⓭	⓮	⓯	⓰
17 + 41 = 58	84 − 11 = 73	20 + 18 = 38	52 − 42 = 10

⓱	⓲	⓳	⓴
27 + 52 = 79	79 − 16 = 63	46 + 23 = 69	78 − 35 = 43

㉑	㉒	㉓	㉔
25 + 24 = 49	57 − 33 = 24	65 + 32 = 97	98 − 86 = 12

자기 점수에 ○표 하세요.

맞힌 개수	16개 이하	17~20개	21~22개	23~24개
학습 방법	개념을 다시 공부하세요.	조금 더 노력 하세요.	실수하면 안 돼요.	참 잘했어요.

54 계산의 신 2권

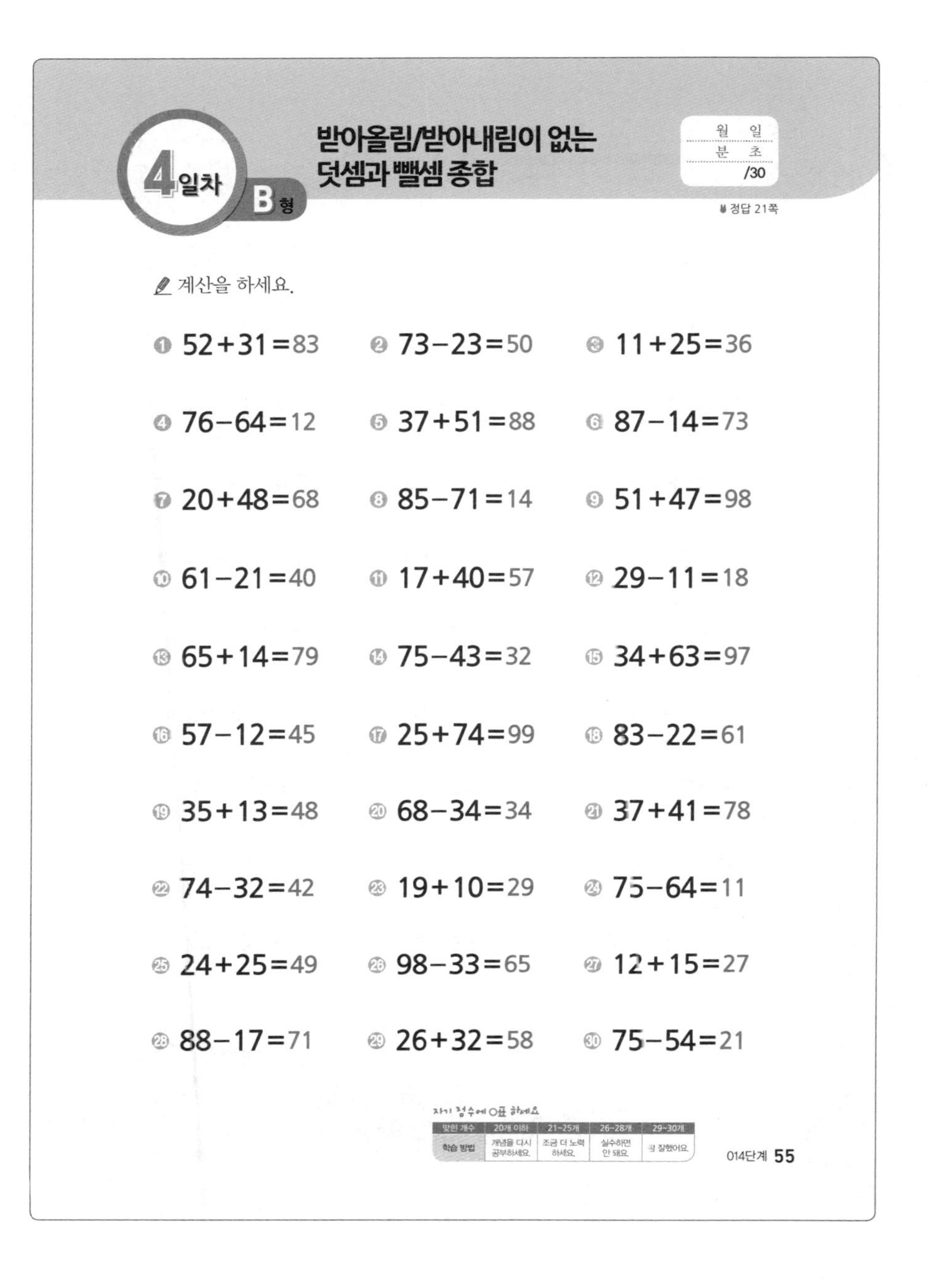

4일차 B형 받아올림/받아내림이 없는 덧셈과 뺄셈 종합

월 일 / 분 초 / /30

정답 21쪽

계산을 하세요.

❶ 52+31=83	❷ 73−23=50	❸ 11+25=36
❹ 76−64=12	❺ 37+51=88	❻ 87−14=73
❼ 20+48=68	❽ 85−71=14	❾ 51+47=98
❿ 61−21=40	⓫ 17+40=57	⓬ 29−11=18
⓭ 65+14=79	⓮ 75−43=32	⓯ 34+63=97
⓰ 57−12=45	⓱ 25+74=99	⓲ 83−22=61
⓳ 35+13=48	⓴ 68−34=34	㉑ 37+41=78
㉒ 74−32=42	㉓ 19+10=29	㉔ 75−64=11
㉕ 24+25=49	㉖ 98−33=65	㉗ 12+15=27
㉘ 88−17=71	㉙ 26+32=58	㉚ 75−54=21

자기 점수에 ○표 하세요.

맞힌 개수	20개 이하	21~25개	26~28개	29~30개
학습 방법	개념을 다시 공부하세요.	조금 더 노력 하세요.	실수하면 안 돼요.	참 잘했어요.

014단계 55

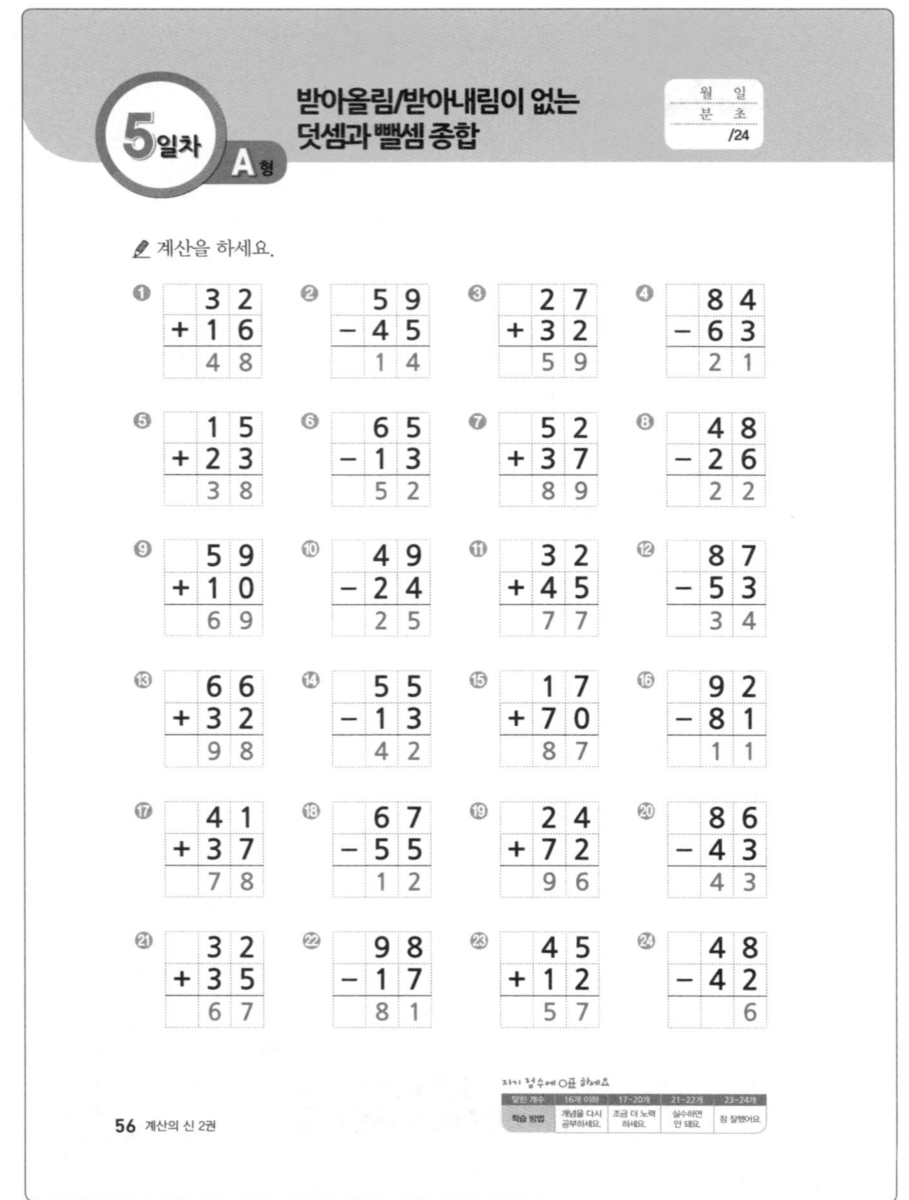

5일차 A형 받아올림/받아내림이 없는 덧셈과 뺄셈 종합

월 일 / 분 초 / /24

계산을 하세요.

① 32 + 16 = 48
② 59 − 45 = 14
③ 27 + 32 = 59
④ 84 − 63 = 21
⑤ 15 + 23 = 38
⑥ 65 − 13 = 52
⑦ 52 + 37 = 89
⑧ 48 − 26 = 22
⑨ 59 + 10 = 69
⑩ 49 − 24 = 25
⑪ 32 + 45 = 77
⑫ 87 − 53 = 34
⑬ 66 + 32 = 98
⑭ 55 − 13 = 42
⑮ 17 + 70 = 87
⑯ 92 − 81 = 11
⑰ 41 + 37 = 78
⑱ 67 − 55 = 12
⑲ 24 + 72 = 96
⑳ 86 − 43 = 43
㉑ 32 + 35 = 67
㉒ 98 − 17 = 81
㉓ 45 + 12 = 57
㉔ 48 − 42 = 6

자기 점수에 ○표 하세요

맞힌 개수	16개 이하	17~20개	21~22개	23~24개
학습 방법	개념을 다시 공부하세요.	조금 더 노력하세요.	실수하면 안 돼요.	참 잘했어요.

56 계산의 신 2권

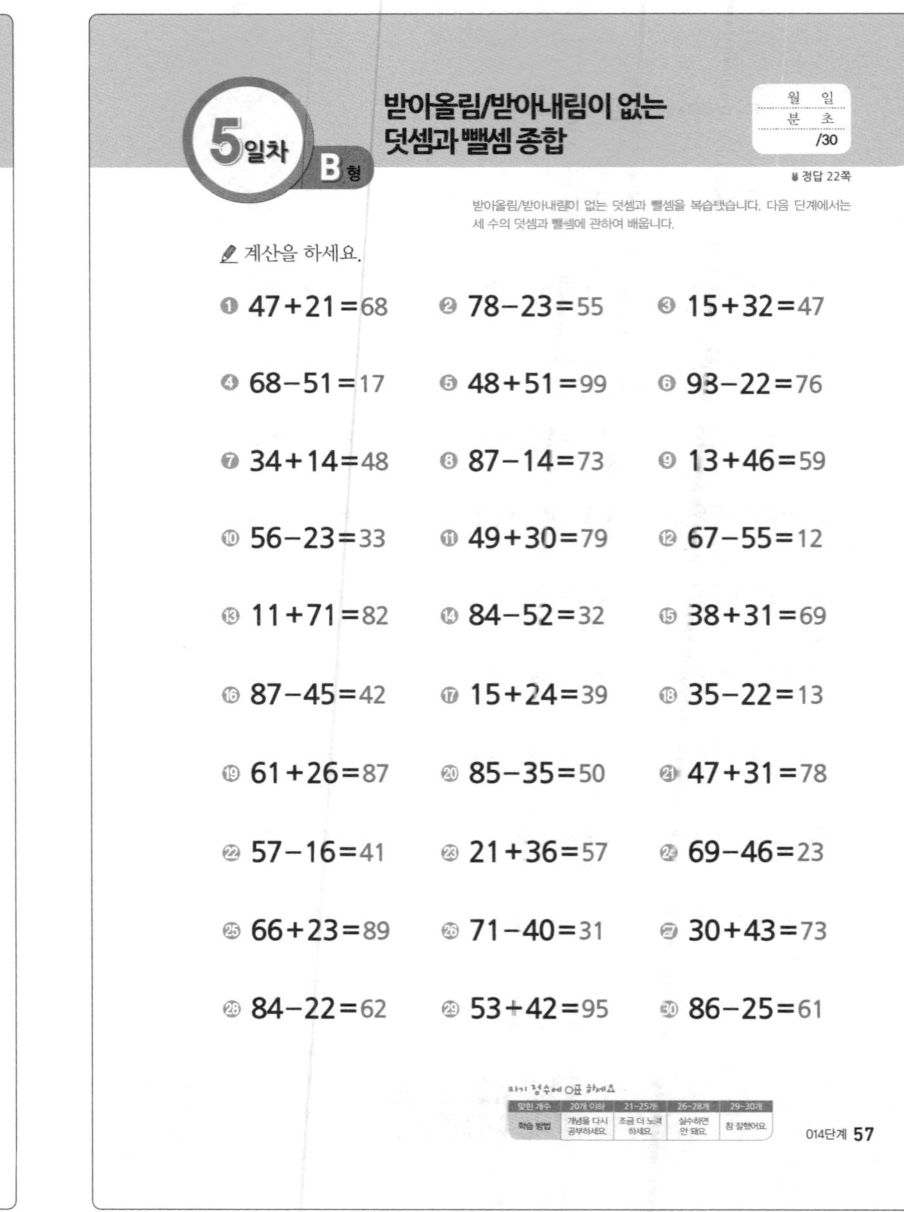

5일차 B형 받아올림/받아내림이 없는 덧셈과 뺄셈 종합

월 일 / 분 초 / /30

정답 22쪽

받아올림/받아내림이 없는 덧셈과 뺄셈을 복습했습니다. 다음 단계에서는 세 수의 덧셈과 뺄셈에 관하여 배웁니다.

계산을 하세요.

① 47+21=68 ② 78−23=55 ③ 15+32=47
④ 68−51=17 ⑤ 48+51=99 ⑥ 93−22=76
⑦ 34+14=48 ⑧ 87−14=73 ⑨ 13+46=59
⑩ 56−23=33 ⑪ 49+30=79 ⑫ 67−55=12
⑬ 11+71=82 ⑭ 84−52=32 ⑮ 38+31=69
⑯ 87−45=42 ⑰ 15+24=39 ⑱ 35−22=13
⑲ 61+26=87 ⑳ 85−35=50 ㉑ 47+31=78
㉒ 57−16=41 ㉓ 21+36=57 ㉔ 69−46=23
㉕ 66+23=89 ㉖ 71−40=31 ㉗ 30+43=73
㉘ 84−22=62 ㉙ 53+42=95 ㉚ 86−25=61

자기 점수에 ○표 하세요

맞힌 개수	20개 이하	21~25개	26~28개	29~30개
학습 방법	개념을 다시 공부하세요.	조금 더 노력하세요.	실수하면 안 돼요.	참 잘했어요.

014단계 57

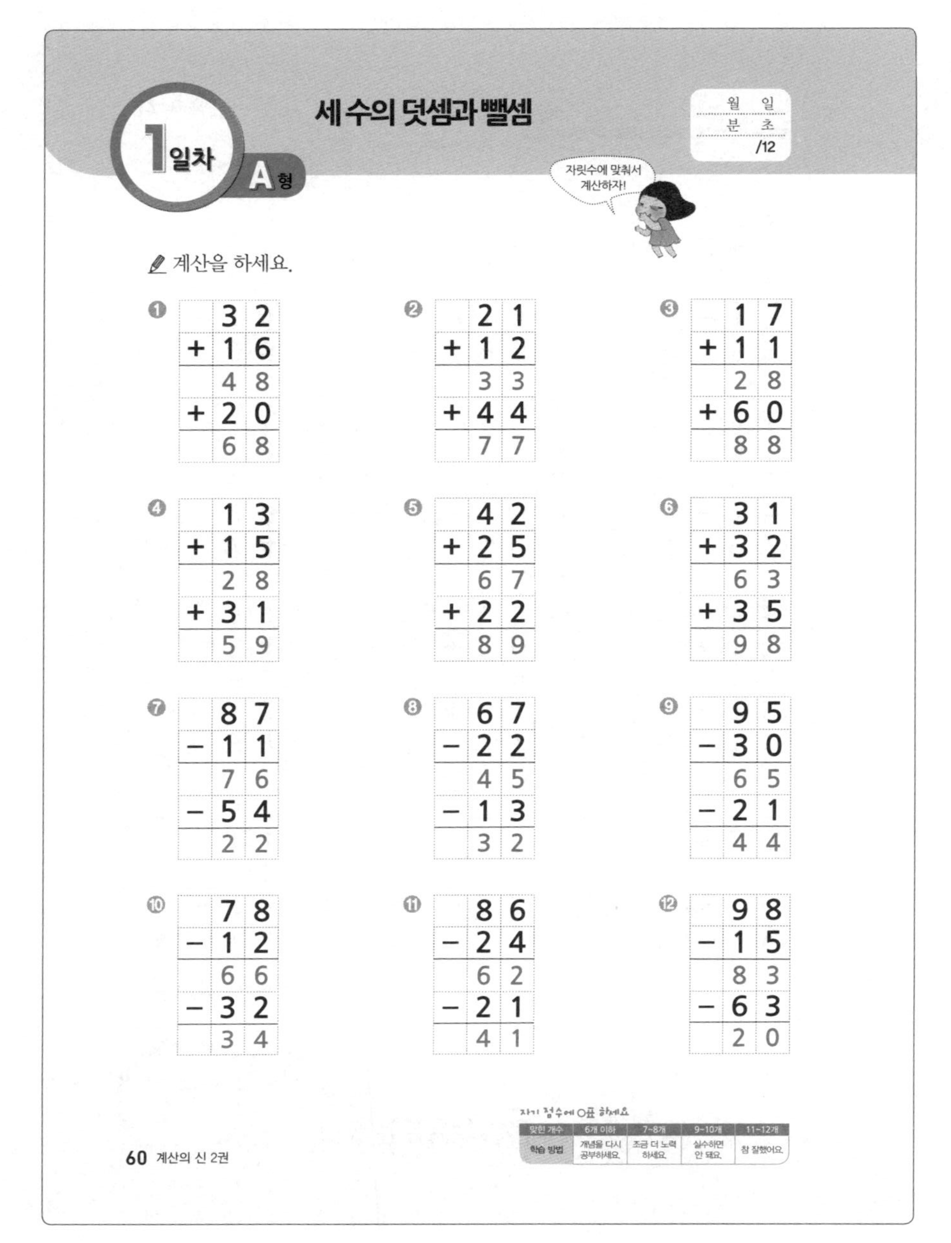
1일차 A형

세 수의 덧셈과 뺄셈

월 일 / 분 초 / /12

계산을 하세요.

① 32 + 16 = 48, 48 + 20 = 68
② 21 + 12 = 33, 33 + 44 = 77
③ 17 + 11 = 28, 28 + 60 = 88
④ 13 + 15 = 28, 28 + 31 = 59
⑤ 42 + 25 = 67, 67 + 22 = 89
⑥ 31 + 32 = 63, 63 + 35 = 98
⑦ 87 − 11 = 76, 76 − 54 = 22
⑧ 67 − 22 = 45, 45 − 13 = 32
⑨ 95 − 30 = 65, 65 − 21 = 44
⑩ 78 − 12 = 66, 66 − 32 = 34
⑪ 86 − 24 = 62, 62 − 21 = 41
⑫ 98 − 15 = 83, 83 − 63 = 20

60 계산의 신 2권

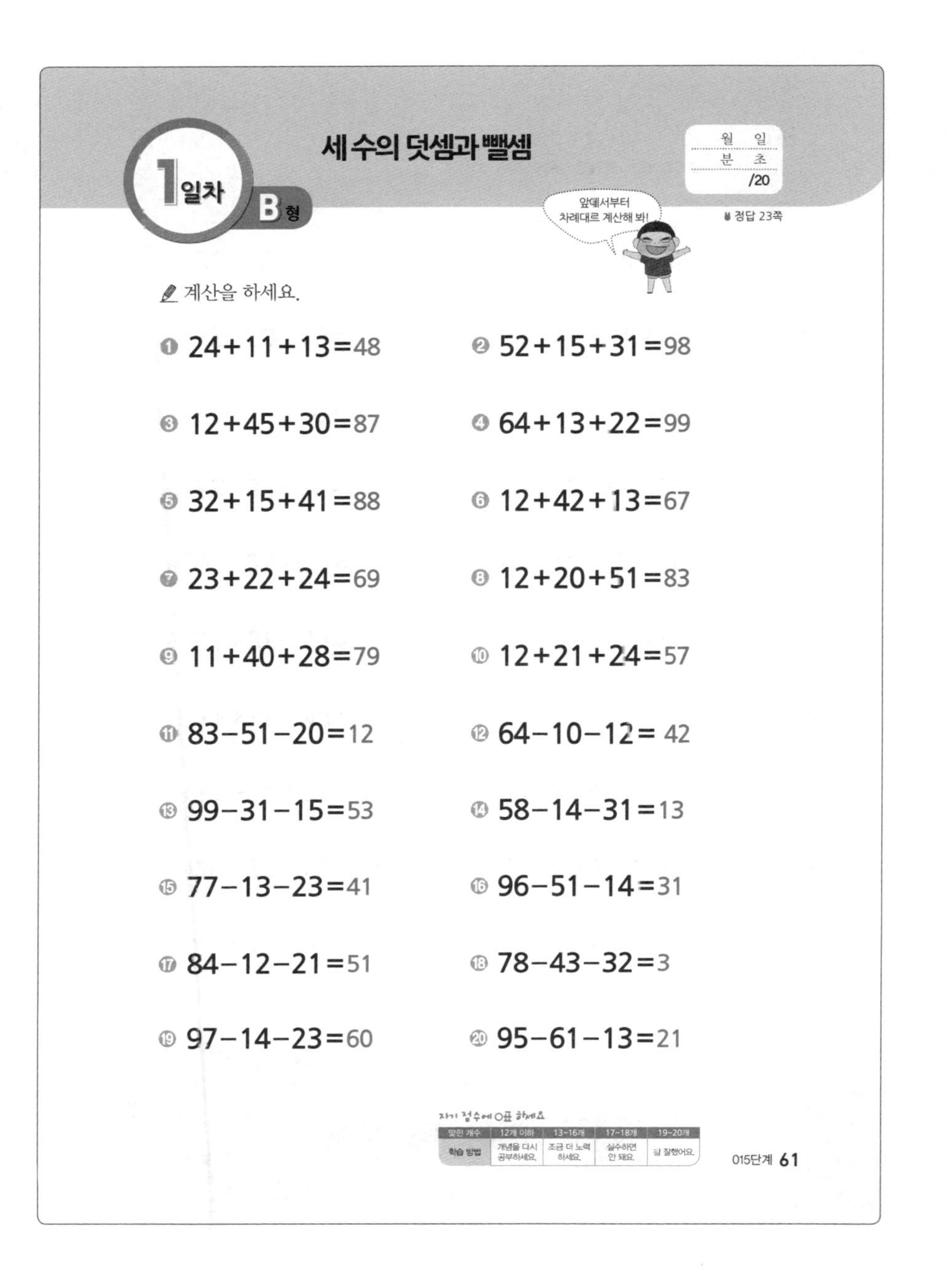
1일차 B형

세 수의 덧셈과 뺄셈

월 일 / 분 초 / /20

정답 23쪽

계산을 하세요.

① 24+11+13=48
② 52+15+31=98
③ 12+45+30=87
④ 64+13+22=99
⑤ 32+15+41=88
⑥ 12+42+13=67
⑦ 23+22+24=69
⑧ 12+20+51=83
⑨ 11+40+28=79
⑩ 12+21+24=57
⑪ 83−51−20=12
⑫ 64−10−12=42
⑬ 99−31−15=53
⑭ 58−14−31=13
⑮ 77−13−23=41
⑯ 96−51−14=31
⑰ 84−12−21=51
⑱ 78−43−32=3
⑲ 97−14−23=60
⑳ 95−61−13=21

015단계 61

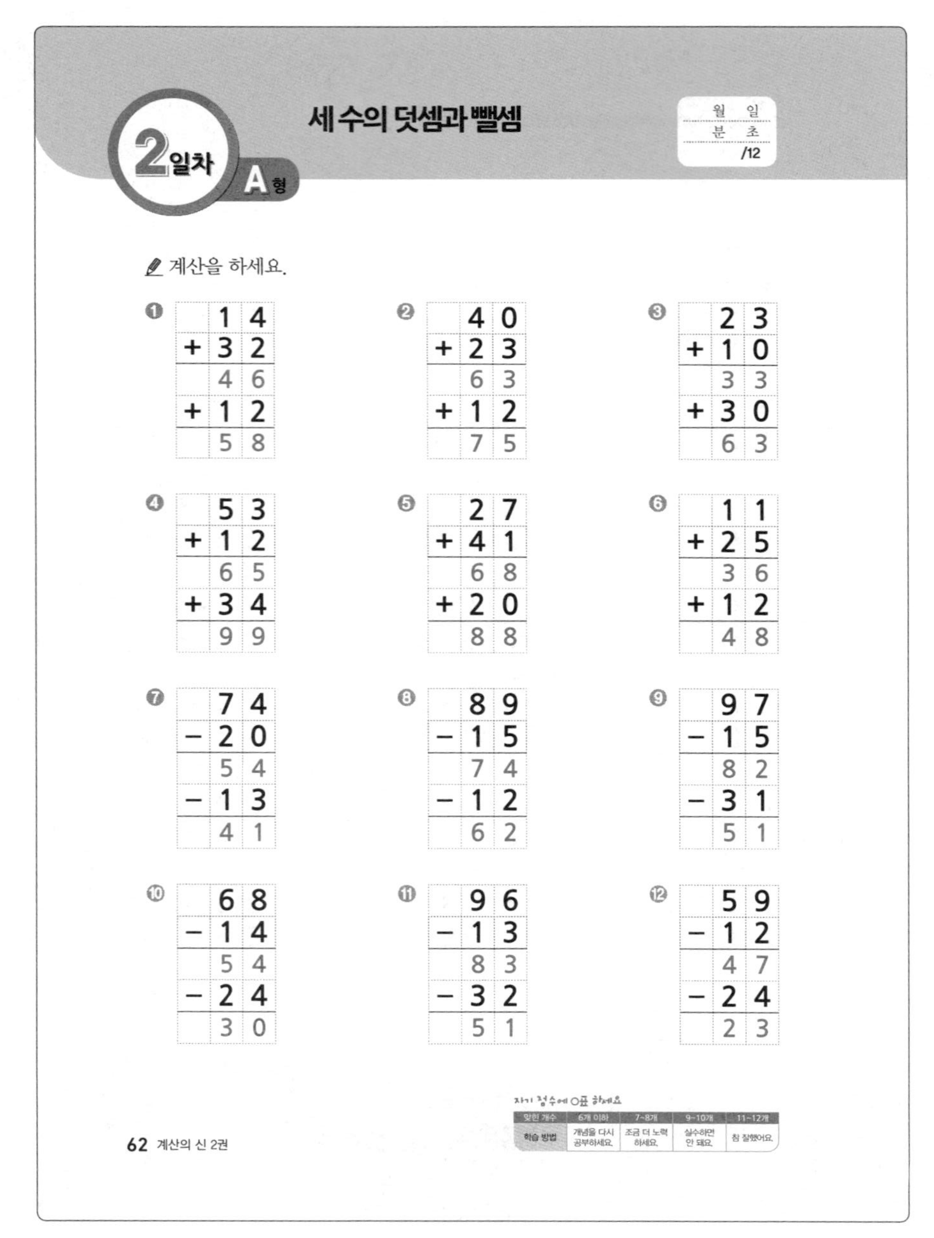

2일차 A형 세 수의 덧셈과 뺄셈

월 일 / 분 초 / /12

계산을 하세요.

❶ 14 + 32 = 46, 46 + 12 = 58

❷ 40 + 23 = 63, 63 + 12 = 75

❸ 23 + 10 = 33, 33 + 30 = 63

❹ 53 + 12 = 65, 65 + 34 = 99

❺ 27 + 41 = 68, 68 + 20 = 88

❻ 11 + 25 = 36, 36 + 12 = 48

❼ 74 − 20 = 54, 54 − 13 = 41

❽ 89 − 15 = 74, 74 − 12 = 62

❾ 97 − 15 = 82, 82 − 31 = 51

❿ 68 − 14 = 54, 54 − 24 = 30

⓫ 96 − 13 = 83, 83 − 32 = 51

⓬ 59 − 12 = 47, 47 − 24 = 23

자기 점수에 ○표 하세요.

맞힌 개수	6개 이하	7~8개	9~10개	11~12개
학습 방법	개념을 다시 공부하세요.	조금 더 노력 하세요.	실수하면 안 돼요.	참 잘했어요.

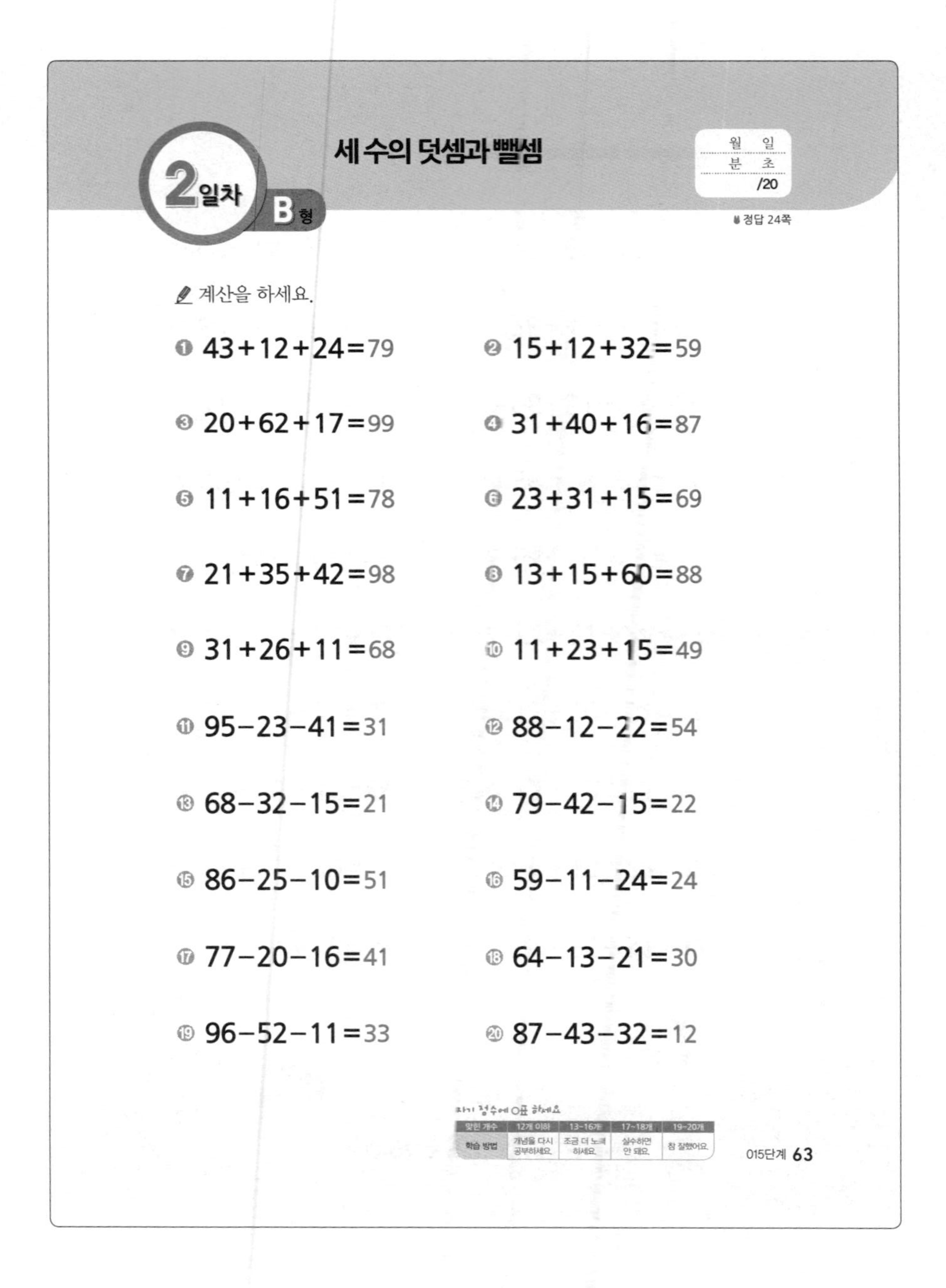

2일차 B형 세 수의 덧셈과 뺄셈

월 일 / 분 초 / /20

정답 24쪽

계산을 하세요.

❶ 43+12+24=79　❷ 15+12+32=59

❸ 20+62+17=99　❹ 31+40+16=87

❺ 11+16+51=78　❻ 23+31+15=69

❼ 21+35+42=98　❽ 13+15+60=88

❾ 31+26+11=68　❿ 11+23+15=49

⓫ 95−23−41=31　⓬ 88−12−22=54

⓭ 68−32−15=21　⓮ 79−42−15=22

⓯ 86−25−10=51　⓰ 59−11−24=24

⓱ 77−20−16=41　⓲ 64−13−21=30

⓳ 96−52−11=33　⓴ 87−43−32=12

자기 점수에 ○표 하세요.

맞힌 개수	12개 이하	13~16개	17~18개	19~20개
학습 방법	개념을 다시 공부하세요.	조금 더 노력 하세요.	실수하면 안 돼요.	참 잘했어요.

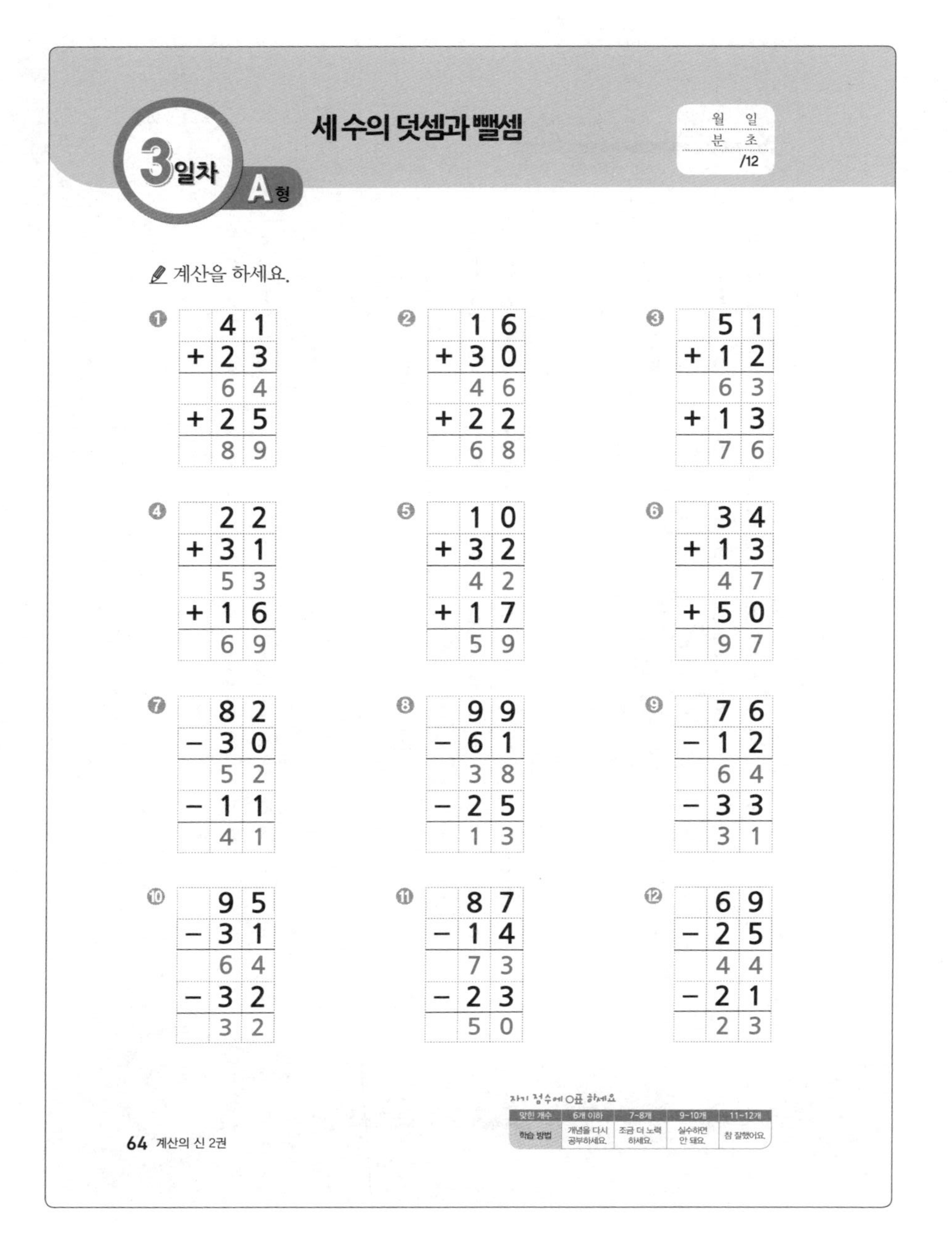

3일차 A형 세 수의 덧셈과 뺄셈

월 일 / 분 초 / /12

계산을 하세요.

❶ 41 + 23 = 64, 64 + 25 = 89

❷ 16 + 30 = 46, 46 + 22 = 68

❸ 51 + 12 = 63, 63 + 13 = 76

❹ 22 + 31 = 53, 53 + 16 = 69

❺ 10 + 32 = 42, 42 + 17 = 59

❻ 34 + 13 = 47, 47 + 50 = 97

❼ 82 − 30 = 52, 52 − 11 = 41

❽ 99 − 61 = 38, 38 − 25 = 13

❾ 76 − 12 = 64, 64 − 33 = 31

❿ 95 − 31 = 64, 64 − 32 = 32

⓫ 87 − 14 = 73, 73 − 23 = 50

⓬ 69 − 25 = 44, 44 − 21 = 23

자기 점수에 ○표 하세요

맞힌 개수	6개 이하	7~8개	9~10개	11~12개
학습 방법	개념을 다시 공부하세요.	조금 더 노력 하세요.	실수하면 안 돼요.	참 잘했어요.

64 계산의 신 2권

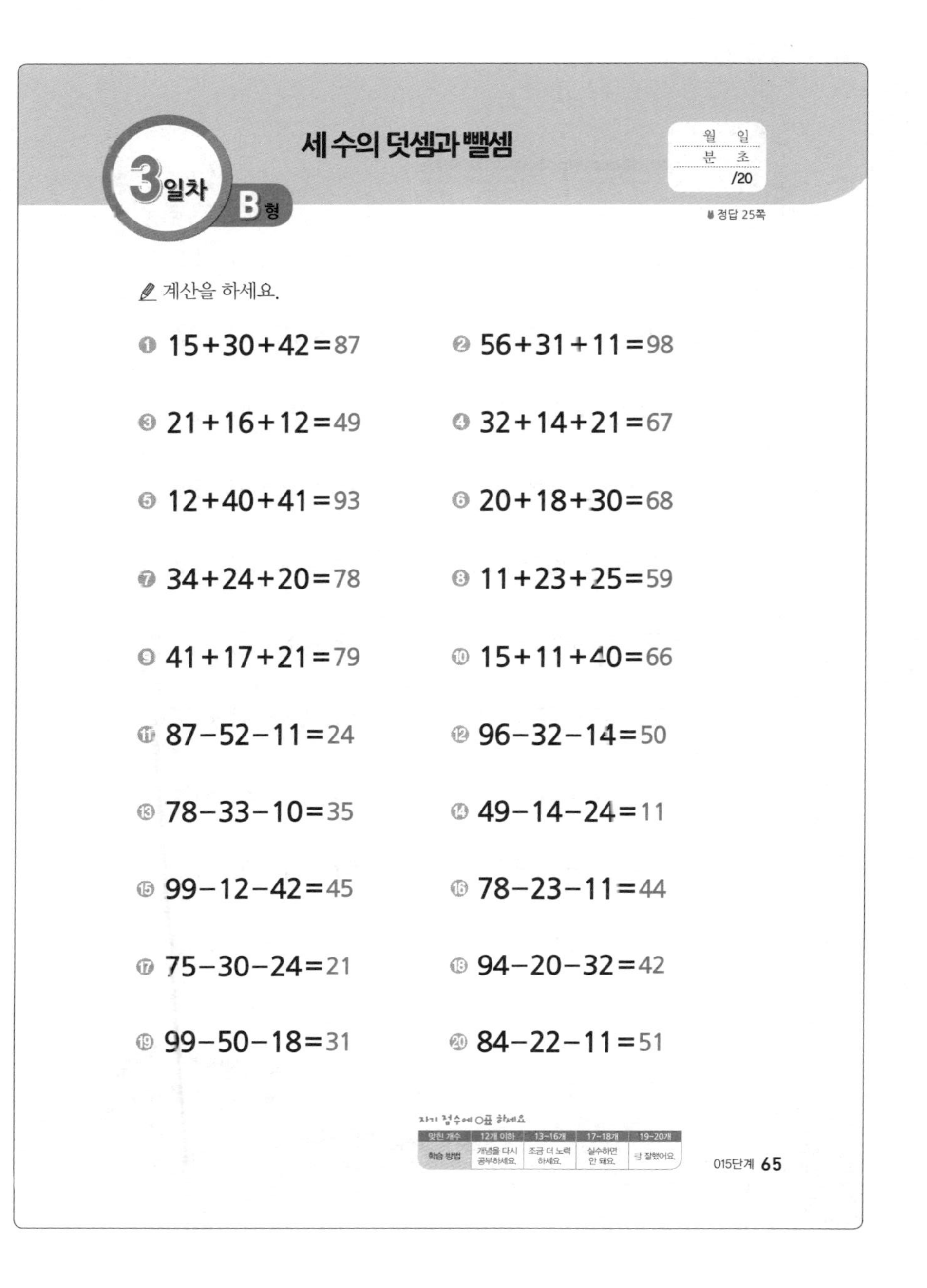

3일차 B형 세 수의 덧셈과 뺄셈

월 일 / 분 초 / /20

정답 25쪽

계산을 하세요.

❶ 15+30+42=87 ❷ 56+31+11=98

❸ 21+16+12=49 ❹ 32+14+21=67

❺ 12+40+41=93 ❻ 20+18+30=68

❼ 34+24+20=78 ❽ 11+23+25=59

❾ 41+17+21=79 ❿ 15+11+40=66

⓫ 87−52−11=24 ⓬ 96−32−14=50

⓭ 78−33−10=35 ⓮ 49−14−24=11

⓯ 99−12−42=45 ⓰ 78−23−11=44

⓱ 75−30−24=21 ⓲ 94−20−32=42

⓳ 99−50−18=31 ⓴ 84−22−11=51

자기 점수에 ○표 하세요

맞힌 개수	12개 이하	13~16개	17~18개	19~20개
학습 방법	개념을 다시 공부하세요.	조금 더 노력 하세요.	실수하면 안 돼요.	참 잘했어요.

015단계 65

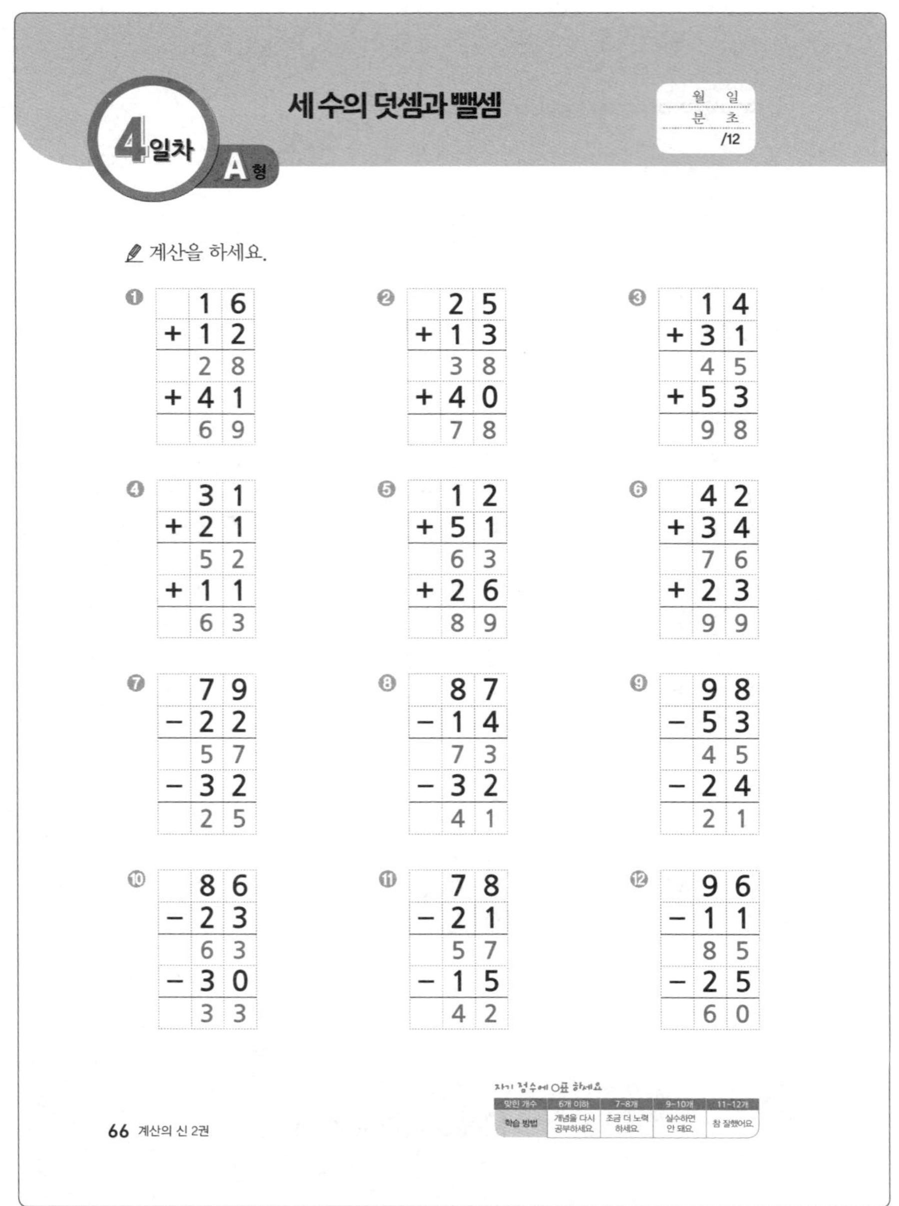

4일차 A형 세 수의 덧셈과 뺄셈

월 일 / 분 초 / /12

계산을 하세요.

❶ 16+12=28, 28+41=69

❷ 25+13=38, 38+40=78

❸ 14+31=45, 45+53=98

❹ 31+21=52, 52+11=63

❺ 12+51=63, 63+26=89

❻ 42+34=76, 76+23=99

❼ 79−22=57, 57−32=25

❽ 87−14=73, 73−32=41

❾ 98−53=45, 45−24=21

❿ 86−23=63, 63−30=33

⓫ 78−21=57, 57−15=42

⓬ 96−11=85, 85−25=60

자기 점수에 ○표 하세요.

맞힌 개수	6개 이하	7~8개	9~10개	11~12개
학습 방법	개념을 다시 공부하세요.	조금 더 노력 하세요.	실수하면 안 돼요.	참 잘했어요.

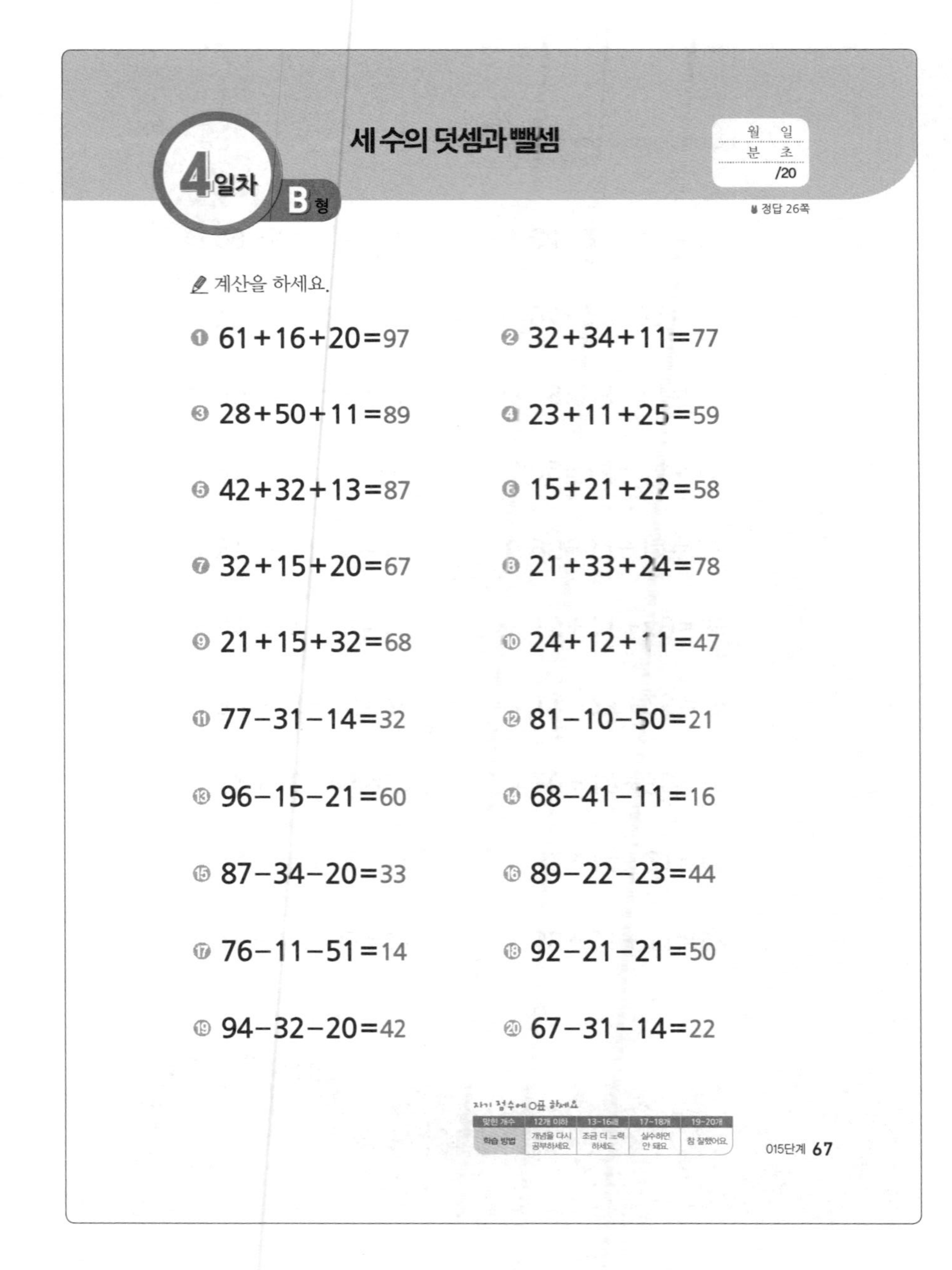

4일차 B형 세 수의 덧셈과 뺄셈

월 일 / 분 초 / /20

정답 26쪽

계산을 하세요.

❶ 61+16+20=97

❷ 32+34+11=77

❸ 28+50+11=89

❹ 23+11+25=59

❺ 42+32+13=87

❻ 15+21+22=58

❼ 32+15+20=67

❽ 21+33+24=78

❾ 21+15+32=68

❿ 24+12+11=47

⓫ 77−31−14=32

⓬ 81−10−50=21

⓭ 96−15−21=60

⓮ 68−41−11=16

⓯ 87−34−20=33

⓰ 89−22−23=44

⓱ 76−11−51=14

⓲ 92−21−21=50

⓳ 94−32−20=42

⓴ 67−31−14=22

자기 점수에 ○표 하세요.

맞힌 개수	12개 이하	13~16개	17~18개	19~20개
학습 방법	개념을 다시 공부하세요.	조금 더 노력 하세요.	실수하면 안 돼요.	참 잘했어요.

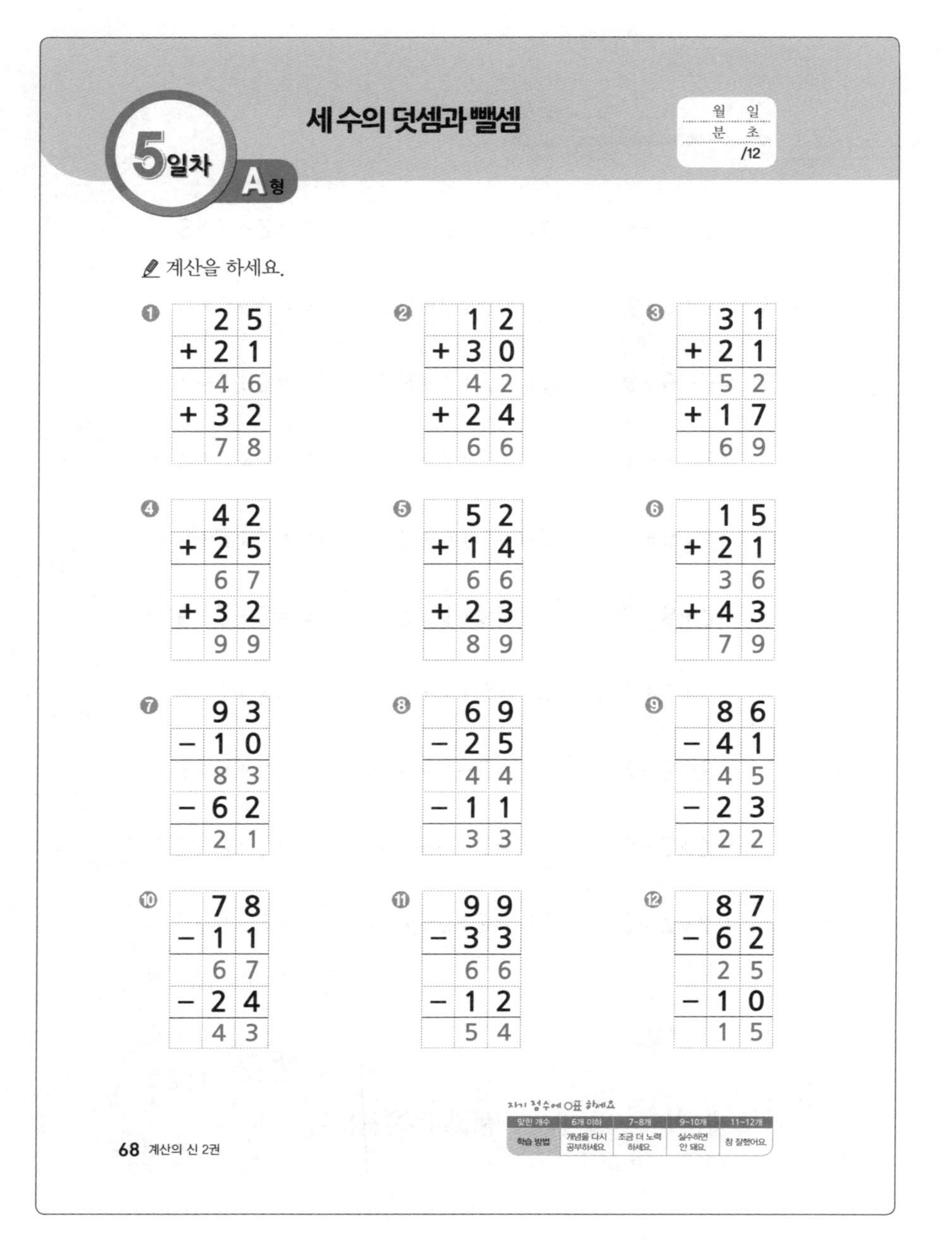

5일차 A형 세 수의 덧셈과 뺄셈

월 일 / 분 초 / /12

계산을 하세요.

① 25 + 21 = 46, 46 + 32 = 78

② 12 + 30 = 42, 42 + 24 = 66

③ 31 + 21 = 52, 52 + 17 = 69

④ 42 + 25 = 67, 67 + 32 = 99

⑤ 52 + 14 = 66, 66 + 23 = 89

⑥ 15 + 21 = 36, 36 + 43 = 79

⑦ 93 − 10 = 83, 83 − 62 = 21

⑧ 69 − 25 = 44, 44 − 11 = 33

⑨ 86 − 41 = 45, 45 − 23 = 22

⑩ 78 − 11 = 67, 67 − 24 = 43

⑪ 99 − 33 = 66, 66 − 12 = 54

⑫ 87 − 62 = 25, 25 − 10 = 15

자기 점수에 ○표 하세요.

맞힌 개수	6개 이하	7~8개	9~10개	11~12개
학습 방법	개념을 다시 공부하세요.	조금 더 노력 하세요.	실수하면 안 돼요.	참 잘했어요.

68 계산의 신 2권

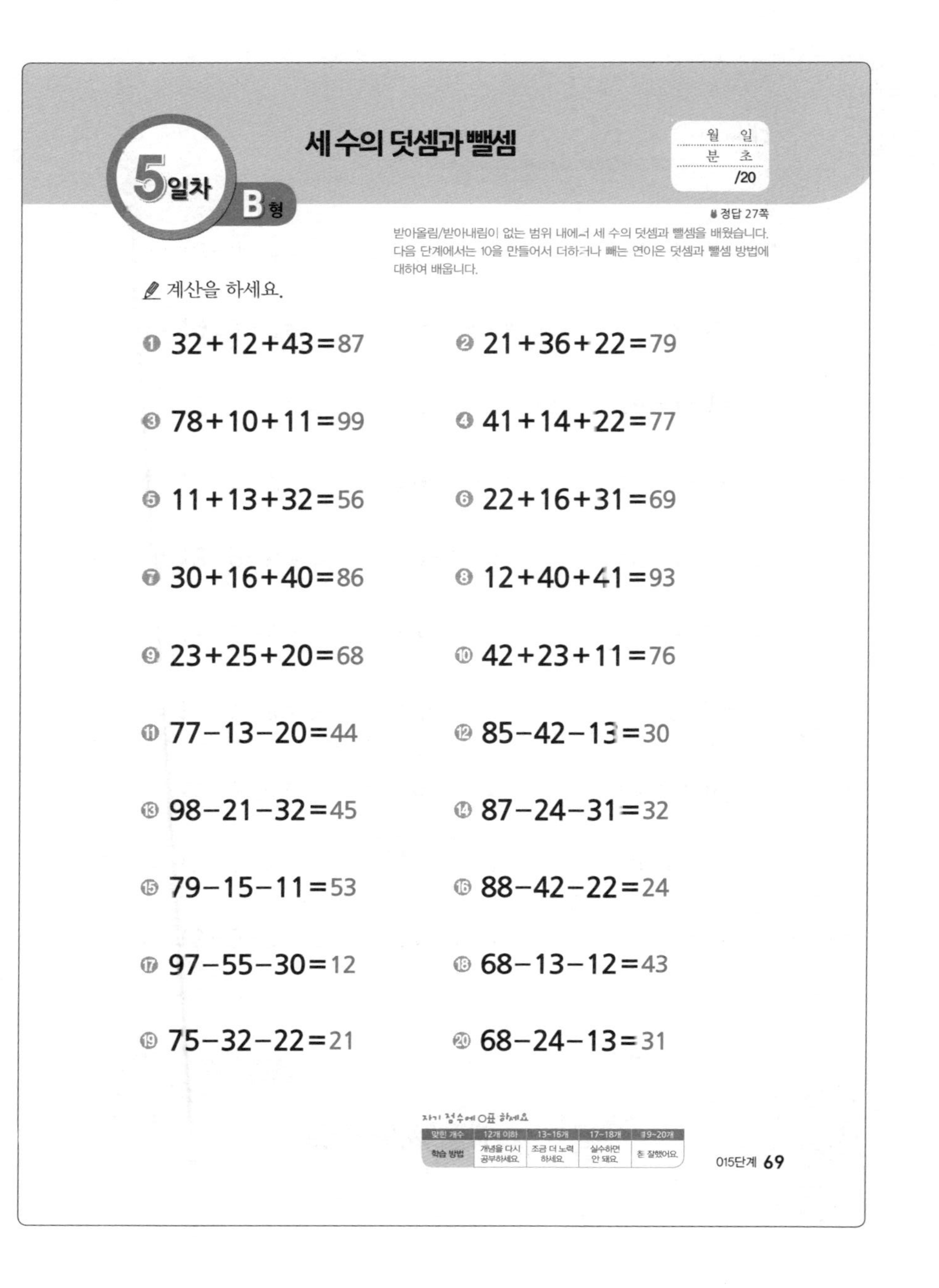

5일차 B형 세 수의 덧셈과 뺄셈

월 일 / 분 초 / /20

정답 27쪽

받아올림/받아내림이 없는 범위 내에서 세 수의 덧셈과 뺄셈을 배웠습니다. 다음 단계에서는 10을 만들어서 더하거나 빼는 연이은 덧셈과 뺄셈 방법에 대하여 배웁니다.

계산을 하세요.

① 32+12+43=87
② 21+36+22=79
③ 78+10+11=99
④ 41+14+22=77
⑤ 11+13+32=56
⑥ 22+16+31=69
⑦ 30+16+40=86
⑧ 12+40+41=93
⑨ 23+25+20=68
⑩ 42+23+11=76
⑪ 77−13−20=44
⑫ 85−42−13=30
⑬ 98−21−32=45
⑭ 87−24−31=32
⑮ 79−15−11=53
⑯ 88−42−22=24
⑰ 97−55−30=12
⑱ 68−13−12=43
⑲ 75−32−22=21
⑳ 68−24−13=31

자기 점수에 ○표 하세요.

맞힌 개수	12개 이하	13~16개	17~18개	19~20개
학습 방법	개념을 다시 공부하세요.	조금 더 노력 하세요.	실수하면 안 돼요.	참 잘했어요.

015단계 69

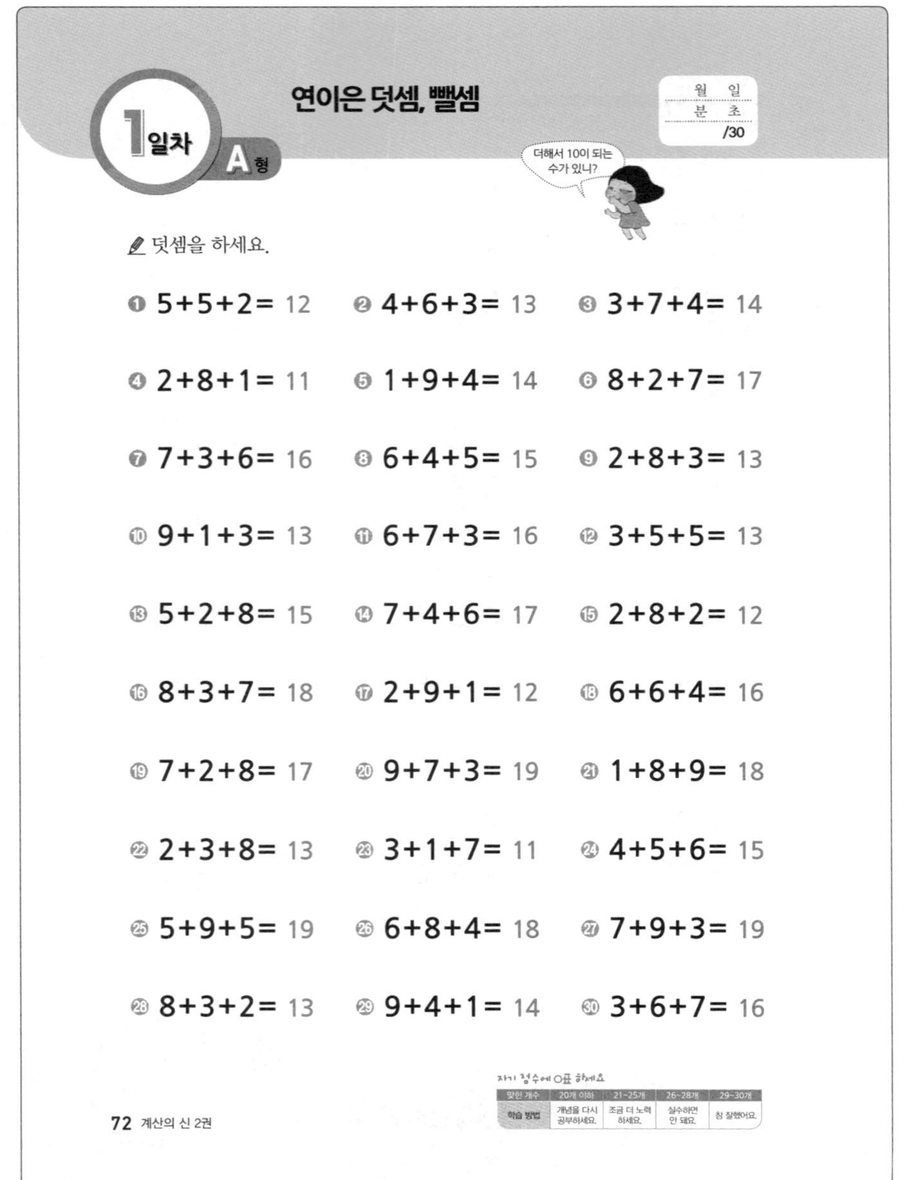

1일차 A형

연이은 덧셈, 뺄셈

월 일
분 초
/30

덧셈을 하세요.

① 5+5+2= 12	② 4+6+3= 13	③ 3+7+4= 14
④ 2+8+1= 11	⑤ 1+9+4= 14	⑥ 8+2+7= 17
⑦ 7+3+6= 16	⑧ 6+4+5= 15	⑨ 2+8+3= 13
⑩ 9+1+3= 13	⑪ 6+7+3= 16	⑫ 3+5+5= 13
⑬ 5+2+8= 15	⑭ 7+4+6= 17	⑮ 2+8+2= 12
⑯ 8+3+7= 18	⑰ 2+9+1= 12	⑱ 6+6+4= 16
⑲ 7+2+8= 17	⑳ 9+7+3= 19	㉑ 1+8+9= 18
㉒ 2+3+8= 13	㉓ 3+1+7= 11	㉔ 4+5+6= 15
㉕ 5+9+5= 19	㉖ 6+8+4= 18	㉗ 7+9+3= 19
㉘ 8+3+2= 13	㉙ 9+4+1= 14	㉚ 3+6+7= 16

자기 점수에 ○표 하세요.

맞힌 개수	20개 이하	21~25개	26~28개	29~30개
학습 방법	개념을 다시 공부하세요.	조금 더 노력하세요.	실수하면 안 돼요.	참 잘했어요.

72 계산의 신 2권

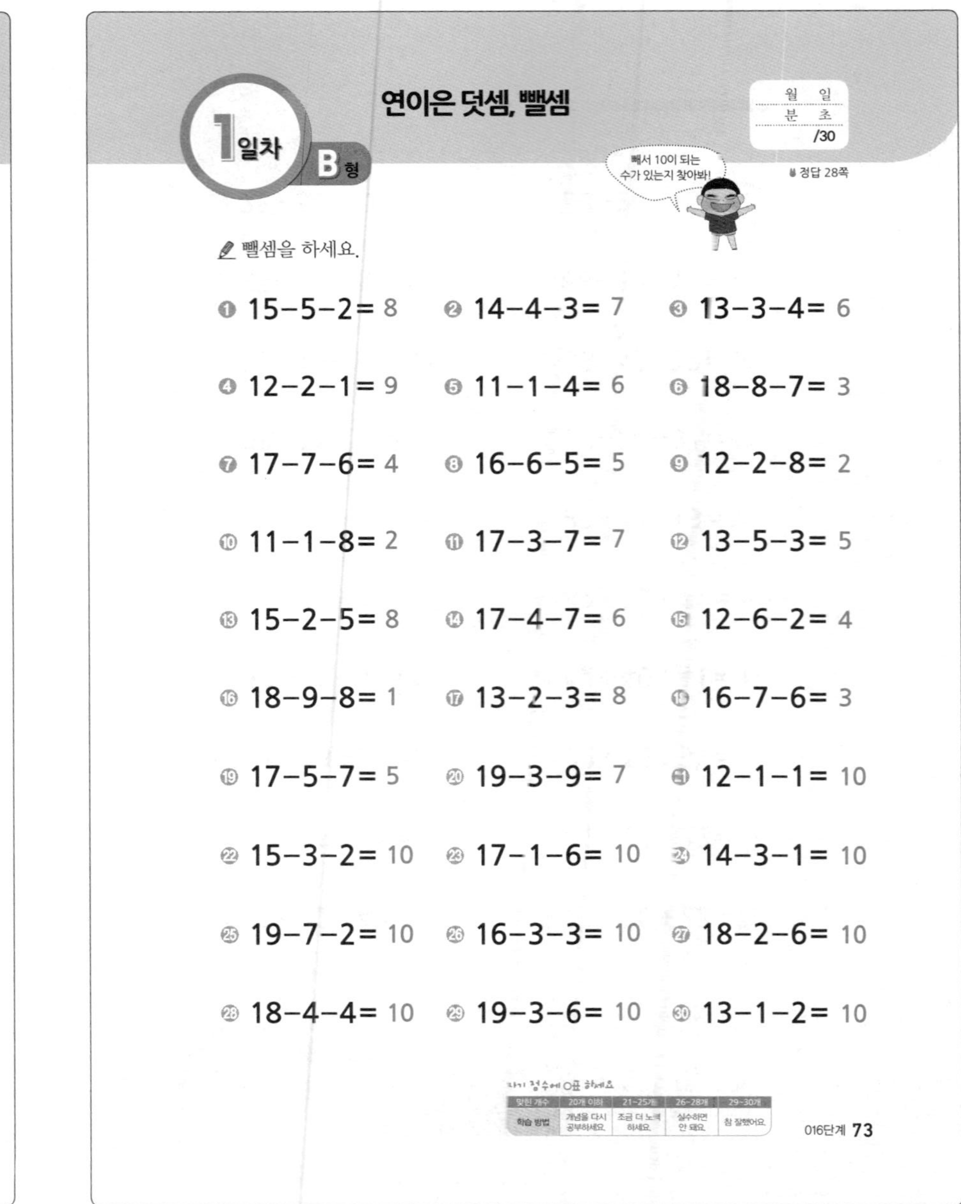

1일차 B형

연이은 덧셈, 뺄셈

월 일
분 초
/30

정답 28쪽

뺄셈을 하세요.

① 15−5−2= 8	② 14−4−3= 7	③ 13−3−4= 6
④ 12−2−1= 9	⑤ 11−1−4= 6	⑥ 18−8−7= 3
⑦ 17−7−6= 4	⑧ 16−6−5= 5	⑨ 12−2−8= 2
⑩ 11−1−8= 2	⑪ 17−3−7= 7	⑫ 13−5−3= 5
⑬ 15−2−5= 8	⑭ 17−4−7= 6	⑮ 12−6−2= 4
⑯ 18−9−8= 1	⑰ 13−2−3= 8	⑱ 16−7−6= 3
⑲ 17−5−7= 5	⑳ 19−3−9= 7	㉑ 12−1−1= 10
㉒ 15−3−2= 10	㉓ 17−1−6= 10	㉔ 14−3−1= 10
㉕ 19−7−2= 10	㉖ 16−3−3= 10	㉗ 18−2−6= 10
㉘ 18−4−4= 10	㉙ 19−3−6= 10	㉚ 13−1−2= 10

자기 점수에 ○표 하세요.

맞힌 개수	20개 이하	21~25개	26~28개	29~30개
학습 방법	개념을 다시 공부하세요.	조금 더 노력하세요.	실수하면 안 돼요.	참 잘했어요.

016단계 73

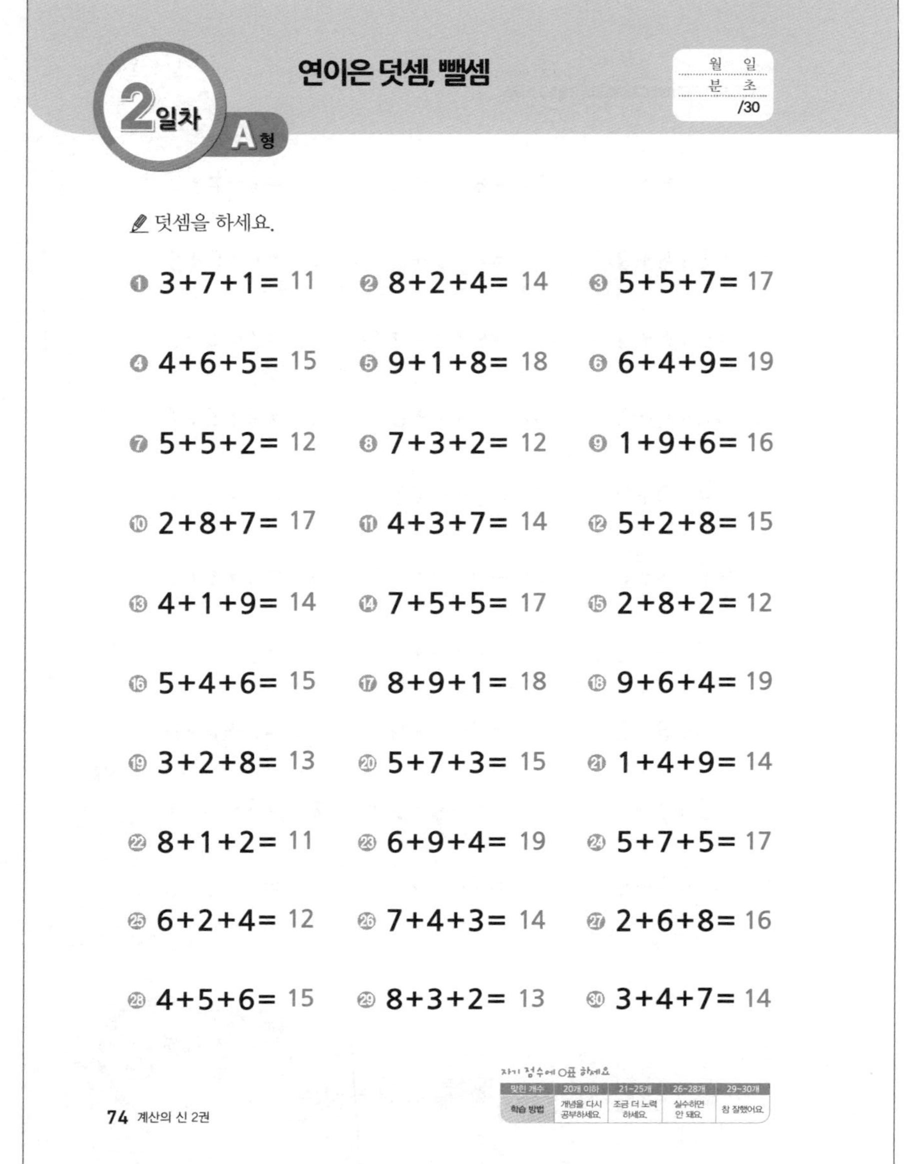

2일차 A형 연이은 덧셈, 뺄셈

월 일 / 분 초 / /30

덧셈을 하세요.

① 3+7+1= 11	② 8+2+4= 14	③ 5+5+7= 17
④ 4+6+5= 15	⑤ 9+1+8= 18	⑥ 6+4+9= 19
⑦ 5+5+2= 12	⑧ 7+3+2= 12	⑨ 1+9+6= 16
⑩ 2+8+7= 17	⑪ 4+3+7= 14	⑫ 5+2+8= 15
⑬ 4+1+9= 14	⑭ 7+5+5= 17	⑮ 2+8+2= 12
⑯ 5+4+6= 15	⑰ 8+9+1= 18	⑱ 9+6+4= 19
⑲ 3+2+8= 13	⑳ 5+7+3= 15	㉑ 1+4+9= 14
㉒ 8+1+2= 11	㉓ 6+9+4= 19	㉔ 5+7+5= 17
㉕ 6+2+4= 12	㉖ 7+4+3= 14	㉗ 2+6+8= 16
㉘ 4+5+6= 15	㉙ 8+3+2= 13	㉚ 3+4+7= 14

74 계산의 신 2권

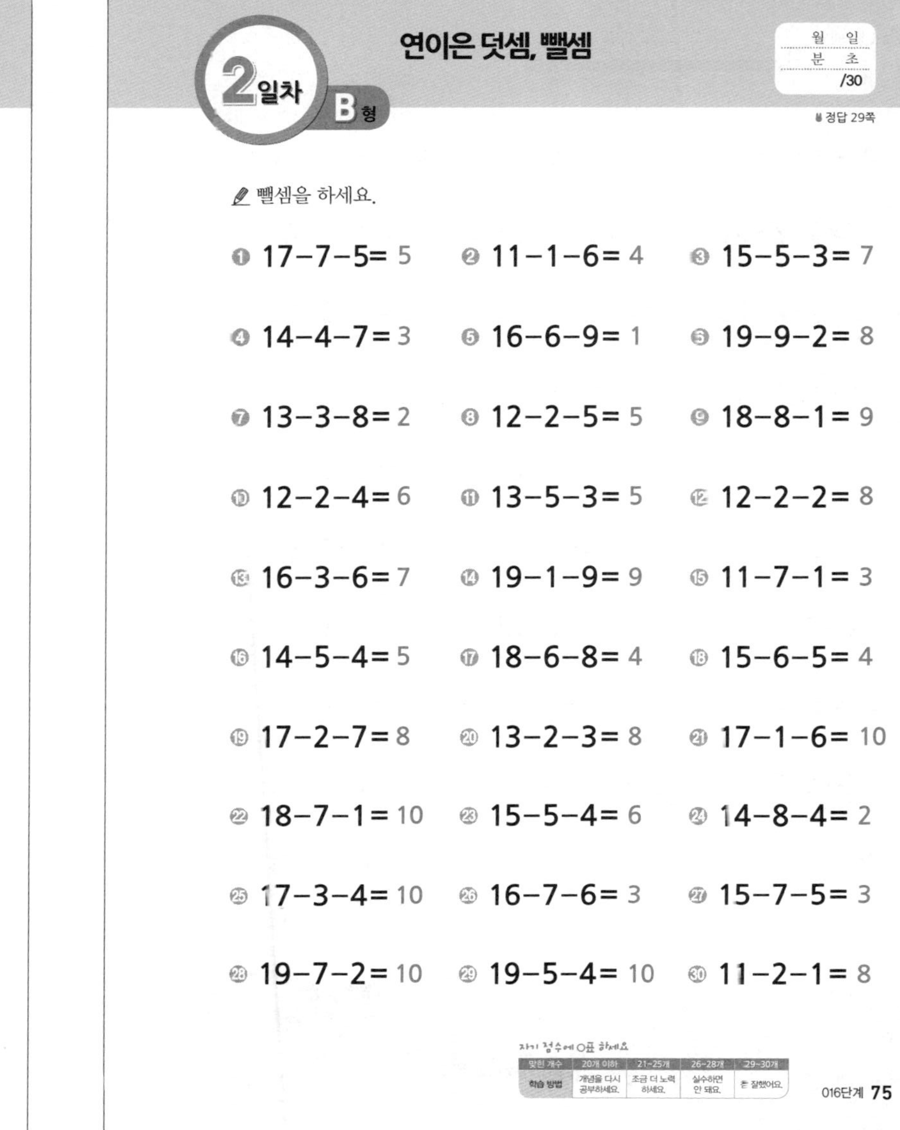

2일차 B형 연이은 덧셈, 뺄셈

월 일 / 분 초 / /30

정답 29쪽

뺄셈을 하세요.

① 17−7−5= 5	② 11−1−6= 4	③ 15−5−3= 7
④ 14−4−7= 3	⑤ 16−6−9= 1	⑥ 19−9−2= 8
⑦ 13−3−8= 2	⑧ 12−2−5= 5	⑨ 18−8−1= 9
⑩ 12−2−4= 6	⑪ 13−5−3= 5	⑫ 12−2−2= 8
⑬ 16−3−6= 7	⑭ 19−1−9= 9	⑮ 11−7−1= 3
⑯ 14−5−4= 5	⑰ 18−6−8= 4	⑱ 15−6−5= 4
⑲ 17−2−7= 8	⑳ 13−2−3= 8	㉑ 17−1−6= 10
㉒ 18−7−1= 10	㉓ 15−5−4= 6	㉔ 14−8−4= 2
㉕ 17−3−4= 10	㉖ 16−7−6= 3	㉗ 15−7−5= 3
㉘ 19−7−2= 10	㉙ 19−5−4= 10	㉚ 11−2−1= 8

016단계 75

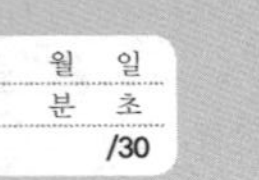

3일차 A형 연이은 덧셈, 뺄셈

월 일 / 분 초 / /30

덧셈을 하세요.

① 8+2+7= 17 ② 3+7+1= 11 ③ 5+5+4= 14

④ 1+9+8= 18 ⑤ 4+6+5= 15 ⑥ 8+2+6= 16

⑦ 6+4+9= 19 ⑧ 5+5+2= 12 ⑨ 2+8+9= 19

⑩ 1+9+6= 16 ⑪ 7+3+6= 16 ⑫ 3+5+5= 13

⑬ 5+2+8= 15 ⑭ 7+4+6= 17 ⑮ 2+8+2= 12

⑯ 8+3+7= 18 ⑰ 2+9+1= 12 ⑱ 6+6+4= 16

⑲ 7+2+8= 17 ⑳ 9+7+3= 19 ㉑ 2+3+8= 13

㉒ 3+1+7= 11 ㉓ 4+2+6= 12 ㉔ 5+9+5= 19

㉕ 6+8+4= 18 ㉖ 7+4+3= 14 ㉗ 8+3+2= 13

㉘ 9+4+1= 14 ㉙ 2+1+8= 11 ㉚ 3+6+7= 16

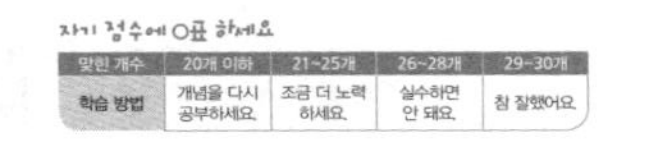

76 계산의 신 2권

3일차 B형 연이은 덧셈, 뺄셈

월 일 / 분 초 / /30

정답 30쪽

뺄셈을 하세요.

① 12−2−2=8 ② 13−7−3=3 ③ 16−2−4=10

④ 12−2−1=9 ⑤ 11−6−1=4 ⑥ 18−8−7=3

⑦ 17−3−4=10 ⑧ 16−6−5=5 ⑨ 18−4−4=10

⑩ 11−1−8=2 ⑪ 17−3−7=7 ⑫ 13−5−3=5

⑬ 15−2−5=8 ⑭ 16−1−5=10 ⑮ 12−6−2=4

⑯ 18−9−8=1 ⑰ 13−2−3=8 ⑱ 16−4−2=10

⑲ 19−3−6=10 ⑳ 19−3−9=7 ㉑ 12−1−1=10

㉒ 15−5−2=8 ㉓ 17−1−6=10 ㉔ 14−3−4=7

㉕ 12−7−2=3 ㉖ 16−1−6=9 ㉗ 18−2−6=10

㉘ 17−6−1=10 ㉙ 14−5−4=5 ㉚ 13−1−2=10

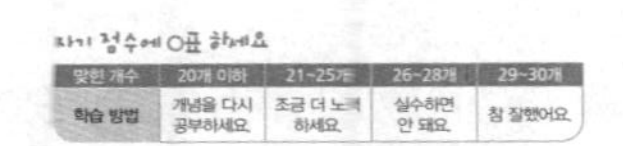

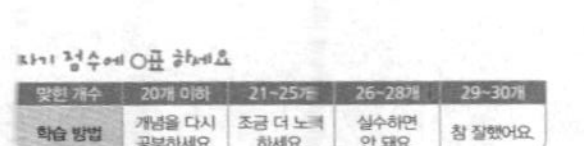

016단계 77

4일차 A형 연이은 덧셈, 뺄셈

월	일
분	초
	/30

덧셈을 하세요.

① 6+4+9= 19	② 2+8+4= 14	③ 1+9+7= 17
④ 2+8+6= 16	⑤ 1+9+8= 18	⑥ 8+2+3= 13
⑦ 7+3+2= 12	⑧ 6+4+5= 15	⑨ 2+8+9= 19
⑩ 9+1+1= 11	⑪ 2+3+7= 12	⑫ 8+5+5= 18
⑬ 4+2+8= 14	⑭ 7+4+6= 17	⑮ 2+8+2= 12
⑯ 8+3+7= 18	⑰ 1+6+4= 11	⑱ 7+9+1= 17
⑲ 6+7+3= 16	⑳ 3+2+8= 13	㉑ 4+5+6= 15
㉒ 3+2+7= 12	㉓ 1+6+9= 16	㉔ 8+3+2= 13
㉕ 6+1+4= 11	㉖ 7+2+3= 12	㉗ 5+4+5= 14
㉘ 8+5+2= 15	㉙ 2+1+8= 11	㉚ 3+1+7= 11

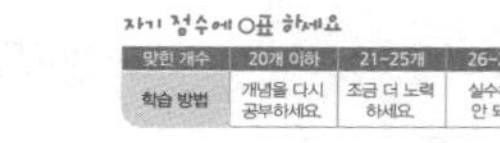
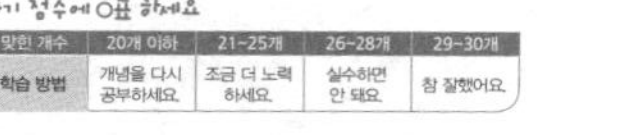

자기 점수에 ○표 하세요

맞힌 개수	20개 이하	21~25개	26~28개	29~30개
학습 방법	개념을 다시 공부하세요.	조금 더 노력하세요.	실수하면 안 돼요.	참 잘했어요.

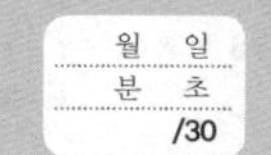
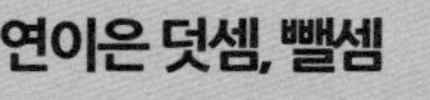

4일차 B형 연이은 덧셈, 뺄셈

월	일
분	초
	/30

정답 31쪽

뺄셈을 하세요.

① 17−2−5= 10	② 13−7−3= 3	③ 16−6−2= 8
④ 12−2−1= 9	⑤ 19−6−3= 10	⑥ 15−7−5= 3
⑦ 16−4−2= 10	⑧ 16−6−5= 5	⑨ 18−4−8= 6
⑩ 11−1−8= 2	⑪ 17−9−7= 1	⑫ 12−8−2= 2
⑬ 14−2−4= 8	⑭ 16−1−5= 10	⑮ 12−2−3= 7
⑯ 18−4−4= 10	⑰ 13−2−3= 8	⑱ 17−8−7= 2
⑲ 19−3−6= 10	⑳ 19−4−9= 6	㉑ 12−1−1= 10
㉒ 12−2−6= 4	㉓ 17−1−6= 10	㉔ 14−3−4= 7
㉕ 19−5−4= 10	㉖ 16−1−6= 9	㉗ 13−3−3= 7
㉘ 18−6−2= 10	㉙ 15−9−5= 1	㉚ 15−5−4= 6

자기 점수에 ○표 하세요

맞힌 개수	20개 이하	21~25개	26~28개	29~30개
학습 방법	개념을 다시 공부하세요.	조금 더 노력하세요.	실수하면 안 돼요.	참 잘했어요.

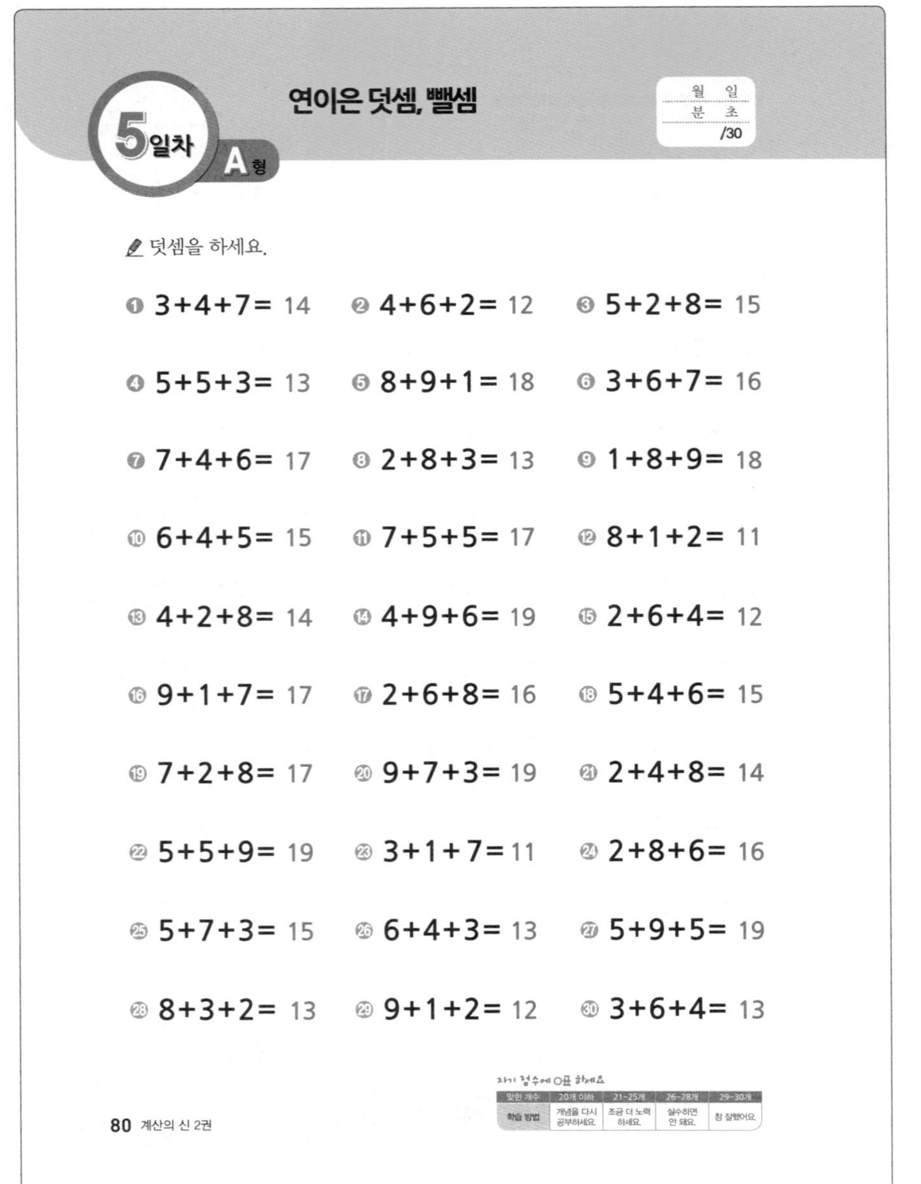

5일차 A형 연이은 덧셈, 뺄셈

월 일
분 초
/30

덧셈을 하세요.

① 3+4+7= 14 ② 4+6+2= 12 ③ 5+2+8= 15

④ 5+5+3= 13 ⑤ 8+9+1= 18 ⑥ 3+6+7= 16

⑦ 7+4+6= 17 ⑧ 2+8+3= 13 ⑨ 1+8+9= 18

⑩ 6+4+5= 15 ⑪ 7+5+5= 17 ⑫ 8+1+2= 11

⑬ 4+2+8= 14 ⑭ 4+9+6= 19 ⑮ 2+6+4= 12

⑯ 9+1+7= 17 ⑰ 2+6+8= 16 ⑱ 5+4+6= 15

⑲ 7+2+8= 17 ⑳ 9+7+3= 19 ㉑ 2+4+8= 14

㉒ 5+5+9= 19 ㉓ 3+1+7= 11 ㉔ 2+8+6= 16

㉕ 5+7+3= 15 ㉖ 6+4+3= 13 ㉗ 5+9+5= 19

㉘ 8+3+2= 13 ㉙ 9+1+2= 12 ㉚ 3+6+4= 13

자기 점수에 ○표 하세요

맞힌 개수	20개 이하	21~25개	26~28개	29~30개
학습 방법	개념을 다시 공부하세요.	조금 더 노력하세요.	실수하면 안 돼요.	참 잘했어요.

80 계산의 신 2권

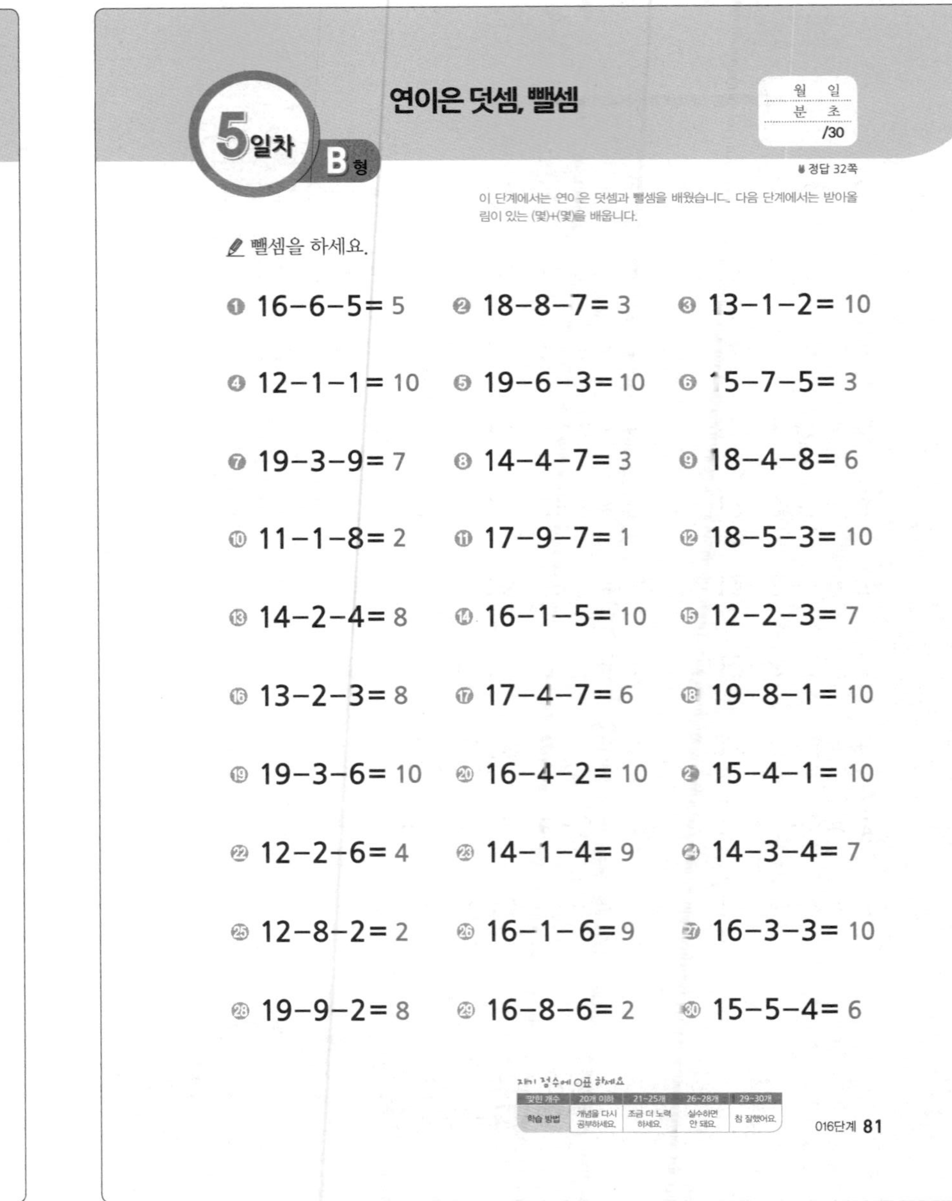

5일차 B형 연이은 덧셈, 뺄셈

월 일
분 초
/30

정답 32쪽

이 단계에서는 연이은 덧셈과 뺄셈을 배웠습니다. 다음 단계에서는 받아올림이 있는 (몇)+(몇)을 배웁니다.

뺄셈을 하세요.

① 16−6−5= 5 ② 18−8−7= 3 ③ 13−1−2= 10

④ 12−1−1= 10 ⑤ 19−6−3= 10 ⑥ 15−7−5= 3

⑦ 19−3−9= 7 ⑧ 14−4−7= 3 ⑨ 18−4−8= 6

⑩ 11−1−8= 2 ⑪ 17−9−7= 1 ⑫ 18−5−3= 10

⑬ 14−2−4= 8 ⑭ 16−1−5= 10 ⑮ 12−2−3= 7

⑯ 13−2−3= 8 ⑰ 17−4−7= 6 ⑱ 19−8−1= 10

⑲ 19−3−6= 10 ⑳ 16−4−2= 10 ㉑ 15−4−1= 10

㉒ 12−2−6= 4 ㉓ 14−1−4= 9 ㉔ 14−3−4= 7

㉕ 12−8−2= 2 ㉖ 16−1−6= 9 ㉗ 16−3−3= 10

㉘ 19−9−2= 8 ㉙ 16−8−6= 2 ㉚ 15−5−4= 6

자기 점수에 ○표 하세요

맞힌 개수	20개 이하	21~25개	26~28개	29~30개
학습 방법	개념을 다시 공부하세요.	조금 더 노력하세요.	실수하면 안 돼요.	참 잘했어요.

016단계 81

세 단계 묶어 풀기 O14 ~ O16단계
덧셈과 뺄셈 종합/세 수의 덧셈과 뺄셈

월 일 / 분 초 / /24

정답 33쪽

계산을 하세요.

❶ 51+27=78 ❷ 12+42+35=89 ❸ 5+5+2=12

❹ 88−45=43 ❺ 96−13−21=62 ❻ 12−2−8=2

❼ 24+13=37 ❽ 47+11+21=79 ❾ 2+8+1=11

❿ 56−33=23 ⓫ 79−21−34=24 ⓬ 16−6−5=5

⓭ 32+64=96 ⓮ 13+25+20=58 ⓯ 5+2+8=15

⓰ 71−40=31 ⓱ 86−30−43=13 ⓲ 19−3−9=7

⓳ 43+11=54 ⓴ 24+12+51=87 ㉑ 8+3+7=18

㉒ 69−24=45 ㉓ 68−22−14=32 ㉔ 15−1−5=9

82 계산의 신 2권

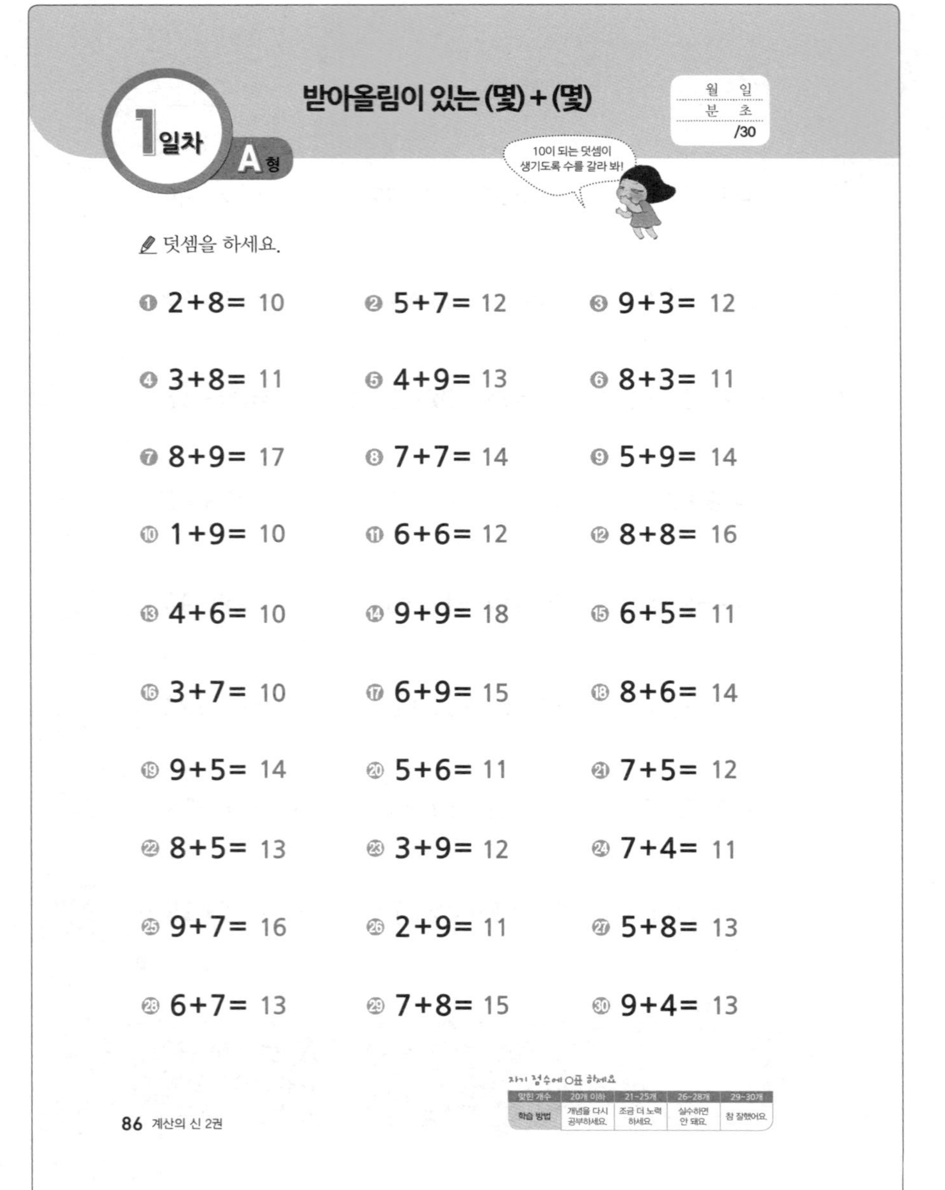

1일차 A형 받아올림이 있는 (몇)+(몇)

월 일
분 초
/30

✎ 덧셈을 하세요.

① 2+8= 10	② 5+7= 12	③ 9+3= 12
④ 3+8= 11	⑤ 4+9= 13	⑥ 8+3= 11
⑦ 8+9= 17	⑧ 7+7= 14	⑨ 5+9= 14
⑩ 1+9= 10	⑪ 6+6= 12	⑫ 8+8= 16
⑬ 4+6= 10	⑭ 9+9= 18	⑮ 6+5= 11
⑯ 3+7= 10	⑰ 6+9= 15	⑱ 8+6= 14
⑲ 9+5= 14	⑳ 5+6= 11	㉑ 7+5= 12
㉒ 8+5= 13	㉓ 3+9= 12	㉔ 7+4= 11
㉕ 9+7= 16	㉖ 2+9= 11	㉗ 5+8= 13
㉘ 6+7= 13	㉙ 7+8= 15	㉚ 9+4= 13

자기 점수에 ○표 하세요

맞힌 개수	20개 이하	21~25개	26~28개	29~30개
학습 방법	개념을 다시 공부하세요.	조금 더 노력 하세요.	실수하면 안 돼요.	참 잘했어요.

86 계산의 신 2권

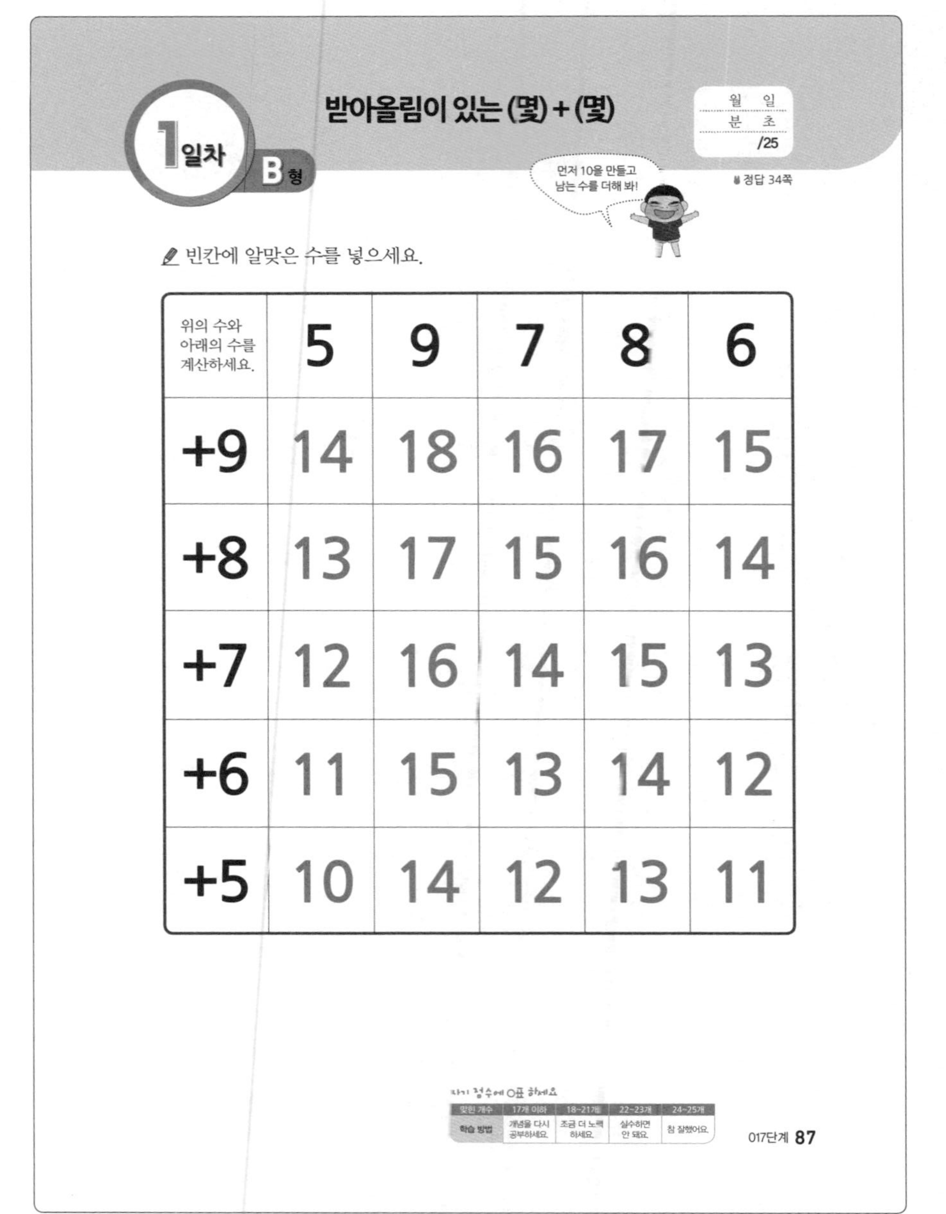

1일차 B형 받아올림이 있는 (몇)+(몇)

월 일
분 초
/25

▮ 정답 34쪽

✎ 빈칸에 알맞은 수를 넣으세요.

위의 수와 아래의 수를 계산하세요.	5	9	7	8	6
+9	14	18	16	17	15
+8	13	17	15	16	14
+7	12	16	14	15	13
+6	11	15	13	14	12
+5	10	14	12	13	11

자기 점수에 ○표 하세요

맞힌 개수	17개 이하	18~21개	22~23개	24~25개
학습 방법	개념을 다시 공부하세요.	조금 더 노력 하세요.	실수하면 안 돼요.	참 잘했어요.

017단계 87

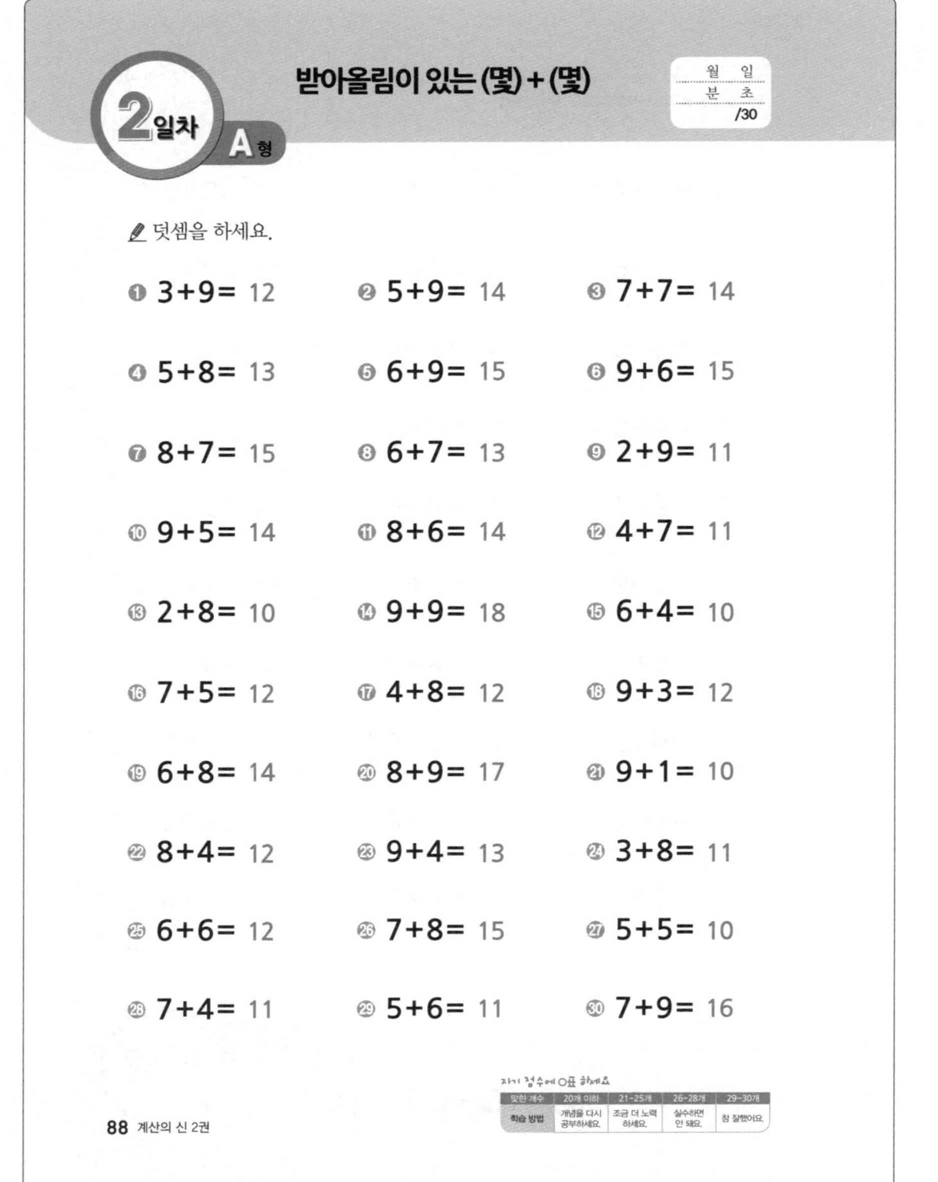

2일차 A형 받아올림이 있는 (몇)+(몇)

월 일 / 분 초 / /30

덧셈을 하세요.

① 3+9= 12 ② 5+9= 14 ③ 7+7= 14
④ 5+8= 13 ⑤ 6+9= 15 ⑥ 9+6= 15
⑦ 8+7= 15 ⑧ 6+7= 13 ⑨ 2+9= 11
⑩ 9+5= 14 ⑪ 8+6= 14 ⑫ 4+7= 11
⑬ 2+8= 10 ⑭ 9+9= 18 ⑮ 6+4= 10
⑯ 7+5= 12 ⑰ 4+8= 12 ⑱ 9+3= 12
⑲ 6+8= 14 ⑳ 8+9= 17 ㉑ 9+1= 10
㉒ 8+4= 12 ㉓ 9+4= 13 ㉔ 3+8= 11
㉕ 6+6= 12 ㉖ 7+8= 15 ㉗ 5+5= 10
㉘ 7+4= 11 ㉙ 5+6= 11 ㉚ 7+9= 16

자기 점수에 ○표 하세요

맞힌 개수	20개 이하	21~25개	26~28개	29~30개
학습 방법	개념을 다시 공부하세요.	조금 더 노력 하세요.	실수하면 안 돼요.	참 잘했어요.

88 계산의 신 2권

2일차 B형 받아올림이 있는 (몇)+(몇)

월 일 / 분 초 / /25

정답 35쪽

빈칸에 알맞은 수를 넣으세요.

위의 수와 아래의 수를 계산하세요.	8	9	5	7	6
+6	14	15	11	13	12
+9	17	18	14	16	15
+7	15	16	12	14	13
+5	13	14	10	12	11
+8	16	17	13	15	14

자기 점수에 ○표 하세요

맞힌 개수	17개 이하	18~21개	22~23개	24~25개
학습 방법	개념을 다시 공부하세요.	조금 더 노력 하세요.	실수하면 안 돼요.	참 잘했어요.

01단계 89

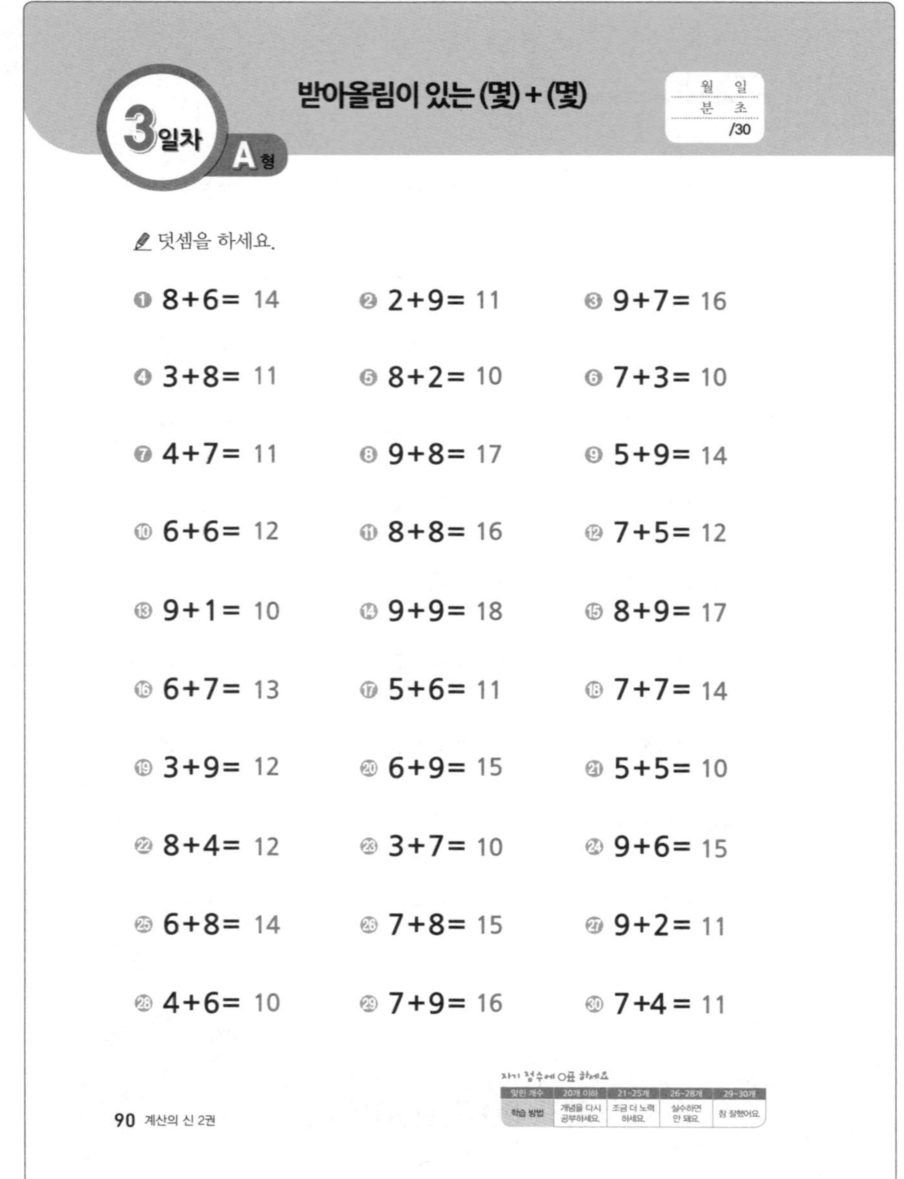

3일차 A형 받아올림이 있는 (몇)+(몇)

월 일
분 초
/30

덧셈을 하세요.

① 8+6= 14
② 2+9= 11
③ 9+7= 16
④ 3+8= 11
⑤ 8+2= 10
⑥ 7+3= 10
⑦ 4+7= 11
⑧ 9+8= 17
⑨ 5+9= 14
⑩ 6+6= 12
⑪ 8+8= 16
⑫ 7+5= 12
⑬ 9+1= 10
⑭ 9+9= 18
⑮ 8+9= 17
⑯ 6+7= 13
⑰ 5+6= 11
⑱ 7+7= 14
⑲ 3+9= 12
⑳ 6+9= 15
㉑ 5+5= 10
㉒ 8+4= 12
㉓ 3+7= 10
㉔ 9+6= 15
㉕ 6+8= 14
㉖ 7+8= 15
㉗ 9+2= 11
㉘ 4+6= 10
㉙ 7+9= 16
㉚ 7+4= 11

자기 점수에 ○표 하세요.

맞힌 개수	20개 이하	21~25개	26~28개	29~30개
학습 방법	개념을 다시 공부하세요.	조금 더 노력 하세요.	실수하면 안 돼요.	참 잘했어요.

3일차 B형 받아올림이 있는 (몇)+(몇)

월 일
분 초
/25

정답 36쪽

빈칸에 알맞은 수를 넣으세요.

위의 수와 아래의 수를 계산하세요.	7	8	6	9	5
+9	16	17	15	18	14
+5	12	13	11	14	10
+7	14	15	13	16	12
+6	13	14	12	15	11
+8	15	16	14	17	13

자기 점수에 ○표 하세요.

맞힌 개수	17개 이하	18~21개	22~23개	24~25개
학습 방법	개념을 다시 공부하세요.	조금 더 노력 하세요.	실수하면 안 돼요.	참 잘했어요.

4일차 A형 받아올림이 있는 (몇)+(몇)

월 일 / 분 초 / /30

✎ 덧셈을 하세요.

❶ 4+7= 11	❷ 5+9= 14	❸ 7+5= 12
❹ 6+9= 15	❺ 9+3= 12	❻ 7+4= 11
❼ 8+4= 12	❽ 6+6= 12	❾ 4+9= 13
❿ 5+5= 10	⓫ 3+9= 12	⓬ 8+8= 16
⓭ 5+8= 13	⓮ 8+2= 10	⓯ 6+4= 10
⓰ 5+6= 11	⓱ 9+9= 18	⓲ 3+7= 10
⓳ 6+8= 14	⓴ 1+9= 10	㉑ 9+6= 15
㉒ 9+5= 14	㉓ 6+5= 11	㉔ 7+6= 13
㉕ 8+6= 14	㉖ 2+9= 11	㉗ 7+9= 16
㉘ 7+3= 10	㉙ 8+3= 11	㉚ 7+7= 14

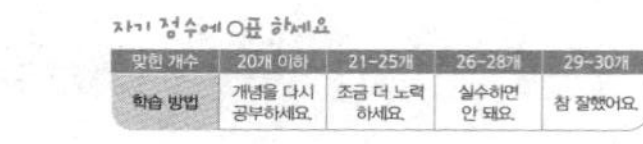

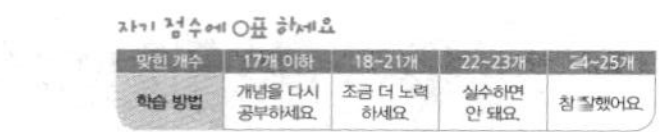

4일차 B형 받아올림이 있는 (몇)+(몇)

월 일 / 분 초 / /25

정답 37쪽

✎ 빈칸에 알맞은 수를 넣으세요.

위의 수와 아래의 수를 계산하세요.	6	9	8	5	7
+8	14	17	16	13	15
+5	11	14	13	10	12
+9	15	18	17	14	16
+6	12	15	14	11	13
+7	13	16	15	12	14

자기 점수에 ○표 하세요.

맞힌 개수	17개 이하	18~21개	22~23개	24~25개
학습 방법	개념을 다시 공부하세요.	조금 더 노력하세요.	실수하면 안 돼요.	참 잘했어요.

5일차 A형 받아올림이 있는 (몇)+(몇)

월 일 / 분 초 / /30

덧셈을 하세요.

① 5+9= 14	② 7+6= 13	③ 8+3= 11
④ 7+8= 15	⑤ 8+6= 14	⑥ 6+7= 13
⑦ 7+7= 14	⑧ 9+4= 13	⑨ 6+4= 10
⑩ 8+8= 16	⑪ 5+6= 11	⑫ 2+9= 11
⑬ 9+9= 18	⑭ 6+8= 14	⑮ 8+4= 12
⑯ 4+9= 13	⑰ 6+9= 15	⑱ 9+3= 12
⑲ 7+4= 11	⑳ 3+9= 12	㉑ 2+8= 10
㉒ 5+8= 13	㉓ 4+8= 12	㉔ 6+6= 12
㉕ 3+8= 11	㉖ 9+5= 14	㉗ 7+9= 16
㉘ 8+7= 15	㉙ 6+5= 11	㉚ 8+5= 13

자기 점수에 ○표 하세요

맞힌 개수	20개 이하	21~25개	26~28개	29~30개
학습 방법	개념을 다시 공부하세요.	조금 더 노력 하세요.	실수하면 안 돼요.	참 잘했어요.

5일차 B형 받아올림이 있는 (몇)+(몇)

월 일 / 분 초 / /25

정답 38쪽

이 단계에서는 받아올림이 있는 (몇)+(몇)을 배웠습니다.
다음 단계에서는 받아내림이 있는 (십몇)-(몇)을 배웁니다.

빈칸에 알맞은 수를 넣으세요.

위의 수와 아래의 수를 계산하세요.	6	8	7	9	5
+9	15	17	16	18	14
+6	12	14	13	15	11
+7	13	15	14	16	12
+5	11	13	12	14	10
+8	14	16	15	17	13

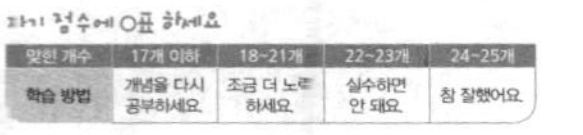

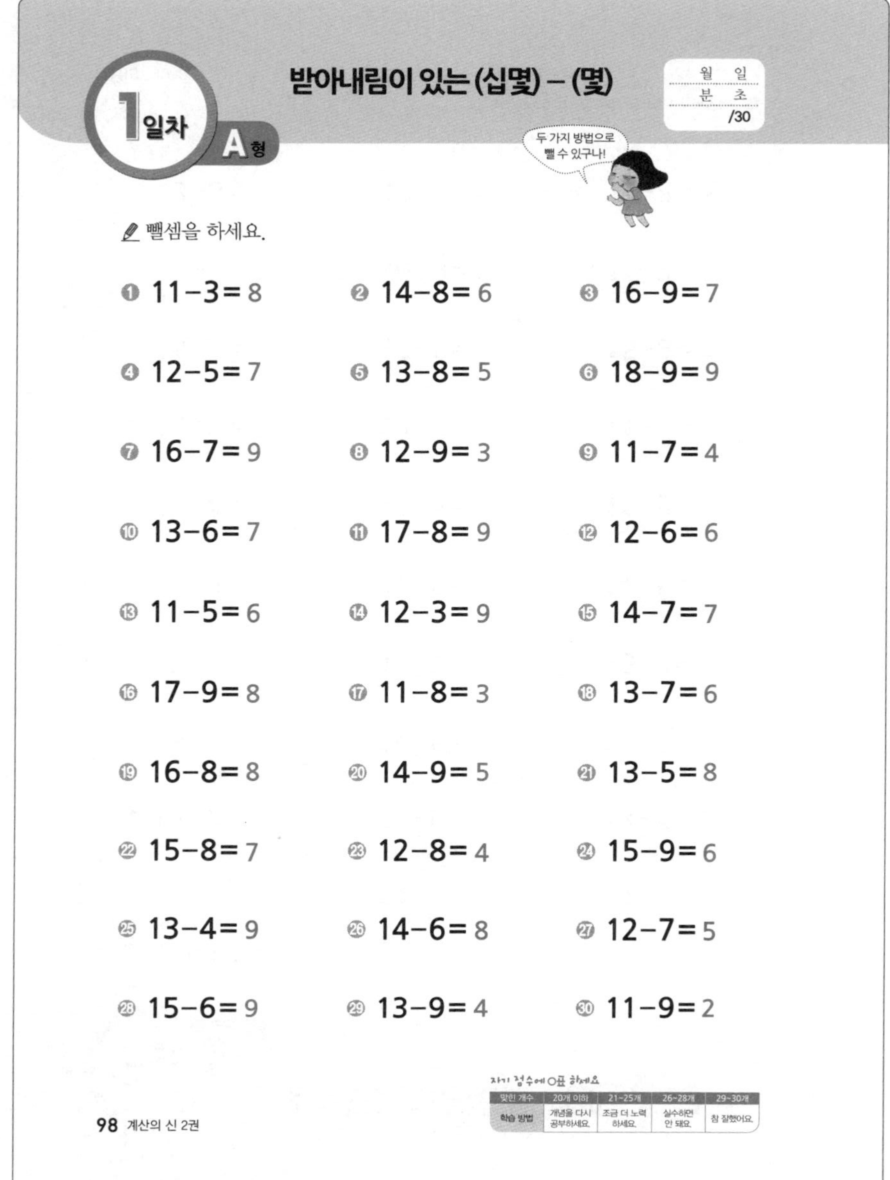

1일차 A형

받아내림이 있는 (십몇) − (몇)

월	일
분	초
	/30

빨셈을 하세요.

① 11−3= 8 ② 14−8= 6 ③ 16−9= 7

④ 12−5= 7 ⑤ 13−8= 5 ⑥ 18−9= 9

⑦ 16−7= 9 ⑧ 12−9= 3 ⑨ 11−7= 4

⑩ 13−6= 7 ⑪ 17−8= 9 ⑫ 12−6= 6

⑬ 11−5= 6 ⑭ 12−3= 9 ⑮ 14−7= 7

⑯ 17−9= 8 ⑰ 11−8= 3 ⑱ 13−7= 6

⑲ 16−8= 8 ⑳ 14−9= 5 ㉑ 13−5= 8

㉒ 15−8= 7 ㉓ 12−8= 4 ㉔ 15−9= 6

㉕ 13−4= 9 ㉖ 14−6= 8 ㉗ 12−7= 5

㉘ 15−6= 9 ㉙ 13−9= 4 ㉚ 11−9= 2

자기 점수에 ○표 하세요.

맞힌 개수	20개 이하	21~25개	26~28개	29~30개
학습 방법	개념을 다시 공부하세요.	조금 더 노력 하세요.	실수하면 안 돼요.	참 잘했어요.

98 계산의 신 2권

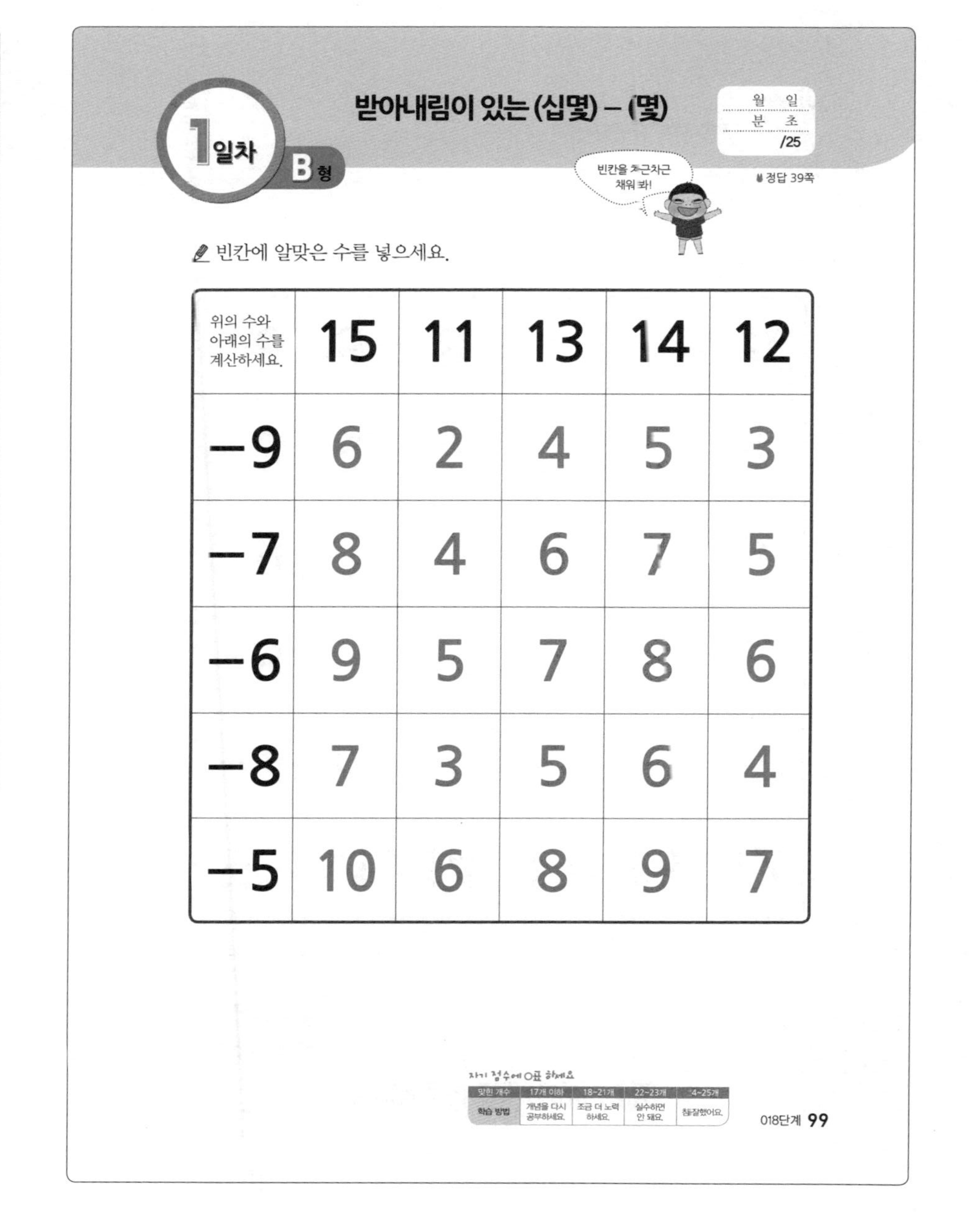

1일차 B형

받아내림이 있는 (십몇) − (몇)

월	일
분	초
	/25

정답 39쪽

빈칸에 알맞은 수를 넣으세요.

위의 수와 아래의 수를 계산하세요.	15	11	13	14	12
−9	6	2	4	5	3
−7	8	4	6	7	5
−6	9	5	7	8	6
−8	7	3	5	6	4
−5	10	6	8	9	7

자기 점수에 ○표 하세요.

맞힌 개수	17개 이하	18~21개	22~23개	24~25개
학습 방법	개념을 다시 공부하세요.	조금 더 노력 하세요.	실수하면 안 돼요.	참 잘했어요.

018단계 99

2일차 A형 받아내림이 있는 (십몇) − (몇)

월 일
분 초
/30

빼셈을 하세요.

① 11−8=3 ② 14−9=5 ③ 14−7=7

④ 16−7=9 ⑤ 11−9=2 ⑥ 13−4=9

⑦ 15−6=9 ⑧ 14−6=8 ⑨ 12−6=6

⑩ 12−8=4 ⑪ 11−7=4 ⑫ 15−7=8

⑬ 18−9=9 ⑭ 17−9=8 ⑮ 14−5=9

⑯ 12−4=8 ⑰ 11−4=7 ⑱ 16−8=8

⑲ 13−6=7 ⑳ 12−3=9 ㉑ 11−3=8

㉒ 15−9=6 ㉓ 17−8=9 ㉔ 15−8=7

㉕ 11−5=6 ㉖ 16−9=7 ㉗ 11−2=9

㉘ 13−8=5 ㉙ 13−7=6 ㉚ 14−8=6

자기 점수에 ○표 하세요.

맞힌 개수	20개 이하	21~25개	26~28개	29~30개
학습 방법	개념을 다시 공부하세요.	조금 더 노력하세요.	실수하면 안 돼요.	참 잘했어요.

2일차 B형 받아내림이 있는 (십몇) − (몇)

월 일
분 초
/25

정답 40쪽

빈칸에 알맞은 수를 넣으세요.

위의 수와 아래의 수를 계산하세요.	11	14	13	15	12
−7	4	7	6	8	5
−5	6	9	8	10	7
−9	2	5	4	6	3
−8	3	6	5	7	4
−6	5	8	7	9	6

자기 점수에 ○표 하세요.

맞힌 개수	17개 이하	18~21개	22~23개	24~25개
학습 방법	개념을 다시 공부하세요.	조금 더 노력하세요.	실수하면 안 돼요.	참 잘했어요.

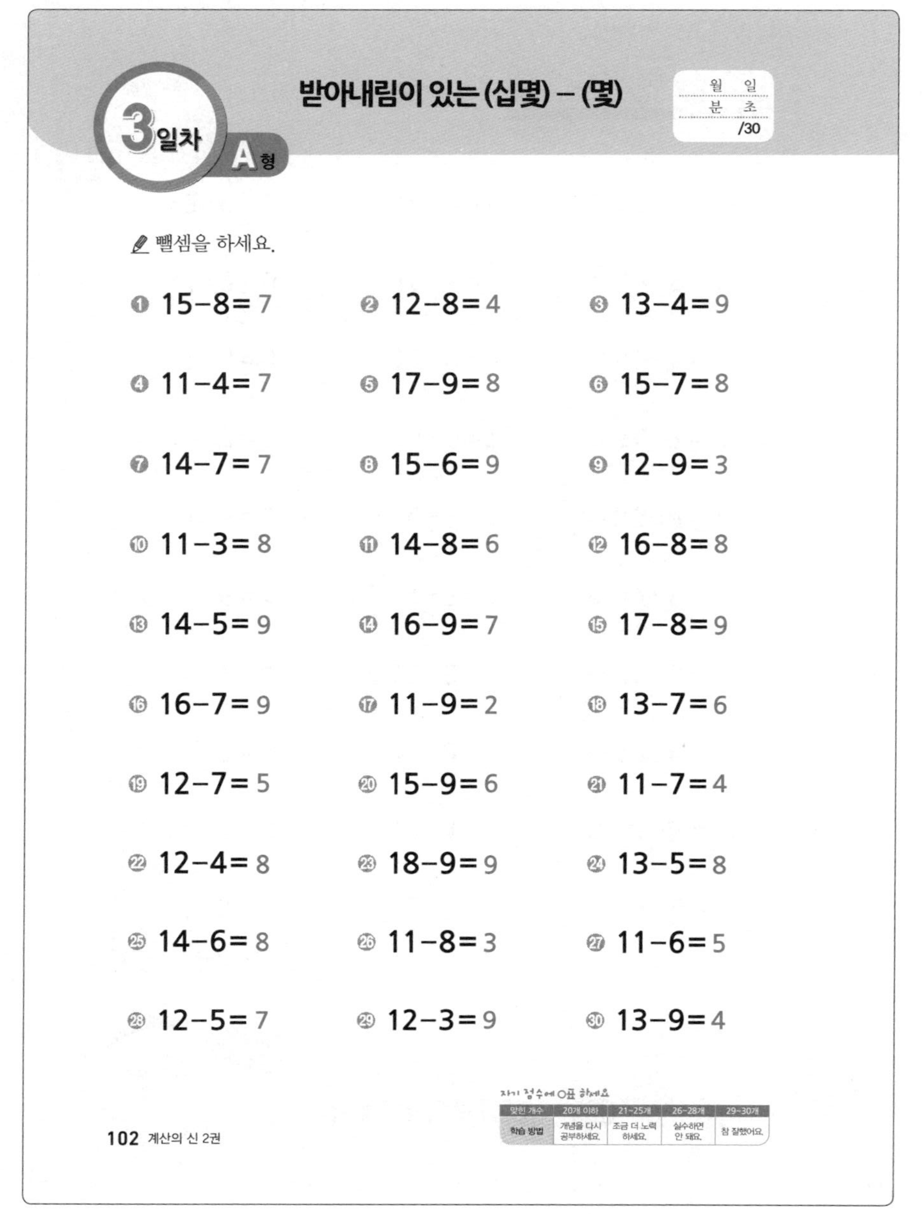

3일차 A형 받아내림이 있는 (십몇) − (몇)

월 일 / 분 초 / /30

빼셈을 하세요.

① 15−8=7	② 12−8=4	③ 13−4=9
④ 11−4=7	⑤ 17−9=8	⑥ 15−7=8
⑦ 14−7=7	⑧ 15−6=9	⑨ 12−9=3
⑩ 11−3=8	⑪ 14−8=6	⑫ 16−8=8
⑬ 14−5=9	⑭ 16−9=7	⑮ 17−8=9
⑯ 16−7=9	⑰ 11−9=2	⑱ 13−7=6
⑲ 12−7=5	⑳ 15−9=6	㉑ 11−7=4
㉒ 12−4=8	㉓ 18−9=9	㉔ 13−5=8
㉕ 14−6=8	㉖ 11−8=3	㉗ 11−6=5
㉘ 12−5=7	㉙ 12−3=9	㉚ 13−9=4

자기 점수에 ○표 하세요

맞힌 개수	20개 이하	21~25개	26~28개	29~30개
학습 방법	개념을 다시 공부하세요.	조금 더 노력하세요.	실수하면 안 돼요.	참 잘했어요.

3일차 B형 받아내림이 있는 (십몇) − (몇)

월 일 / 분 초 / /25

정답 41쪽

빈칸에 알맞은 수를 넣으세요.

위의 수와 아래의 수를 계산하세요.	14	11	15	12	13
−5	9	6	10	7	8
−7	7	4	8	5	6
−9	5	2	6	3	4
−8	6	3	7	4	5
−6	8	5	9	6	7

자기 점수에 ○표 하세요

맞힌 개수	17개 이하	18~21개	22~23개	24~25개
학습 방법	개념을 다시 공부하세요.	조금 더 노력하세요.	실수하면 안 돼요.	참 잘했어요.

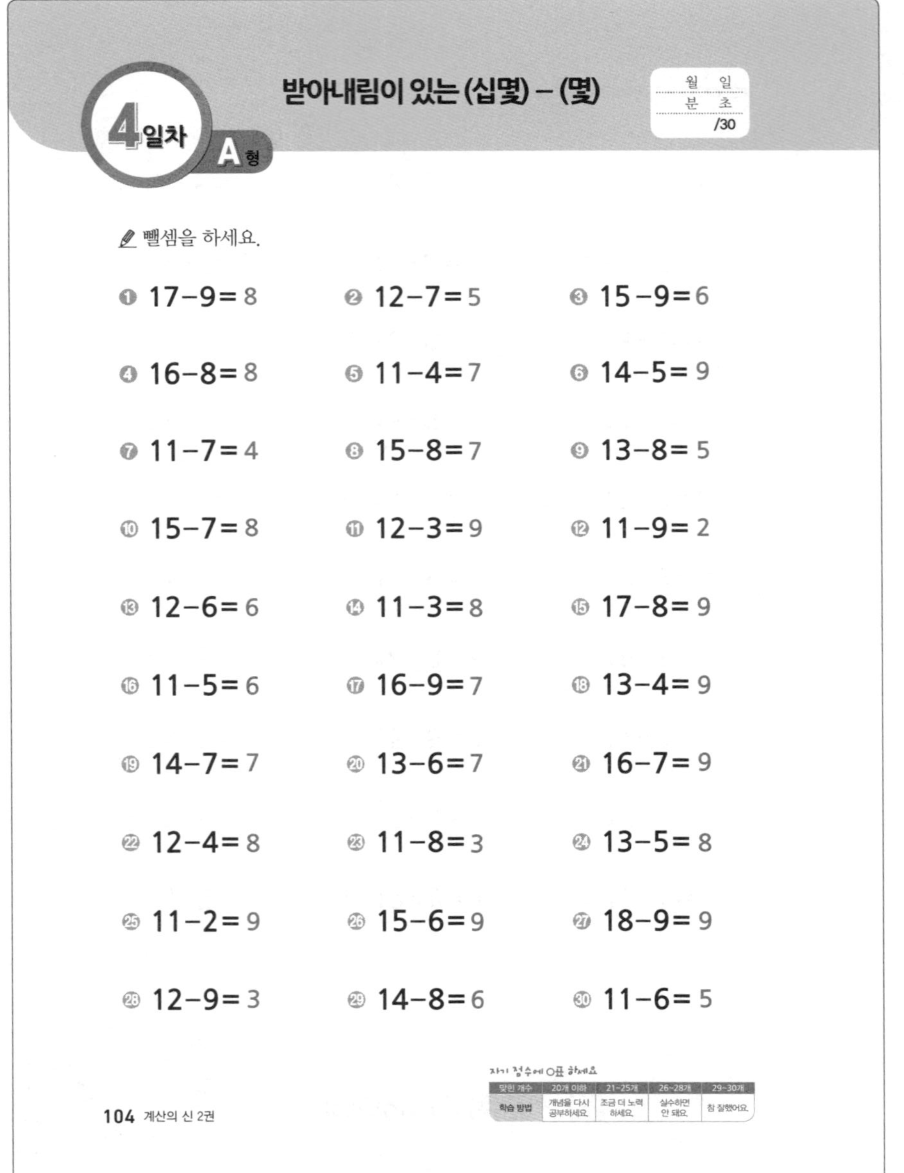

4일차 A형 받아내림이 있는 (십몇) − (몇)

월 일 / 분 초 / /30

✎ 뺄셈을 하세요.

① 17−9= 8	② 12−7= 5	③ 15−9= 6
④ 16−8= 8	⑤ 11−4= 7	⑥ 14−5= 9
⑦ 11−7= 4	⑧ 15−8= 7	⑨ 13−8= 5
⑩ 15−7= 8	⑪ 12−3= 9	⑫ 11−9= 2
⑬ 12−6= 6	⑭ 11−3= 8	⑮ 17−8= 9
⑯ 11−5= 6	⑰ 16−9= 7	⑱ 13−4= 9
⑲ 14−7= 7	⑳ 13−6= 7	㉑ 16−7= 9
㉒ 12−4= 8	㉓ 11−8= 3	㉔ 13−5= 8
㉕ 11−2= 9	㉖ 15−6= 9	㉗ 18−9= 9
㉘ 12−9= 3	㉙ 14−8= 6	㉚ 11−6= 5

자기 점수에 ○표 하세요

맞힌 개수	20개 이하	21~25개	26~28개	29~30개
학습 방법	개념을 다시 공부하세요.	조금 더 노력하세요.	실수하면 안 돼요.	참 잘했어요.

104 계산의 신 2권

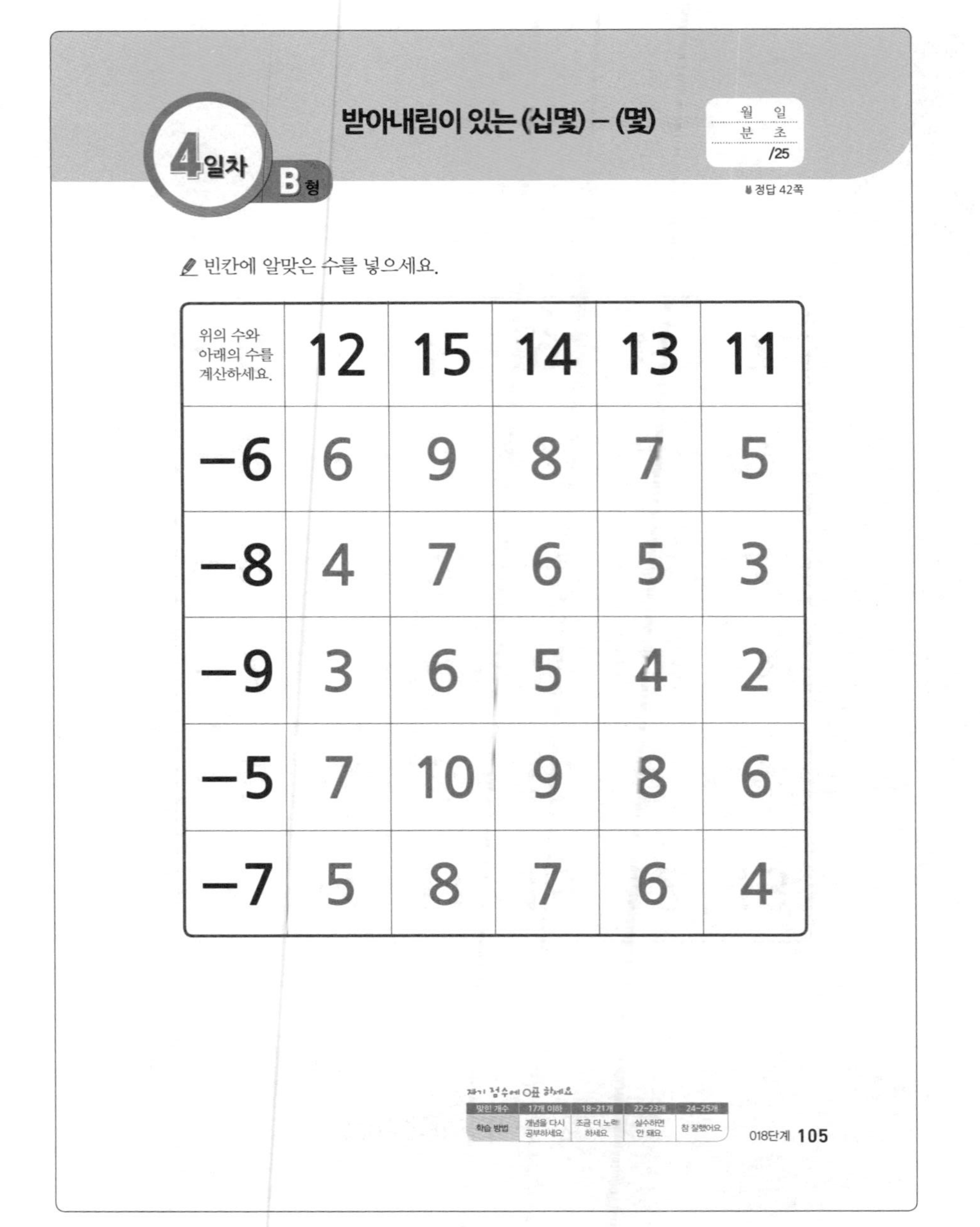

4일차 B형 받아내림이 있는 (십몇) − (몇)

월 일 / 분 초 / /25

정답 42쪽

✎ 빈칸에 알맞은 수를 넣으세요.

위의 수와 아래의 수를 계산하세요.	12	15	14	13	11
−6	6	9	8	7	5
−8	4	7	6	5	3
−9	3	6	5	4	2
−5	7	10	9	8	6
−7	5	8	7	6	4

자기 점수에 ○표 하세요

맞힌 개수	17개 이하	18~21개	22~23개	24~25개
학습 방법	개념을 다시 공부하세요.	조금 더 노력하세요.	실수하면 안 돼요.	참 잘했어요.

018단계 105

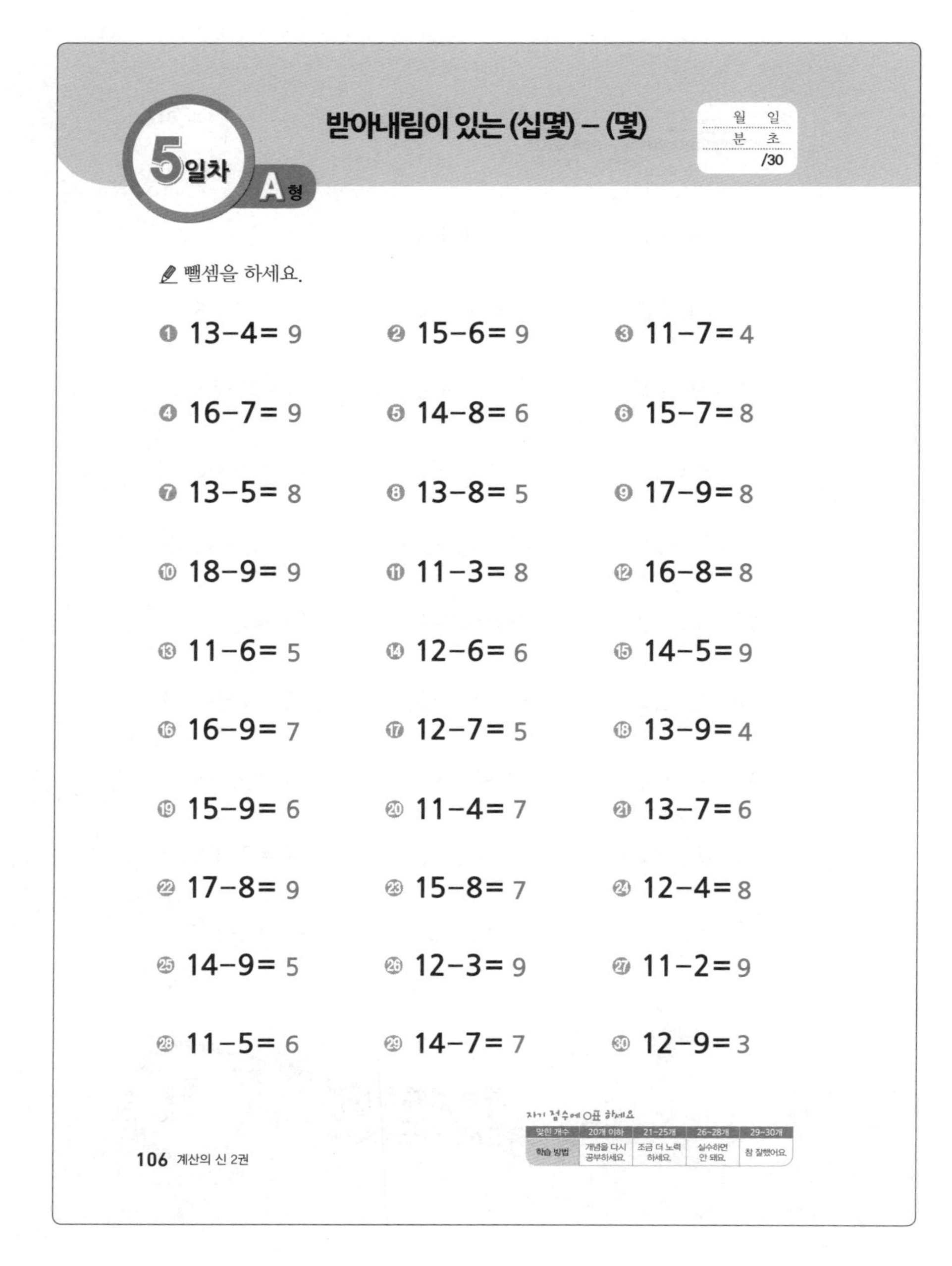

5일차 A형

받아내림이 있는 (십몇) − (몇)

월 일 / 분 초 / /30

빼셈을 하세요.

① 13−4= 9　② 15−6= 9　③ 11−7= 4

④ 16−7= 9　⑤ 14−8= 6　⑥ 15−7= 8

⑦ 13−5= 8　⑧ 13−8= 5　⑨ 17−9= 8

⑩ 18−9= 9　⑪ 11−3= 8　⑫ 16−8= 8

⑬ 11−6= 5　⑭ 12−6= 6　⑮ 14−5= 9

⑯ 16−9= 7　⑰ 12−7= 5　⑱ 13−9= 4

⑲ 15−9= 6　⑳ 11−4= 7　㉑ 13−7= 6

㉒ 17−8= 9　㉓ 15−8= 7　㉔ 12−4= 8

㉕ 14−9= 5　㉖ 12−3= 9　㉗ 11−2= 9

㉘ 11−5= 6　㉙ 14−7= 7　㉚ 12−9= 3

자기 점수에 O표 하세요

맞힌 개수	20개 이하	21~25개	26~28개	29~30개
학습 방법	개념을 다시 공부하세요.	조금 더 노력 하세요.	실수하면 안 돼요.	참 잘했어요.

106 계산의 신 2권

5일차 B형

받아내림이 있는 (십몇) − (몇)

월 일 / 분 초 / /25

정답 43쪽

이 단계에서는 받아내림이 있는 (십몇)−(몇)을 배웠습니다. 아직은 차가 9 이하인 뺄셈입니다. 다음 단계에서는 지금까지 배운 받아올림/받아내림이 있는 덧셈과 뺄셈을 종합해서 풀어 봅니다.

빈칸에 알맞은 수를 넣으세요.

위의 수와 아래의 수를 계산하세요.	13	12	11	15	14
−7	6	5	4	8	7
−8	5	4	3	7	6
−5	8	7	6	10	9
−9	4	3	2	6	5
−6	7	6	5	9	8

자기 점수에 O표 하세요

맞힌 개수	17개 이하	18~21개	22~23개	24~25개
학습 방법	개념을 다시 공부하세요.	조금 더 노력 하세요.	실수하면 안 돼요.	참 잘했어요.

018단계 107

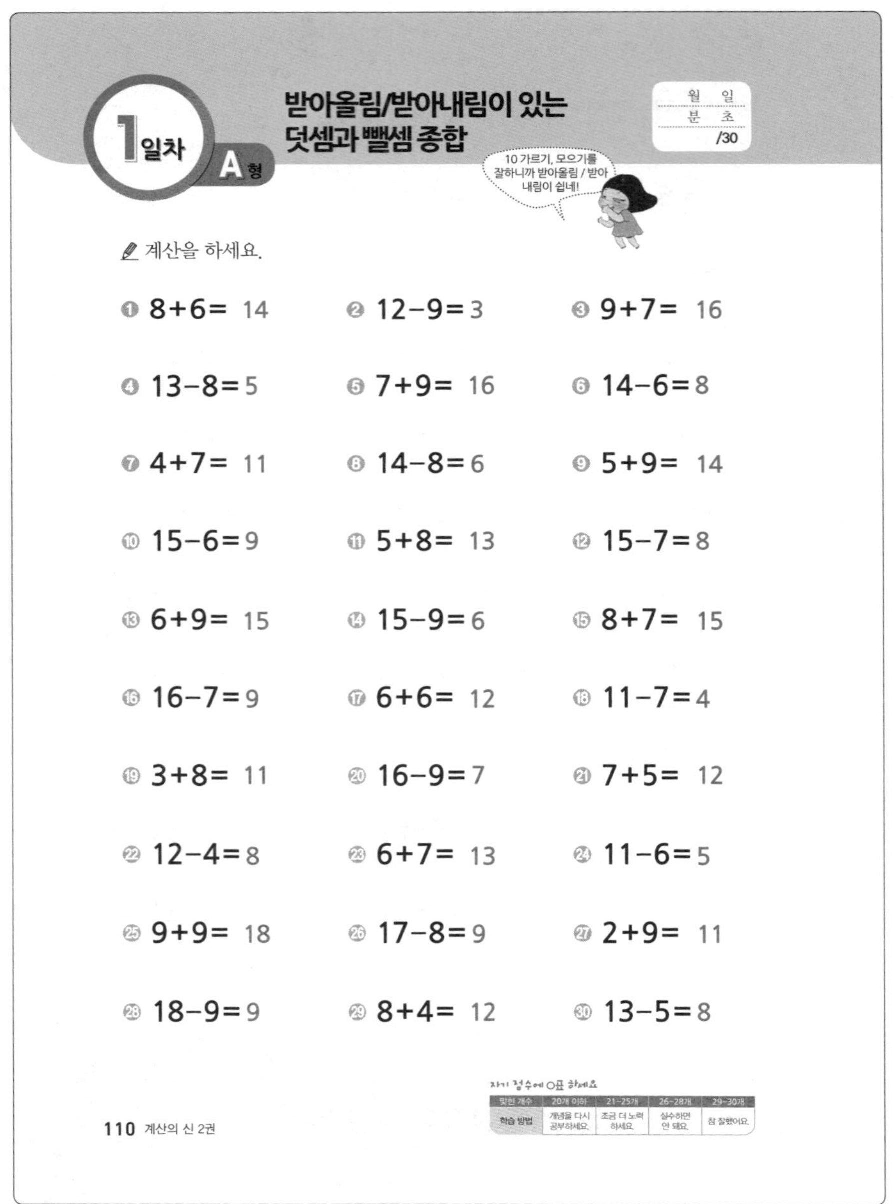

1일차 A형 받아올림/받아내림이 있는 덧셈과 뺄셈 종합

월 일 / 분 초 / /30

계산을 하세요.

❶ 8+6= 14 ❷ 12−9=3 ❸ 9+7= 16

❹ 13−8=5 ❺ 7+9= 16 ❻ 14−6=8

❼ 4+7= 11 ❽ 14−8=6 ❾ 5+9= 14

❿ 15−6=9 ⓫ 5+8= 13 ⓬ 15−7=8

⓭ 6+9= 15 ⓮ 15−9=6 ⓯ 8+7= 15

⓰ 16−7=9 ⓱ 6+6= 12 ⓲ 11−7=4

⓳ 3+8= 11 ⓴ 16−9=7 ㉑ 7+5= 12

㉒ 12−4=8 ㉓ 6+7= 13 ㉔ 11−6=5

㉕ 9+9= 18 ㉖ 17−8=9 ㉗ 2+9= 11

㉘ 18−9=9 ㉙ 8+4= 12 ㉚ 13−5=8

자기 점수에 ○표 하세요

맞힌 개수	20개 이하	21~25개	26~28개	29~30개
학습 방법	개념을 다시 공부하세요.	조금 더 노력하세요.	실수하면 안 돼요.	참 잘했어요.

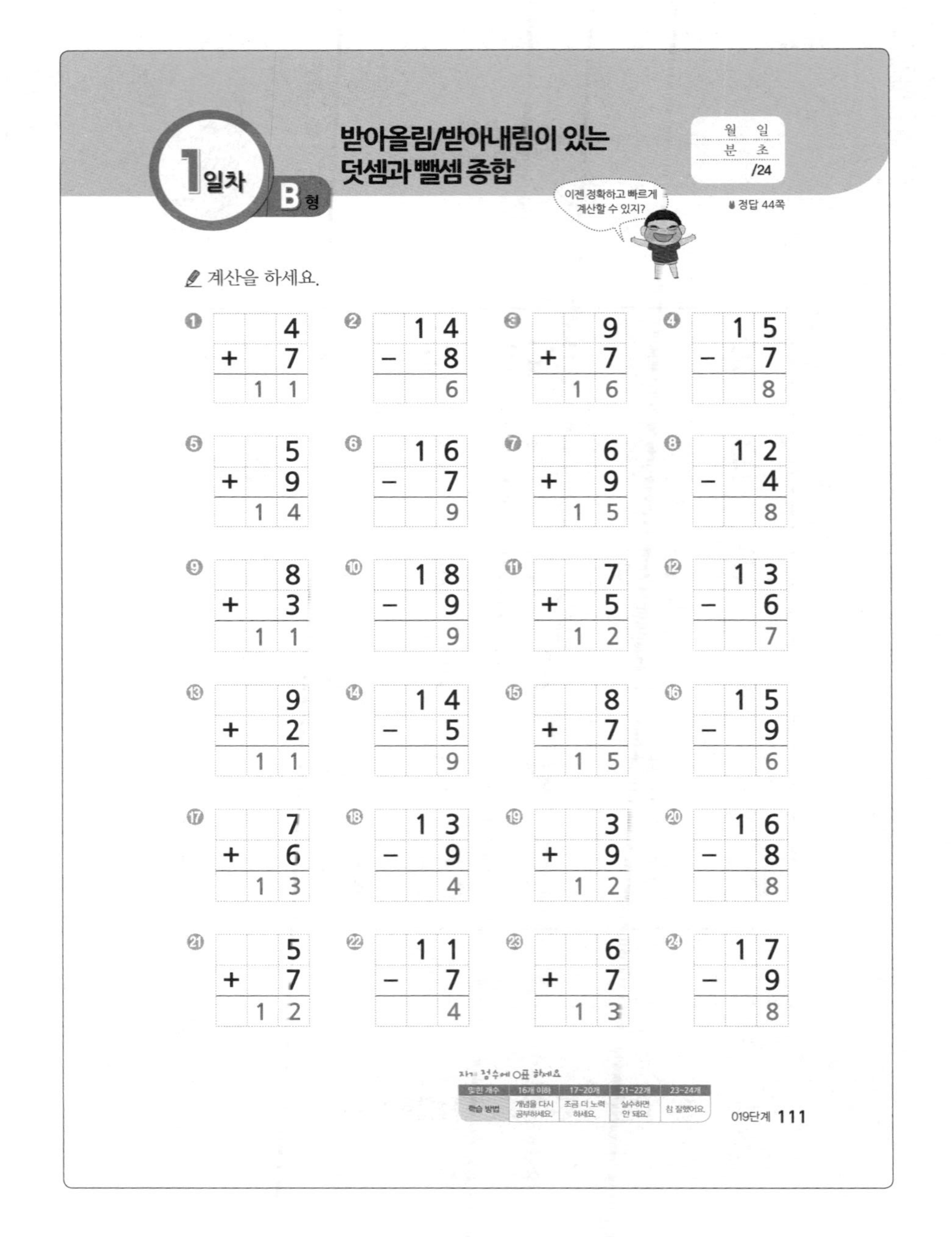

1일차 B형 받아올림/받아내림이 있는 덧셈과 뺄셈 종합

월 일 / 분 초 / /24

정답 44쪽

계산을 하세요.

❶ 4 + 7 = 11 ❷ 14 − 8 = 6 ❸ 9 + 7 = 16 ❹ 15 − 7 = 8

❺ 5 + 9 = 14 ❻ 16 − 7 = 9 ❼ 6 + 9 = 15 ❽ 12 − 4 = 8

❾ 8 + 3 = 11 ❿ 18 − 9 = 9 ⓫ 7 + 5 = 12 ⓬ 13 − 6 = 7

⓭ 9 + 2 = 11 ⓮ 14 − 5 = 9 ⓯ 8 + 7 = 15 ⓰ 15 − 9 = 6

⓱ 7 + 6 = 13 ⓲ 13 − 9 = 4 ⓳ 3 + 9 = 12 ⓴ 16 − 8 = 8

㉑ 5 + 7 = 12 ㉒ 11 − 7 = 4 ㉓ 6 + 7 = 13 ㉔ 17 − 9 = 8

자기 점수에 ○표 하세요

맞힌 개수	16개 이하	17~20개	21~22개	23~24개
학습 방법	개념을 다시 공부하세요.	조금 더 노력하세요.	실수하면 안 돼요.	참 잘했어요.

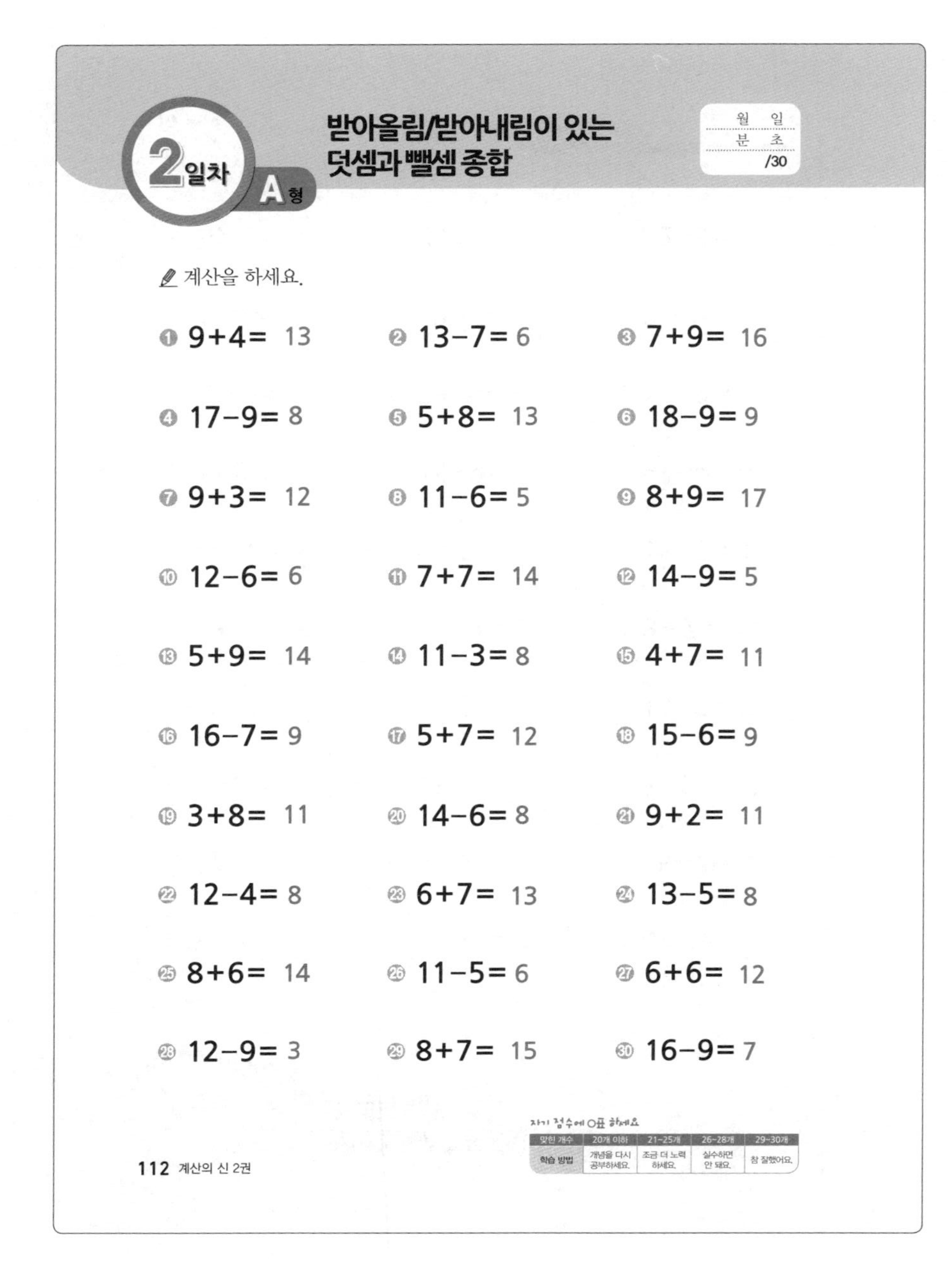

2일차 A형 받아올림/받아내림이 있는 덧셈과 뺄셈 종합

월 일 / 분 초 / /30

계산을 하세요.

① 9+4= 13 ② 13−7= 6 ③ 7+9= 16

④ 17−9= 8 ⑤ 5+8= 13 ⑥ 18−9= 9

⑦ 9+3= 12 ⑧ 11−6= 5 ⑨ 8+9= 17

⑩ 12−6= 6 ⑪ 7+7= 14 ⑫ 14−9= 5

⑬ 5+9= 14 ⑭ 11−3= 8 ⑮ 4+7= 11

⑯ 16−7= 9 ⑰ 5+7= 12 ⑱ 15−6= 9

⑲ 3+8= 11 ⑳ 14−6= 8 ㉑ 9+2= 11

㉒ 12−4= 8 ㉓ 6+7= 13 ㉔ 13−5= 8

㉕ 8+6= 14 ㉖ 11−5= 6 ㉗ 6+6= 12

㉘ 12−9= 3 ㉙ 8+7= 15 ㉚ 16−9= 7

자기 점수에 ○표 하세요

맞힌 개수	20개 이하	21~25개	26~28개	29~30개
학습 방법	개념을 다시 공부하세요.	조금 더 노력하세요.	실수하면 안 돼요.	참 잘했어요.

112 계산의 신 2권

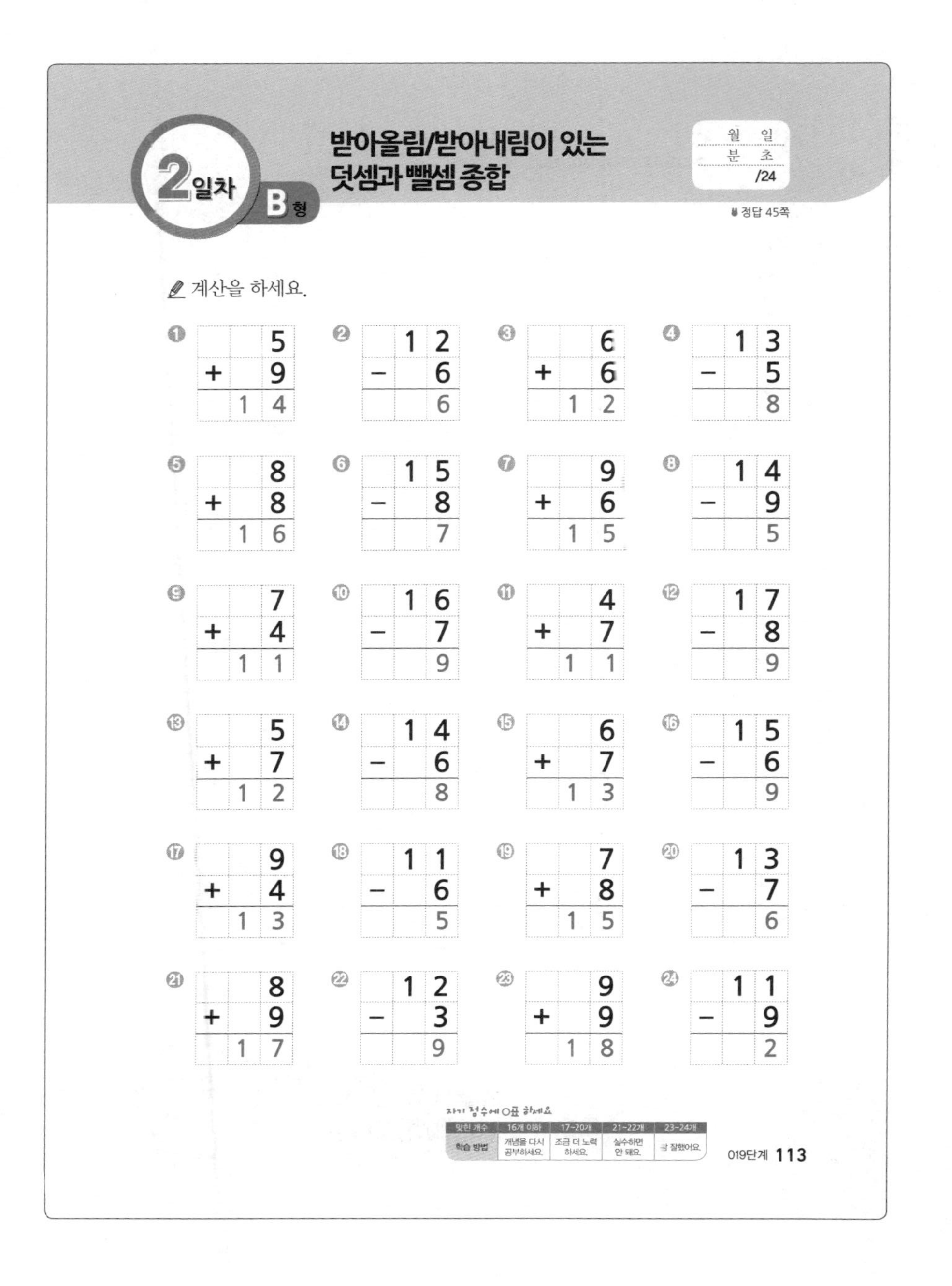

2일차 B형 받아올림/받아내림이 있는 덧셈과 뺄셈 종합

월 일 / 분 초 / /24

정답 45쪽

계산을 하세요.

① 5 + 9 = 14 ② 12 − 6 = 6 ③ 6 + 6 = 12 ④ 13 − 5 = 8

⑤ 8 + 8 = 16 ⑥ 15 − 8 = 7 ⑦ 9 + 6 = 15 ⑧ 14 − 9 = 5

⑨ 7 + 4 = 11 ⑩ 16 − 7 = 9 ⑪ 4 + 7 = 11 ⑫ 17 − 8 = 9

⑬ 5 + 7 = 12 ⑭ 14 − 6 = 8 ⑮ 6 + 7 = 13 ⑯ 15 − 6 = 9

⑰ 9 + 4 = 13 ⑱ 11 − 6 = 5 ⑲ 7 + 8 = 15 ⑳ 13 − 7 = 6

㉑ 8 + 9 = 17 ㉒ 12 − 3 = 9 ㉓ 9 + 9 = 18 ㉔ 11 − 9 = 2

자기 점수에 ○표 하세요

맞힌 개수	16개 이하	17~20개	21~22개	23~24개
학습 방법	개념을 다시 공부하세요.	조금 더 노력하세요.	실수하면 안 돼요.	참 잘했어요.

019단계 113

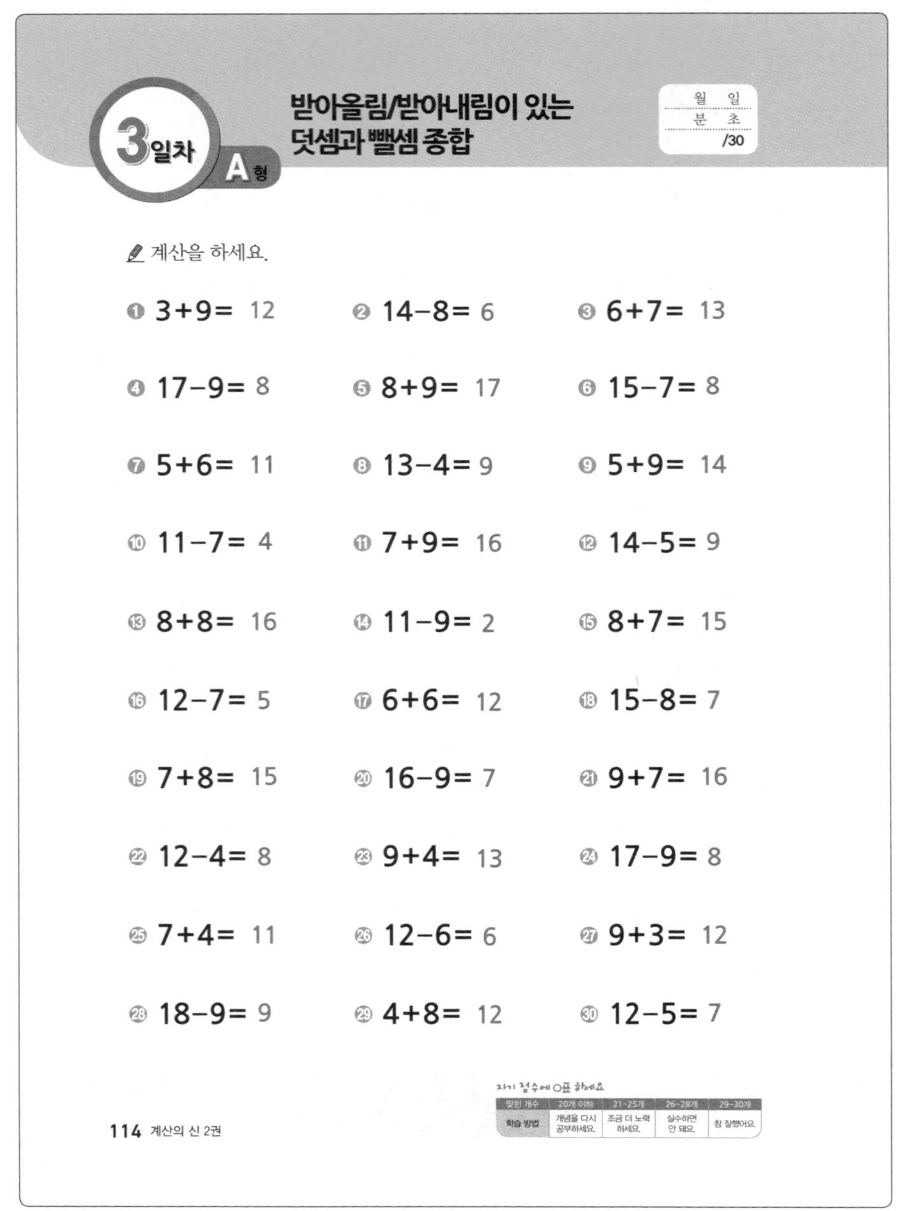

3일차 A형

받아올림/받아내림이 있는 덧셈과 뺄셈 종합

월 일 / 분 초 / /30

계산을 하세요.

① 3+9= 12 ② 14−8= 6 ③ 6+7= 13

④ 17−9= 8 ⑤ 8+9= 17 ⑥ 15−7= 8

⑦ 5+6= 11 ⑧ 13−4= 9 ⑨ 5+9= 14

⑩ 11−7= 4 ⑪ 7+9= 16 ⑫ 14−5= 9

⑬ 8+8= 16 ⑭ 11−9= 2 ⑮ 8+7= 15

⑯ 12−7= 5 ⑰ 6+6= 12 ⑱ 15−8= 7

⑲ 7+8= 15 ⑳ 16−9= 7 ㉑ 9+7= 16

㉒ 12−4= 8 ㉓ 9+4= 13 ㉔ 17−9= 8

㉕ 7+4= 11 ㉖ 12−6= 6 ㉗ 9+3= 12

㉘ 18−9= 9 ㉙ 4+8= 12 ㉚ 12−5= 7

자기 점수에 ○표 하세요

맞힌 개수	20개 이하	21~25개	26~28개	29~30개
학습 방법	개념을 다시 공부하세요.	조금 더 노력 하세요.	실수하면 안 돼요.	참 잘했어요.

114 계산의 신 2권

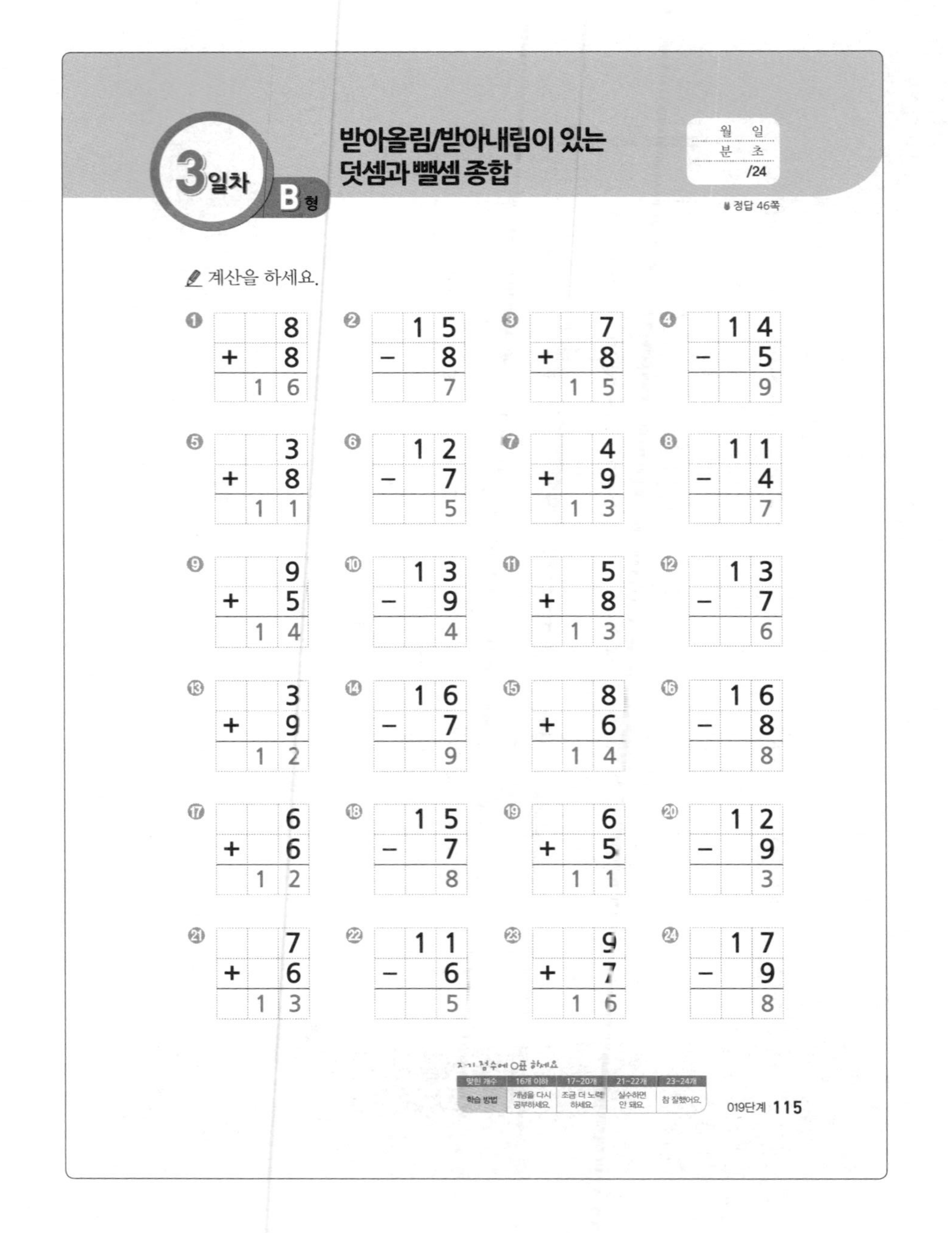

3일차 B형

받아올림/받아내림이 있는 덧셈과 뺄셈 종합

월 일 / 분 초 / /24

정답 46쪽

계산을 하세요.

① 8 + 8 = 16 ② 15 − 8 = 7 ③ 7 + 8 = 15 ④ 14 − 5 = 9

⑤ 3 + 8 = 11 ⑥ 12 − 7 = 5 ⑦ 4 + 9 = 13 ⑧ 11 − 4 = 7

⑨ 9 + 5 = 14 ⑩ 13 − 9 = 4 ⑪ 5 + 8 = 13 ⑫ 13 − 7 = 6

⑬ 3 + 9 = 12 ⑭ 16 − 7 = 9 ⑮ 8 + 6 = 14 ⑯ 16 − 8 = 8

⑰ 6 + 6 = 12 ⑱ 15 − 7 = 8 ⑲ 6 + 5 = 11 ⑳ 12 − 9 = 3

㉑ 7 + 6 = 13 ㉒ 11 − 6 = 5 ㉓ 9 + 7 = 16 ㉔ 17 − 9 = 8

자기 점수에 ○표 하세요

맞힌 개수	16개 이하	17~20개	21~22개	23~24개
학습 방법	개념을 다시 공부하세요.	조금 더 노력 하세요.	실수하면 안 돼요.	참 잘했어요.

019단계 115

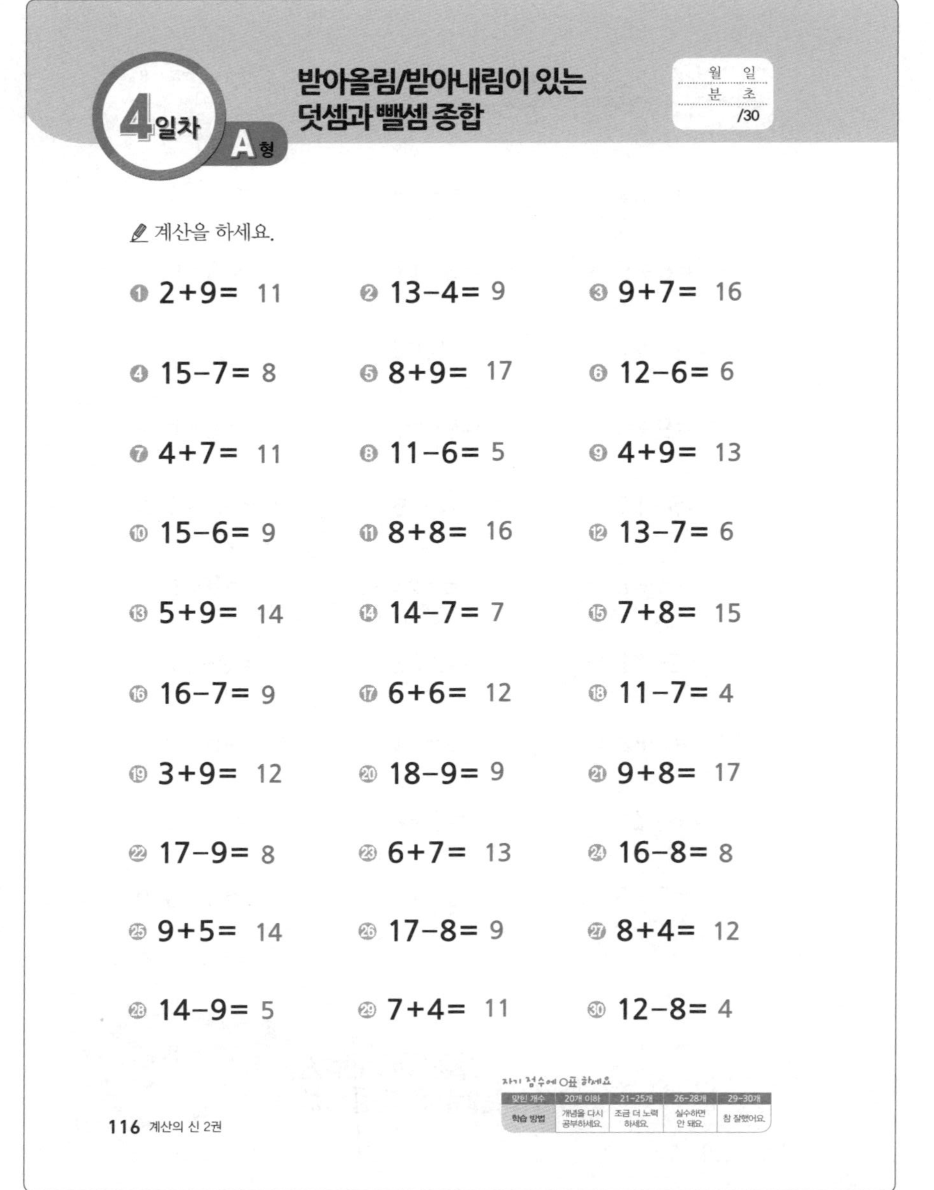

4일차 A형

받아올림/받아내림이 있는 덧셈과 뺄셈 종합

월 일 / 분 초 / /30

계산을 하세요.

① 2+9= 11	② 13−4= 9	③ 9+7= 16
④ 15−7= 8	⑤ 8+9= 17	⑥ 12−6= 6
⑦ 4+7= 11	⑧ 11−6= 5	⑨ 4+9= 13
⑩ 15−6= 9	⑪ 8+8= 16	⑫ 13−7= 6
⑬ 5+9= 14	⑭ 14−7= 7	⑮ 7+8= 15
⑯ 16−7= 9	⑰ 6+6= 12	⑱ 11−7= 4
⑲ 3+9= 12	⑳ 18−9= 9	㉑ 9+8= 17
㉒ 17−9= 8	㉓ 6+7= 13	㉔ 16−8= 8
㉕ 9+5= 14	㉖ 17−8= 9	㉗ 8+4= 12
㉘ 14−9= 5	㉙ 7+4= 11	㉚ 12−8= 4

자기 점수에 ○표 하세요

맞힌 개수	20개 이하	21~25개	26~28개	29~30개
학습 방법	개념을 다시 공부하세요.	조금 더 노력하세요.	실수하면 안 돼요.	참 잘했어요.

116 계산의 신 2권

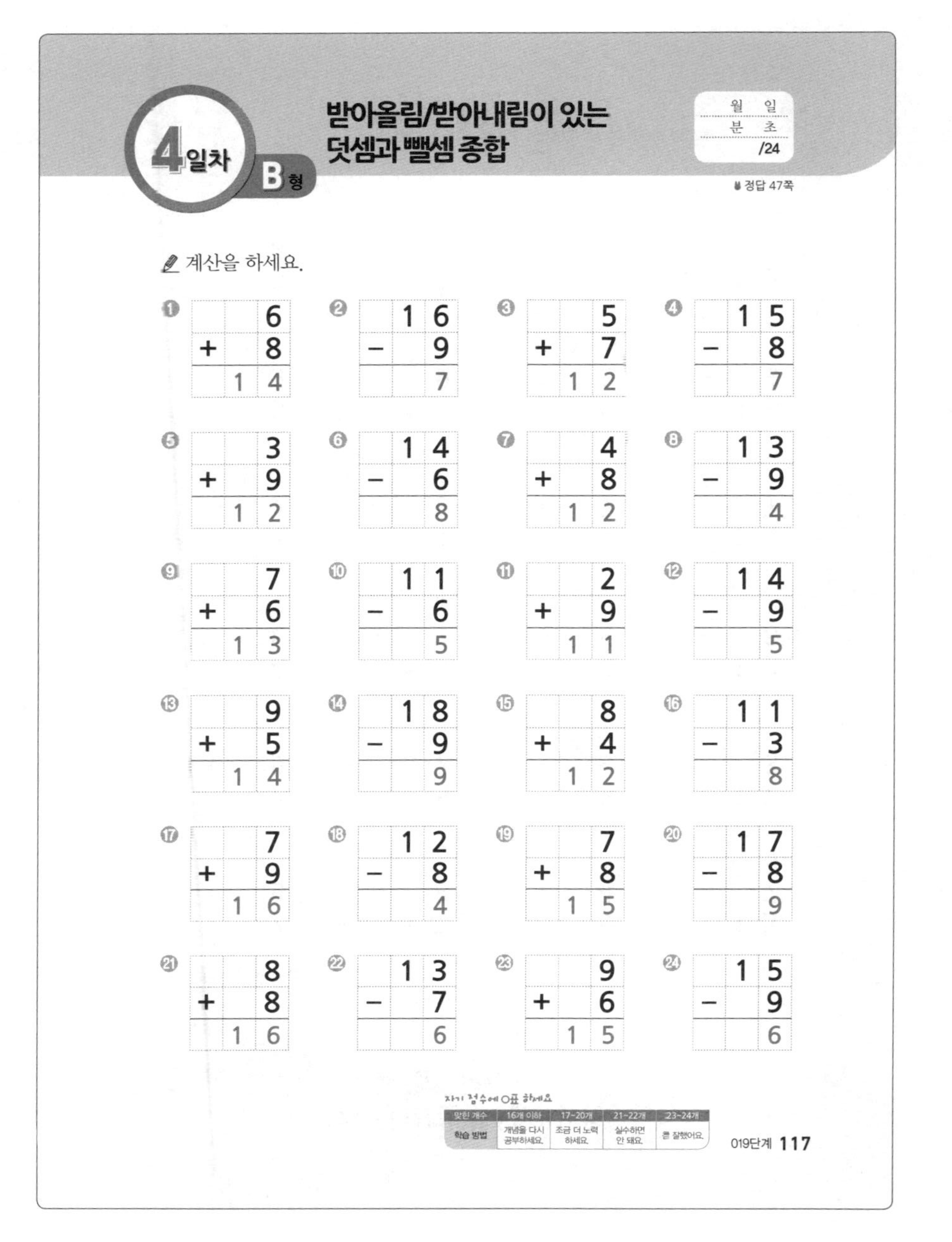

4일차 B형

받아올림/받아내림이 있는 덧셈과 뺄셈 종합

월 일 / 분 초 / /24

정답 47쪽

계산을 하세요.

① 6 + 8 = 14	② 16 − 9 = 7	③ 5 + 7 = 12	④ 15 − 8 = 7
⑤ 3 + 9 = 12	⑥ 14 − 6 = 8	⑦ 4 + 8 = 12	⑧ 13 − 9 = 4
⑨ 7 + 6 = 13	⑩ 11 − 6 = 5	⑪ 2 + 9 = 11	⑫ 14 − 9 = 5
⑬ 9 + 5 = 14	⑭ 18 − 9 = 9	⑮ 8 + 4 = 12	⑯ 11 − 3 = 8
⑰ 7 + 9 = 16	⑱ 12 − 8 = 4	⑲ 7 + 8 = 15	⑳ 17 − 8 = 9
㉑ 8 + 8 = 16	㉒ 13 − 7 = 6	㉓ 9 + 6 = 15	㉔ 15 − 9 = 6

자기 점수에 ○표 하세요

맞힌 개수	16개 이하	17~20개	21~22개	23~24개
학습 방법	개념을 다시 공부하세요.	조금 더 노력하세요.	실수하면 안 돼요.	참 잘했어요.

019단계 117

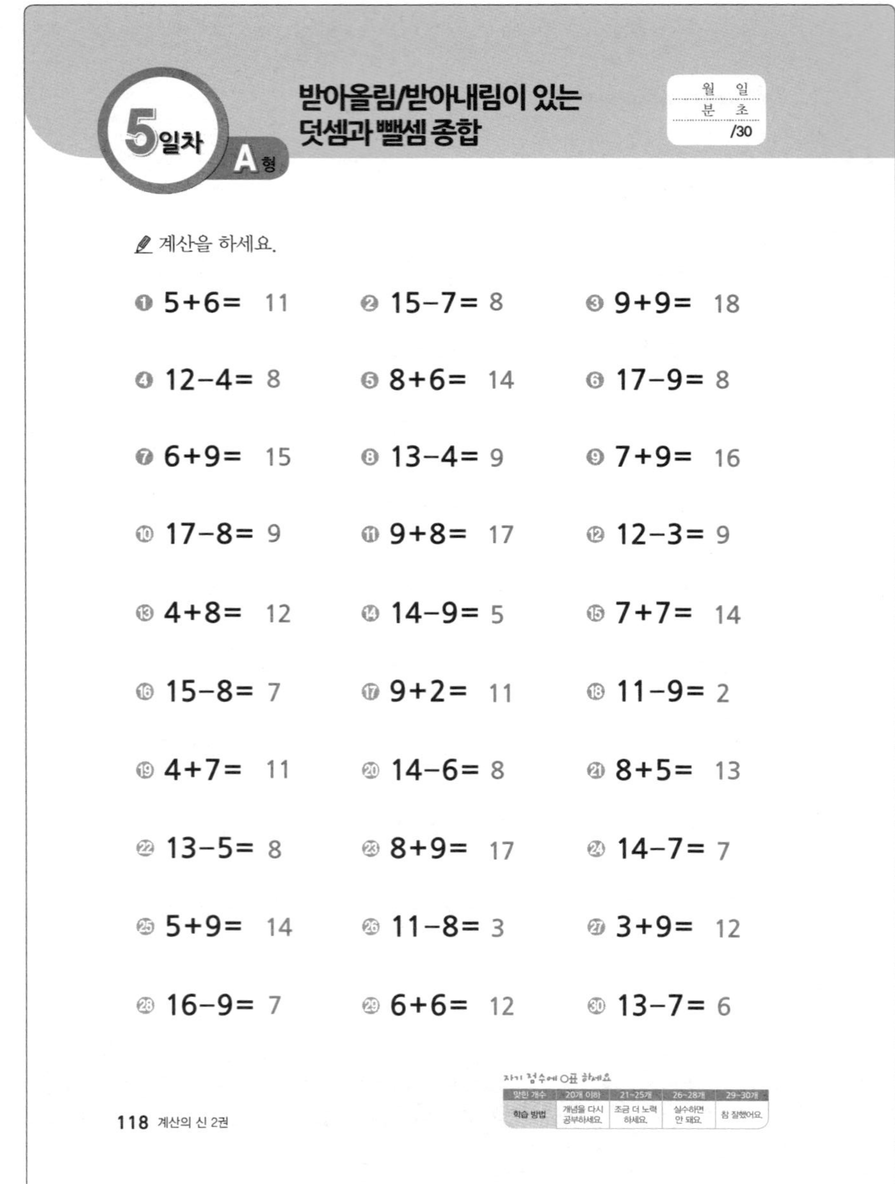

5일차 A형 받아올림/받아내림이 있는 덧셈과 뺄셈 종합

월 일 분 초 /30

계산을 하세요.

❶ 5+6= 11	❷ 15−7= 8	❸ 9+9= 18
❹ 12−4= 8	❺ 8+6= 14	❻ 17−9= 8
❼ 6+9= 15	❽ 13−4= 9	❾ 7+9= 16
❿ 17−8= 9	⓫ 9+8= 17	⓬ 12−3= 9
⓭ 4+8= 12	⓮ 14−9= 5	⓯ 7+7= 14
⓰ 15−8= 7	⓱ 9+2= 11	⓲ 11−9= 2
⓳ 4+7= 11	⓴ 14−6= 8	㉑ 8+5= 13
㉒ 13−5= 8	㉓ 8+9= 17	㉔ 14−7= 7
㉕ 5+9= 14	㉖ 11−8= 3	㉗ 3+9= 12
㉘ 16−9= 7	㉙ 6+6= 12	㉚ 13−7= 6

자기 점수에 ○표 하세요

맞힌 개수	20개 이하	21~25개	26~28개	29~30개
학습 방법	개념을 다시 공부하세요.	조금 더 노력하세요.	실수하면 안 돼요.	참 잘했어요.

118 계산의 신 2권

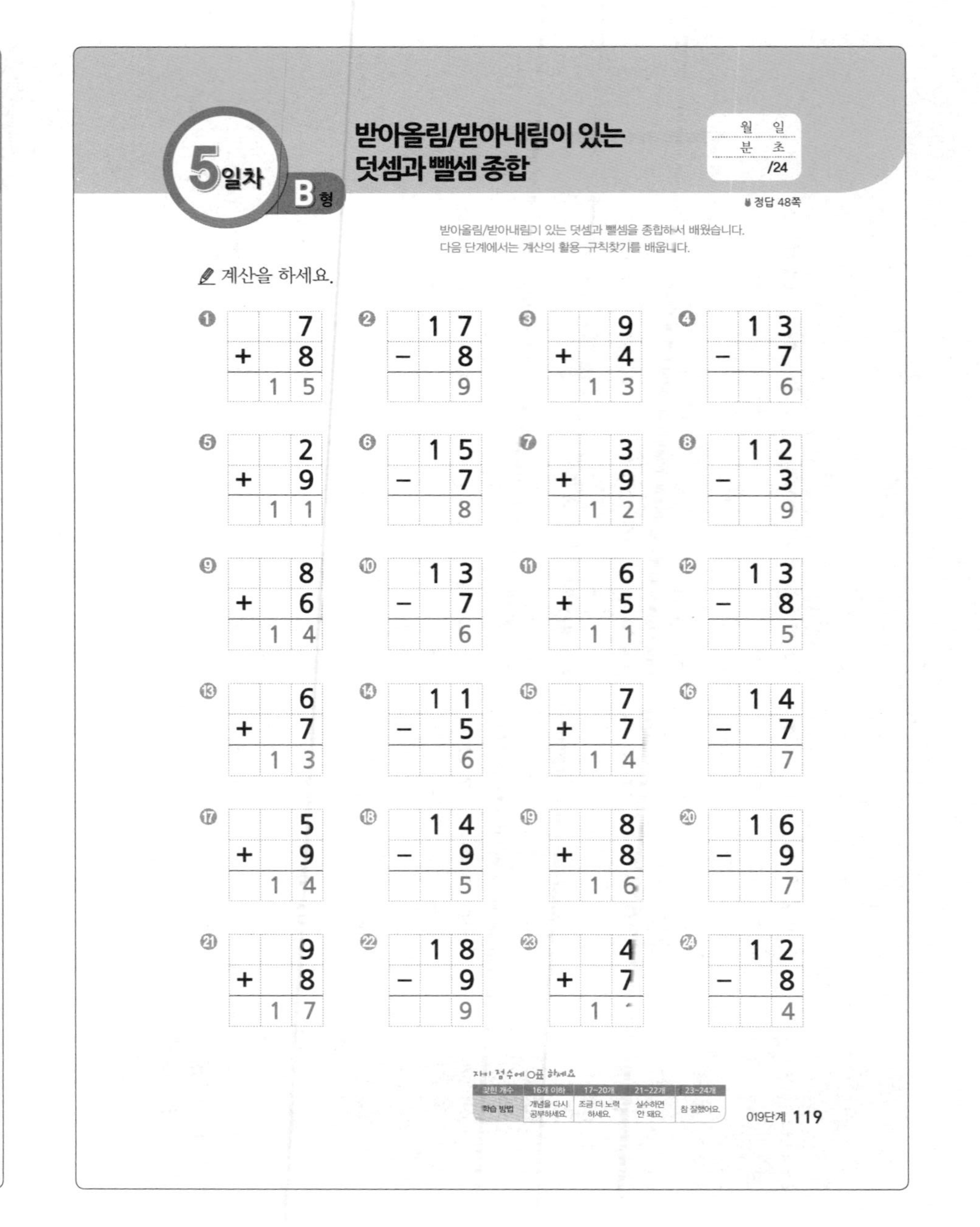

5일차 B형 받아올림/받아내림이 있는 덧셈과 뺄셈 종합

월 일 분 초 /24

정답 48쪽

받아올림/받아내림이 있는 덧셈과 뺄셈을 종합해서 배웠습니다. 다음 단계에서는 계산의 활용–규칙찾기를 배웁니다.

계산을 하세요.

❶ $\begin{array}{r} 7 \\ +\ 8 \\ \hline 15 \end{array}$ ❷ $\begin{array}{r} 17 \\ -\ 8 \\ \hline 9 \end{array}$ ❸ $\begin{array}{r} 9 \\ +\ 4 \\ \hline 13 \end{array}$ ❹ $\begin{array}{r} 13 \\ -\ 7 \\ \hline 6 \end{array}$

❺ $\begin{array}{r} 2 \\ +\ 9 \\ \hline 11 \end{array}$ ❻ $\begin{array}{r} 15 \\ -\ 7 \\ \hline 8 \end{array}$ ❼ $\begin{array}{r} 3 \\ +\ 9 \\ \hline 12 \end{array}$ ❽ $\begin{array}{r} 12 \\ -\ 3 \\ \hline 9 \end{array}$

❾ $\begin{array}{r} 8 \\ +\ 6 \\ \hline 14 \end{array}$ ❿ $\begin{array}{r} 13 \\ -\ 7 \\ \hline 6 \end{array}$ ⓫ $\begin{array}{r} 6 \\ +\ 5 \\ \hline 11 \end{array}$ ⓬ $\begin{array}{r} 13 \\ -\ 8 \\ \hline 5 \end{array}$

⓭ $\begin{array}{r} 6 \\ +\ 7 \\ \hline 13 \end{array}$ ⓮ $\begin{array}{r} 11 \\ -\ 5 \\ \hline 6 \end{array}$ ⓯ $\begin{array}{r} 7 \\ +\ 7 \\ \hline 14 \end{array}$ ⓰ $\begin{array}{r} 14 \\ -\ 7 \\ \hline 7 \end{array}$

⓱ $\begin{array}{r} 5 \\ +\ 9 \\ \hline 14 \end{array}$ ⓲ $\begin{array}{r} 14 \\ -\ 9 \\ \hline 5 \end{array}$ ⓳ $\begin{array}{r} 8 \\ +\ 8 \\ \hline 16 \end{array}$ ⓴ $\begin{array}{r} 16 \\ -\ 9 \\ \hline 7 \end{array}$

㉑ $\begin{array}{r} 9 \\ +\ 8 \\ \hline 17 \end{array}$ ㉒ $\begin{array}{r} 18 \\ -\ 9 \\ \hline 9 \end{array}$ ㉓ $\begin{array}{r} 4 \\ +\ 7 \\ \hline 1 \end{array}$ [illegible] ㉔ $\begin{array}{r} 12 \\ -\ 8 \\ \hline 4 \end{array}$

자기 점수에 ○표 하세요

맞힌 개수	16개 이하	17~20개	21~22개	23~24개
학습 방법	개념을 다시 공부하세요.	조금 더 노력하세요.	실수하면 안 돼요.	참 잘했어요.

019단계 119

세 단계 묶어 풀기 O17 ~ O19단계
받아올림/받아내림이 있는 덧셈과 뺄셈

월 일 / 분 초 / /24

정답 49쪽

계산을 하세요.

❶ $7+5=$ 12	❷ $18-9=$ 9	❸ $6+9=$ 15
❹ $13-8=$ 5	❺ $3+9=$ 12	❻ $15-6=$ 9
❼ $4+7=$ 11	❽ $11-3=$ 8	❾ $9+4=$ 13
❿ $16-7=$ 9	⓫ $2+9=$ 11	⓬ $12-8=$ 4
⓭ $5+6=$ 11	⓮ $15-7=$ 8	⓯ $7+6=$ 13
⓰ $13-9=$ 4	⓱ $6+8=$ 14	⓲ $12-4=$ 8
⓳ $4+8=$ 12	⓴ $14-5=$ 9	㉑ $5+8=$ 13
㉒ $17-8=$ 9	㉓ $8+9=$ 17	㉔ $16-9=$ 7

120 계산의 신 2권

1일차 A형 규칙찾기

월 일 / 분 초 / /7

✎ 규칙에 따라 빈칸에 알맞은 수를 써넣으세요.

❶ 1 - 2 - 2 - 1 - 2 - 2 - 1 - 2 - 2

❷ 1 - 3 - 5 - 7 - 9 - 11 - 13 - 15 - 17

❸ 3 - 3 - 3 - 7 - 3 - 3 - 3 - 7 - 3

❹ 10 - 9 - 8 - 7 - 6 - 5 - 4 - 3 - 2

❺ 2 - 5 - 4 - 2 - 5 - 4 - 2 - 5 - 4

❻ 20 - 18 - 16 - 14 - 12 - 10 - 8 - 6 - 4

❼ 1 - 1 - 5 - 1 - 1 - 5 - 1 - 1 - 5

자기 점수에 ○표 하세요

맞힌 개수	3개 이하	4~5개	6개	7개
학습 방법	개념을 다시 공부하세요.	조금 더 노력하세요.	실수하면 안 돼요.	참 잘했어요.

1일차 B형 규칙찾기

월 일 / 분 초 / /1

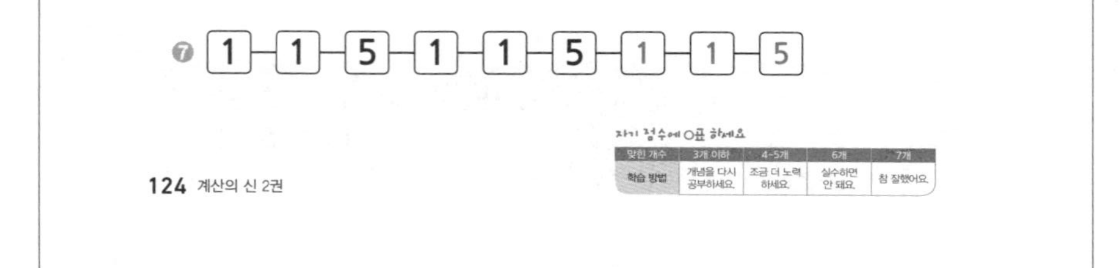

정답 50쪽

✎ 색칠한 부분의 수들은 어떠한 규칙이 있는지 □ 안에 알맞은 수를 써넣으세요.

1	2	3	4	5	6	7
8	9	10	11	12	13	14
15	16	17	18	19	20	21
22	23	24	25	26	27	28
29	30	31	32	33	34	35
36	37	38	39	40	41	42
43	44	45	46	47	48	49

⇨ 15 부터 1 씩 커지는 규칙입니다.

2일차 A형 규칙찾기

월 일 / 분 초 / /7

✎ 규칙에 따라 빈칸에 알맞은 수를 써넣으세요.

❶ 1 – 3 – 1 – 3 – 1 – 3 – 1 – 3 – 1

❷ 2 – 4 – 6 – 8 – 10 – 12 – 14 – 16 – 18

❸ 1 – 1 – 4 – 1 – 1 – 4 – 1 – 1 – 4

❹ 1 – 4 – 7 – 10 – 13 – 16 – 19 – 22 – 25

❺ 6 – 3 – 6 – 6 – 3 – 6 – 6 – 3 – 6

❻ 50 – 45 – 40 – 35 – 30 – 25 – 20 – 15 – 10

❼ 8 – 4 – 5 – 4 – 8 – 4 – 5 – 4 – 8

자기 점수에 ○표 하세요.

맞힌 개수	3개 이하	4~5개	6개	7개
학습 방법	개념을 다시 공부하세요.	조금 더 노력 하세요.	실수하면 안 돼요.	참 잘했어요.

2일차 B형 규칙찾기

월 일 / 분 초 / /1

정답 51쪽

✎ 색칠한 부분의 수들은 어떠한 규칙이 있는지 □ 안에 알맞은 수를 써넣으세요.

50	51	52	53	54	55
56	57	58	59	60	61
62	63	64	65	66	67
68	69	70	71	72	73
74	75	76	77	78	79
80	81	82	83	84	85
86	87	88	89	90	91

⇨ 54 부터 6 씩 커지는 규칙입니다.

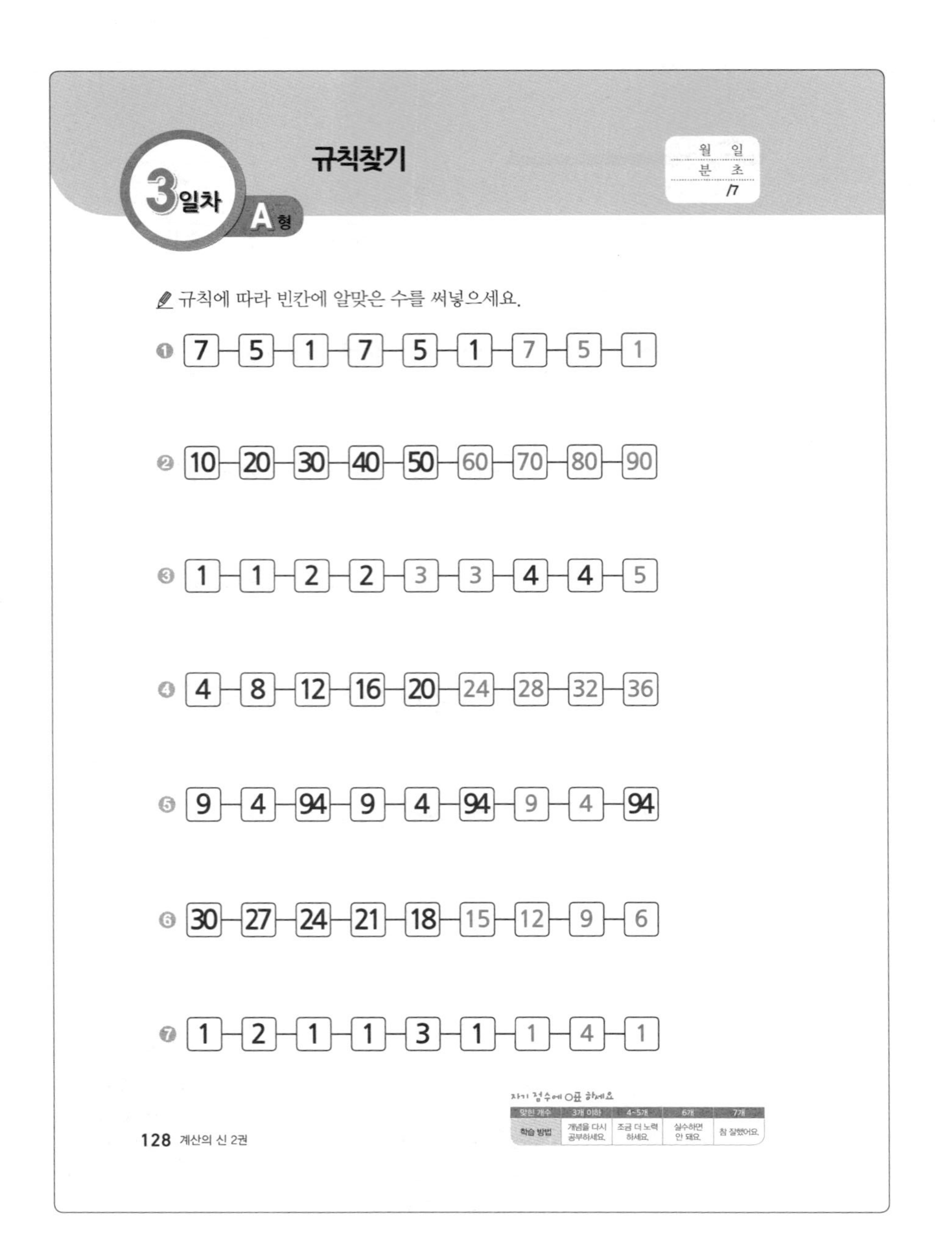

3일차 A형 규칙찾기

월 일 / 분 초 / /7

규칙에 따라 빈칸에 알맞은 수를 써넣으세요.

❶ 7 - 5 - 1 - 7 - 5 - 1 - 7 - 5 - 1

❷ 10 - 20 - 30 - 40 - 50 - 60 - 70 - 80 - 90

❸ 1 - 1 - 2 - 2 - 3 - 3 - 4 - 4 - 5

❹ 4 - 8 - 12 - 16 - 20 - 24 - 28 - 32 - 36

❺ 9 - 4 - 94 - 9 - 4 - 94 - 9 - 4 - 94

❻ 30 - 27 - 24 - 21 - 18 - 15 - 12 - 9 - 6

❼ 1 - 2 - 1 - 1 - 3 - 1 - 1 - 4 - 1

자기 점수에 ○표 하세요

맞힌 개수	3개 이하	4~5개	6개	7개
학습 방법	개념을 다시 공부하세요.	조금 더 노력하세요.	실수하면 안 돼요.	참 잘했어요.

3일차 B형 규칙찾기

월 일 / 분 초 / /1

정답 52쪽

색칠한 부분의 수들은 어떠한 규칙이 있는지 □ 안에 알맞은 수를 써넣으세요.

21	22	23	24	25	26	27
28	29	30	31	32	33	34
35	36	37	38	39	40	41
42	43	44	45	46	47	48
49	50	51	52	53	54	55
56	57	58	59	60	61	62
63	64	65	66	67	68	69

⇨ 21 부터 8 씩 커지는 규칙입니다.

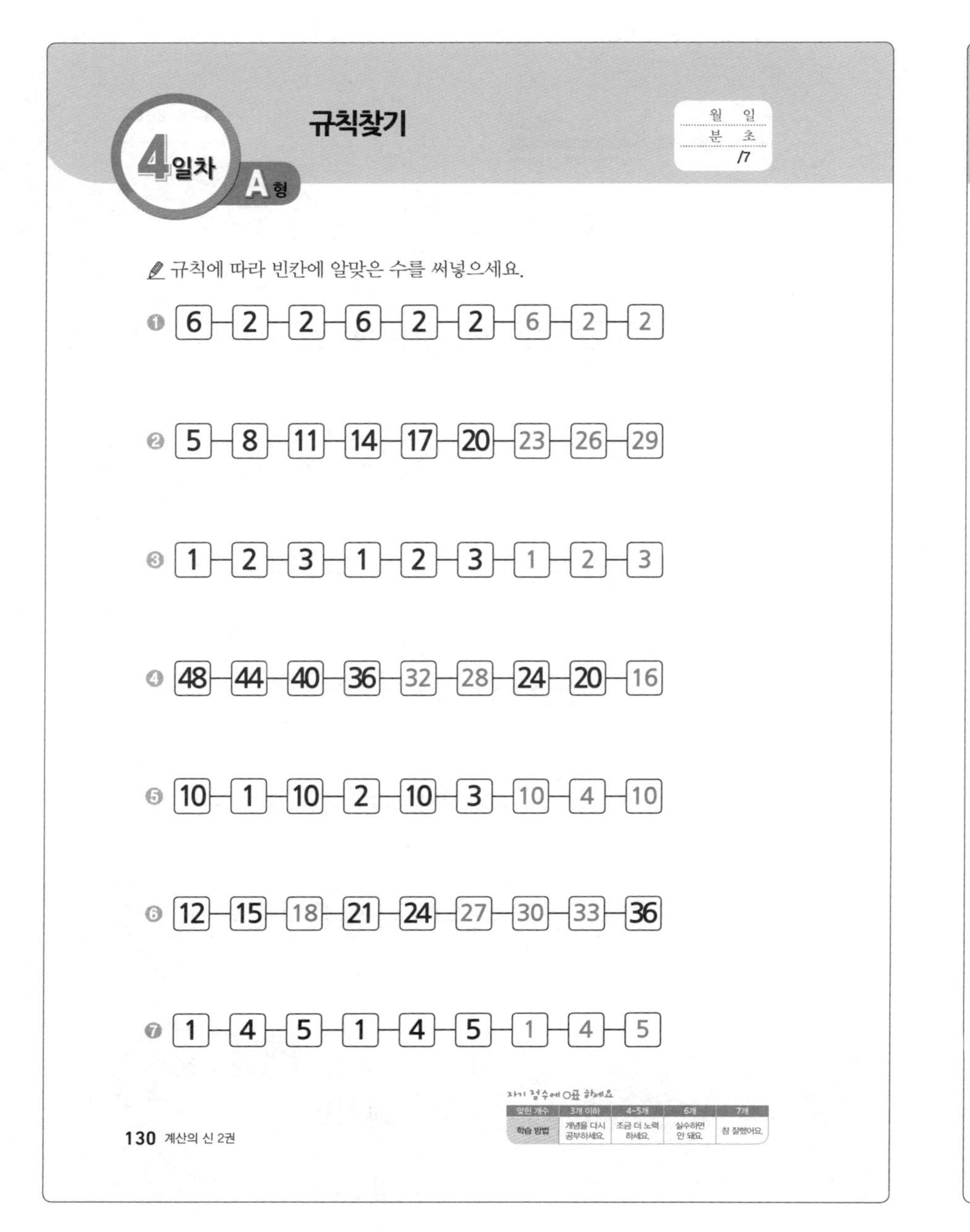

4일차 A형 규칙찾기

월 일 / 분 초 / /7

규칙에 따라 빈칸에 알맞은 수를 써넣으세요.

❶ 6 — 2 — 2 — 6 — 2 — 2 — 6 — 2 — 2

❷ 5 — 8 — 11 — 14 — 17 — 20 — 23 — 26 — 29

❸ 1 — 2 — 3 — 1 — 2 — 3 — 1 — 2 — 3

❹ 48 — 44 — 40 — 36 — 32 — 28 — 24 — 20 — 16

❺ 10 — 1 — 10 — 2 — 10 — 3 — 10 — 4 — 10

❻ 12 — 15 — 18 — 21 — 24 — 27 — 30 — 33 — 36

❼ 1 — 4 — 5 — 1 — 4 — 5 — 1 — 4 — 5

자기 점수에 ○표 하세요

맞힌 개수	3개 이하	4~5개	6개	7개
학습 방법	개념을 다시 공부하세요.	조금 더 노력하세요.	실수하면 안 돼요.	참 잘했어요.

4일차 B형 규칙찾기

월 일 / 분 초 / /1

정답 53쪽

색칠한 부분의 수들은 어떠한 규칙이 있는지 □ 안에 알맞은 수를 써넣으세요.

31	32	33	34	35	36	37
38	39	40	41	42	43	44
45	46	47	48	49	50	51
52	53	54	55	56	57	58
59	60	61	62	63	64	65
66	67	68	69	70	71	72
73	74	75	76	77	78	79

⇨ 37 부터 6 씩 커지는 규칙입니다.

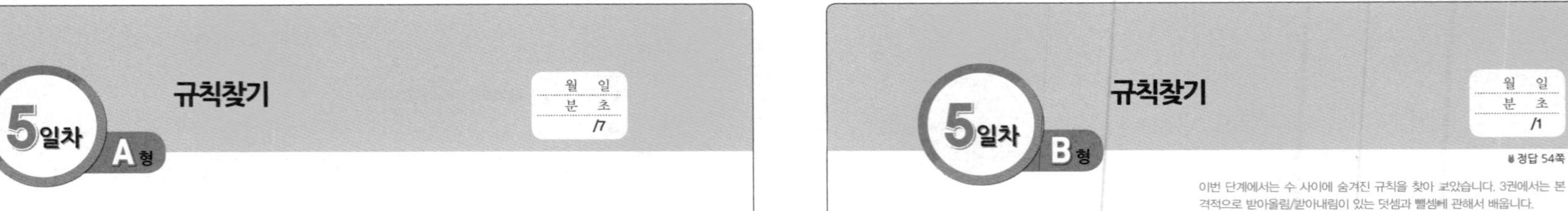

5일차 A형 규칙찾기

월 일
분 초
/7

규칙에 따라 빈칸에 알맞은 수를 써넣으세요.

❶ 8-7-8-7-8-7-8-7-8

❷ 3-6-9-12-15-18-21-24-27

❸ 1-2-3-4-1-2-3-4-1

❹ 8-4-2-1-8-4-2-1-8

❺ 7-5-7-7-5-7-7-5-7

❻ 99-88-77-66-55-44-33-22-11

❼ 3-4-3-5-3-6-3-7-3

자기 점수에 ○표 하세요

맞힌 개수	3개 이하	4~5개	6개	7개
학습 방법	개념을 다시 공부하세요.	조금 더 노력 하세요.	실수하면 안 돼요.	참 잘했어요.

5일차 B형 규칙찾기

월 일
분 초
/1

정답 54쪽

이번 단계에서는 수 사이에 숨겨진 규칙을 찾아 보았습니다. 3권에서는 본격적으로 받아올림/받아내림이 있는 덧셈과 뺄셈에 관해서 배웁니다.

색칠한 부분의 수들은 어떠한 규칙이 있는지 □ 안에 알맞은 수를 써넣으세요.

1	2	3	4	5	6	7
8	9	10	11	12	13	14
15	16	17	18	19	20	21
22	23	24	25	26	27	28
29	30	31	32	33	34	35
36	37	38	39	40	41	42
43	44	45	46	47	48	49

⇨ 2 부터 3 씩 커지는 규칙입니다.

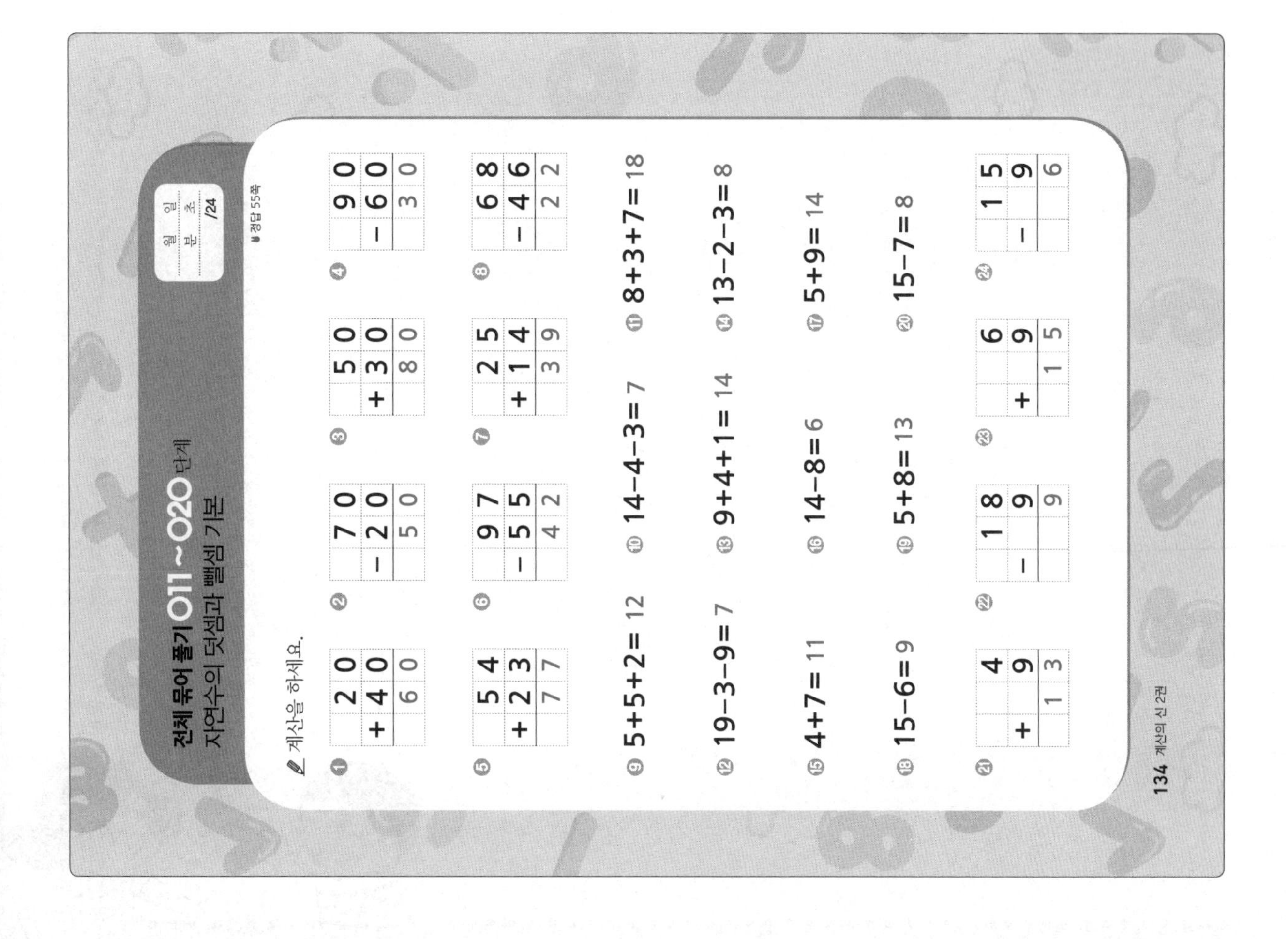

전체 묶어 풀기 011~020 단계
자연수의 덧셈과 뺄셈 기본

월 일 / 분 초 / /24

정답 55쪽

계산을 하세요.

① $20+40=60$
② $70-20=50$
③ $50+30=80$
④ $90-60=30$
⑤ $54+23=77$
⑥ $97-55=42$
⑦ $25+14=39$
⑧ $68-46=22$
⑨ $5+5+2=12$
⑩ $14-4-3=7$
⑪ $8+3+7=18$
⑫ $19-3-9=7$
⑬ $9+4+1=14$
⑭ $13-2-3=8$
⑮ $4+7=11$
⑯ $14-8=6$
⑰ $5+9=14$
⑱ $15-6=9$
⑲ $5+8=13$
⑳ $15-7=8$
㉑ $4+9=13$
㉒ $18-9=9$
㉓ $6+9=15$
㉔ $15-9=6$

134 계산의 신 2권

신(神)의 Note